新型职业农民培育系列教材

——家畜规模养殖系列

肉牛肉羊养殖实用技术

褚万文　扈志强　主编

中国农业大学出版社

·北京·

内容简介

我们结合彭阳县肉牛肉羊养殖业生产现状、饲草料资源、养殖设施条件、种养习惯等，将生产一线的工作经验和试验示范推广成果，搜集整理，编写了《肉牛肉羊养殖实用技术》一书。重点介绍了彭阳县肉牛肉羊养殖主推品种、饲草料加工调制、科学饲养、疫病防治等技术。另外，还介绍了彭阳县标准化肉牛肉羊场养殖生产技术，重点围绕标准化养殖场建设选址、布局、养殖设施建设与设备配套、外购牛羊的选择与运输、饲料供应与日粮配制、饲养管理、卫生与防疫、粪便及废弃物处理等方面进行了系统的阐述。本书的编写力求将彭阳县牛羊养殖的最新推广技术进行搜集、整理，供广大养殖户和畜牧科技工作者参阅学习，并很好地应用到生产实际，为科学养殖提供技术支撑。

图书在版编目(CIP)数据

肉牛肉羊养殖实用技术/褚万文，扈志强主编，—北京：中国农业大学出版社，2014.12

ISBN 978-7-5655-1120-2

Ⅰ.①肉… Ⅱ.①褚…②扈… Ⅲ.①肉牛-饲养管理②肉用羊-饲养管理 Ⅳ.①S823.9②S826.9

中国版本图书馆 CIP 数据核字(2014)第 281772 号

书　　名　肉牛肉羊养殖实用技术
作　　者　褚万文　扈志强　主编

责任编辑　张　蕊
封面设计　郑　川
出版发行　中国农业大学出版社
社　　址　北京市海淀区圆明园西路 2 号　　邮政编码　100193
电　　话　发行部 010-62818525，8625　　读者服务部 010-62732336
　　　　　编辑部 010-62732617，2618　　出　版　部 010-62733440
网　　址　http://www.cau.edu.cn/caup　　e-mail cbsszs @ cau.edu.cn
经　　销　新华书店
印　　刷　北京俊林印刷有限公司
版　　次　2014 年 12 月第 1 版　2014 年 12 月第 1 次印刷
规　　格　787×980　16 开本　18 印张　330 千字
定　　价　25.00 元

编 委 会

主　任　杨彦军

副主任　许　青

委　员　安克龙　扈志强　褚万文　马天佑

主　编　褚万文　扈志强

副主编　杨彦军　马天佑　杨晓春

编写人员(按姓氏笔画排序)

马天佑　马文武　王　有　王　娟　王英萍　王彦银
王德刚　兰志诚　安克龙　朱明俊　权锦钰　祁永琴
宋世忠　张秀玲　李世臣　杨天平　杨彦军　杨晓春
虎占武　虎淑娴　姚顺斌　赵　宏　赵志成　剡学梅
高飞涛　高生珠　康继荣　扈志强　惠天虎　韩吉锋
褚万文　薛志江

前　言

肉牛肉羊产业是畜牧业的主要组成部分，是人类获得肉、工业、医药原料及肥料的重要支柱产业。牛羊肉具有肉味醇美，营养丰富的特点。不仅瘦肉多，胆固醇低，而且蛋白质含量高。蛋白质中含有人体营养所需要的全部氨基酸，维生素 A 也比其他畜禽肉品高，钙、锌含量多，牛羊肉是很好的保健食品。发展肉牛肉羊养殖对于充分利用饲草、农作物秸秆和其他农副产品，促进农牧业生态良性循环，提高农业综合经济效益，改善人民膳食结构，调整农业产业结构，增加农民收入以及加快地方经济发展都具有十分重要的意义。

近年来，随着农业产业结构的调整与优化，彭阳县肉牛肉羊产业发展步入快速发展期，养殖规模、数量、质量和效益稳步提升，农民增收成效明显。但是，还存在养殖管理粗放、科技含量不高、疫病死亡率高、生产技术落后等问题，制约着彭阳县肉牛肉羊产业的健康快速发展。

为了做大做强彭阳县肉牛肉羊产业，打造清真牛羊肉品牌，充分利用饲草料、土地和劳动力等资源优势，解决制约彭阳县草畜产业发展的技术瓶颈问题，满足广大养殖户和畜牧技术工作者对产业发展的技术要求，我们组织专业技术人员编写了《肉牛肉羊养殖实用技术》一书，详细介绍了肉牛肉羊养殖品种、饲草料加工调制技术、科学饲养管理技术、标准化养殖场生产技术和疫病防治技术等，以便读者根据不同的养殖类别科学组织生产，提高养殖效益。

本书编写结合彭阳县的生产实际，通过广大科技工作者多年的实践探索，注重理论与实践相结合，力求通俗易懂，实际实用，便于操作，既可作为培训教材，也可作为广大养殖户和畜牧技术人员参考用书。

由于时间仓促，水平有限，错误和疏漏之处在所难免，敬请广大读者指正。

编　者
2014.9

目　录

第一章　肉牛生产

第一节　肉牛品种及杂交改良

我国优良黄牛品种广泛分布于全国各地，一般分为北方黄牛(蒙古牛、延边牛等)、中原黄牛(晋南牛、秦川牛、鲁西牛、南阳牛、渤海黑牛等)和南方黄牛(温岭高峰牛、雷琼牛等)三大类型。国外引进的肉牛品种，按品种来源、体型大小和产肉性能分为中、小型早熟品种(海福特牛、短角牛、安格斯牛等)和大型品种(夏洛来牛、利木赞牛、皮埃蒙特牛等)。现根据宁夏回族自治区黄牛品种分布及肉牛品种改良情0况，就肉牛品种介绍如下。

一、我区的主要黄牛品种

(一)秦川牛

秦川牛原产于陕西省关中地区，属役肉兼用品种，主产区为咸阳、武功、兴平、乾县、礼泉、扶风、渭南等县。

(1)外貌特征：毛色有紫红、红、黄三种，以紫红和红色者居多。牛体高大，骨骼粗壮，肌肉丰满，体质强健，胸宽深而背腰平直，前躯发育良好而后躯较差。角短，并向后或向外下方伸展，尻部稍斜，蹄圆且大。公牛颈短，垂皮发达，具有明显的肩峰；母牛肩低而薄。成年公牛、母牛平均体高分别为141.46厘米和124.51厘米，平均体重分别为610千克和400千克。

(2)生长发育和生产性能：犊牛初生重23.5～24.5千克，具有育肥快、瘦肉率高、肉质细嫩、大理石花纹明显等特点。6～18月龄秦川牛育肥，公、母、阉牛平均日增重分别为700克、550克和590千克，可见育肥增重效果公牛最好，母牛较差，阉牛居中。屠宰率56%～60%，净肉率48.5%～52.5%，骨肉比1∶(6～6.5)，眼肌面积90.0～106.0平方厘米。泌乳期平均为7个月，产奶量为715.79千克(范围256.35～1 006.75千克)，牛奶含干物质16.05%，乳脂率4.7%，乳蛋白4.0%。

(3)繁殖性能：秦川母牛的初情期为(9.3±0.9)月龄，发情周期为(20.9±1.6)天，发情持续期为39.44小时(范围为25～63小时)，妊娠期为(285±9.3)天，产后第一次发情为(53.1±21.7)天。公牛12月龄性成熟。公母牛初配年龄为2岁,是生产肉用杂交牛的良好母本。

(4)优点:适应性强,性情温顺,遗传性稳定,耐粗饲,役用性能强,产肉性能好。

(5)缺点:尻部尖斜,后腿肌肉不丰满。在秦川牛非保种区采用丹麦红牛改良,效果良好,克服了尖斜尻和大腿肌肉不够丰满的缺点。我区大部分县市引入数量不等的秦川牛,进行纯种繁育和改良当地黄牛,取得了良好效益。

(二)南阳牛

南阳牛原产于河南省南阳地区白河和唐河流域平原地区,主产区为南阳市郊、邓县、唐河等地。

(1)外貌特征:被毛有黄、红、草白三色,以深浅不等的黄色最多,面部、腹下和四肢下部毛色浅。体格高大,结构匀称,体质结实,肌肉丰满。胸深、肋密,背腰平直,肢势端正,蹄形圆大,蹄壳以腊黄色居多。公牛头方正雄健,颈部短粗,前躯发达;肩峰高耸,8～9厘米。母牛头清秀,颈薄,一般中后躯发育良好,乳房发育较差。鼻镜多为肉红色,部分带黑色斑点。角为腊黄、青、白色。南阳牛按体型高矮又可分为高脚牛、矮脚牛。高脚牛体高而身长,胸部欠宽深,步幅大,速度快,持久力差。矮脚牛体矮而身长,四肢短粗,胸围大,步幅小,行动速度较慢,持久力强。

(2)生长发育和生产性能:犊牛初生重28.6～31.2千克。成年公牛、母牛平均体高分别为153.8厘米和134.0厘米,平均体重分别为850千克和430千克。公牛8月龄开始育肥,经强度育肥的牛屠宰率可达64.5%,净肉率为56.8%。肉色鲜红,肉质鲜嫩,大理石纹明显。母牛泌乳期6～8个月,产奶量600～800千克,乳脂率4.5%～7.5%。

(3)繁殖性能:母牛初情期为8～12月龄。发情周期为21天(范围17～25天),发情持续期为1～1.5天。产后第一次发情平均为77天(范围20～219天),妊娠期平均为291.6天,怀母犊较短,平均为289.2天。

(4)优点:适应性强,耐粗饲,肉用性能好,役用能力强,适合平原、山地和丘陵地带饲养和使役。

(5)缺点:骨骼较细,胸部发育欠差,并有卷垂腹和尖斜尻缺陷。通过本品种纯种选育正向早熟性肉用方向发展。在南阳牛非保种区,采用利木赞牛、皮埃蒙特牛、契安尼娜牛、西门塔尔牛杂交改良,效果良好,克服了南阳牛的缺点,提高了经济效益。

(三)鲁西牛

鲁西牛原产于山东省西部、黄河以南、运河以西一带,中心产区为济宁、荷泽两市。

(1)外貌特征:毛色从浅黄到棕红色,以黄色为主,约占70%,多具有“三粉”特征,即眼圈、嘴圈、腹下和四肢内侧毛色较浅。体躯高大而略短,外形细致紧凑,骨骼细而肌肉发达。公牛为平角或龙门角,肩峰高而宽厚,胸深宽,前躯发达而后躯发育差,尻部肌肉不够丰满,体躯明显地呈前高后低的体型。母牛鬐甲低平,颈细长,背腰平直,后躯宽阔,尻部稍倾斜,体型呈长方形。

(2)生长发育和生产性能:成年公牛体重平均644千克,母牛平均365千克。18月龄育肥公牛、母牛日喂精料2千克,平均日增重分别为650克、430千克。育肥期3个月、18月龄屠宰时,屠宰率达到57%~58.3%,净肉率41.8%~49.0%,眼肌面积72~89平方厘米。成年牛屠宰率平均是58.1%,净肉率50.7%,眼肌面积94.2平方厘米。

(3)繁殖性能:母牛性成熟早,初情期10~12月龄;初配年龄,公牛为2岁,母牛为2.5岁,利用年限5~7年。

(4)优点:性情温顺,易于管理,适应性强,耐粗饲,役用力强,耐持久,生长发育快,较早熟;产肉性能好,易育肥,肉质佳。

(5)缺点:部分牛胸部发育欠开阔,后躯发育差,并有斜尻等缺陷,有待选育提高。

(四)晋南牛

晋南牛原产于山西省西南部汾河下游的晋南盆地,包括临汾和运城市,其中以万荣、河津、临猗三县市数量最多、质量最好。

(1)外貌特征:毛色多为枣红色,其次为红色,黄色,鼻镜和蹄壳为粉红色。体型高大,体质结实;前胸宽阔,背腰平直。公牛头中等大,额宽,顺风角,颈粗而短,肩峰不明显,臀端较窄,蹄大而圆,质地致密。母牛头部清秀,乳房发育不足,乳头细小。

(2)生长发育和生产性能:犊牛初生重22~25千克。成年公牛体重平均为600千克,母牛340千克。与秦川牛、鲁西牛、南阳牛相比,晋南牛生长发育较慢,公牛2岁体重仅达到240千克,约为成年牛体重的40%。晋南牛公、母犊2岁前的生长发育速度没有差别。15月龄幼牛育肥3个月,日增重可达到630克,18月龄活重达到373千克,屠宰率58.4%,净肉率50.0%。母牛泌乳期平均产奶量745千克,乳脂率5.5%~6.1%。

(3)繁殖性能:母牛一般在9~10月龄开始发情,初次配种年龄为2岁。产犊间隔14~18个月。母牛发情周期为18~24天,平均21天,妊娠期为285天。

(4)优点:性情温顺,易于饲养管理,耐粗饲,性能好。

(5)缺点:后躯发育差,体成熟较晚。

(五)延边牛

延边牛原产于东北三省东部的狭长地带,分布于吉林省延边朝鲜族自治州的延吉、和龙、汪清、珲春等县市,辽宁及黑龙江省的相邻地区也有分布。

(1)外貌特征:延边牛体格较大,体型结构良好。角颈背壮,骨骼强,肌肉结实。皮肤稍厚而有弹力,被毛长而柔软,为浓淡不同的褐色。头部较小,额部宽平,鼻中等长。角间宽,角根粗,呈“竹笋”状,多向两侧伸展,形如“八”字。颈短,公牛颈部隆起高于背线,母牛则低于背线。鬐甲长平,背平直而稍窄。胸深,腰短,尻稍斜。四肢较高,关节明显,肌键发达。肢势良好,蹄质致密坚实。

(2)生长发育和生产性能:犊牛初生重19.6～22.5千克,成年公牛体重465千克,母牛体重365千克。延边牛产肉性能良好,易育肥,肉质细嫩,肌肉横断面呈大理石状。公牛自18月龄起育肥6个月,日增重可达810克;24月龄屠宰时,屠宰率57.7%,净肉率47.2%。母牛泌乳期约6个月,产奶量500～700千克,乳脂率5.8%,在良好的饲养条件下,产奶量最高可达1 500～2 000千克。

(3)繁殖性能:初情期为8～9月龄,性成熟13～14月龄。母牛2岁开始配种,发情周期为20～21天,发情持续期1～2天。种公牛利用年龄一般为3～8岁。

(4)优点:体型较大,结构良好,步伐轻快,抗寒力强,耐粗饲,性情温顺,灵敏,便于使役,尤其适应于水田作业和雪地运输。

(5)缺点:体重较轻,体高偏低,胸较窄,后躯发育较差。短期育肥能力较强,但体格较小,有待今后选育提高。

二、引入我区的国外主要肉牛品种

(一)西门塔尔牛

西门塔尔牛原产于瑞士西部阿尔卑斯山区,是世界著名的兼用品种,也是世界上分布最广、数量最多的牛种之一。由于繁育的国家和目的不同,西门塔尔牛的体型外貌和生产性能略有差异,按国家可分为瑞系牛、法系牛、德系牛、奥系牛和苏系牛;以生产性能又可分为肉乳兼用型和乳肉兼用型。我国20世纪50～80年代大量引入西门塔尔牛,并对我国黄牛进行改良。经过长期坚持不懈的改良和选育,在内蒙古东部、新疆南部、山西中部等地形成了各具特点的地方类群。中国西门塔尔牛于2001年通过农业部畜禽新品种认定,国内种群规模达100万头,核心群达3万头。

(1)外貌特征:毛色以黄白色为主,其次为红白花,大多数有白色肩带,尾梢全为白色。体躯强壮,肌肉发达;头较大,眼大有神;角细,向外向上弯曲;颈较短,自背部到尻部平整宽厚；胸部较深，肋骨开张良好，四肢端正结实，大腿肌肉明显。母牛乳房发育较好，多呈“碗”状或“盆”状，乳头较粗大。

(2)生长发育和生产性能：犊牛初生重 44～45 千克，成年公牛平均体高 148 厘米，体重 1 000～1 300 千克；母牛体高 132 厘米，体重 600～800 千克。犊牛在放牧育肥条件下，平均日增重可达到 800 克；育肥至 500 千克的小公牛，日增重可达到 900～1 000 克，屠宰率 65%，净肉率 57%。母牛在半育肥条件下的屠宰率为 53%～55%。成年母牛的平均泌乳天数为 285 天，产奶量 4 000 千克，乳脂率为 4%～4.2%，乳蛋白率 3.5%～3.9%。

(3)繁殖性能：母牛发情周期为 18～22 天，情期受胎率一般在 69%以上，初产月龄 30 月龄，妊娠期 282～292 天。西门塔尔牛在我区主要是作为杂交父系使用。

(4)优点：耐粗饲，适应性强；产奶性能好，排乳速度快；生长快，饲料报酬高，产肉性能好，胴体脂肪含量少，肉质佳，屠宰率高；遗传性能稳定。同时步伐稳健，速度快，役力强。

(二)利木赞牛

利木赞牛原产于法国中部高原的利木赞省，原来是役用牛，从 1850 年开始选育，1886 年建立良种登记簿，1924 年育成专门化肉用品种。在法国属第二大肉用品种牛，仅次于夏洛来牛。

(1)外貌特征：毛色由黄到红，背部毛色较深，腹部毛色较浅；体格比夏洛来牛轻而矫健；骨骼细致，肩峰隆起。公牛角粗短，向双侧伸展；母牛角细，向前弯曲。体躯长而肌肉充实，肋弓开张，胸部肌肉特别发达。背腰宽而平直，荐部宽大，后躯肌肉也特别明显。四肢强健细致，蹄呈红色。

(2)生长发育和生产性能：犊牛初生体重较小，公犊为 36 千克，母犊为 35 千克，难产率较低。成年公牛平均体高 140 厘米，体重 950～1 200 千克，母牛平均体高 130 厘米，体重为 600～800 千克。体早熟，早期生长发育快。良好的饲养条件下，出生后 6 月龄体重可达 250～300 千克，平均日增重 1 490 克以上。肉嫩，脂肪少，瘦肉多，且肉的风味好，8 月龄就可生产出大理石纹牛肉，屠宰率一般为 63%～70%，瘦肉率为 80%～85%。10 月龄能长到 400 千克，12 月龄则可达到 480 千克。淘汰的成年母牛活重 600～800 千克，屠宰率为 57.5%。成年母牛平均产奶量为 1 200千克，乳脂率 5%。

(3)繁殖性能：母牛一般 21 个月开始配种，2.5 岁产第一胎。母牛利用年限为 9 岁，平均产犊 4～6 头。难产率一般只有 0.5%，是专门化肉牛品种中难产率最低的。

(4)优点：较耐粗饲，生长快，胴体优质肉比例较高，大理石纹状的肉形成较早，母牛易受胎，很少难产。

(三)海福特牛

海福特牛原产于英格兰西部的海福特郡，是英国古老的肉牛品种之一，现分布于世界许多国家，如美国、澳大利亚、新西兰等国都有大量饲养。

(1)外貌特征：具有典型的肉牛体型外貌，分有角和无角两种；全身被毛红色或淡紫色；具有“六白”特征，即头部、颈垂、四肢下部、鬐甲和尾稍均为白色，遗传性相当稳定；头短额宽，颈粗短而多肉，垂皮发达；胸深，肋开张，躯干呈圆筒状，背腰宽广平直，臂部肌肉发达；全身骨骼细，肌肉很丰满；四肢短粗、蹄质坚实；角向外弯，呈蜡黄色或白色。

(2)生长发育和生产性能：公犊初生重平均为 36 千克，母犊 33 千克；200 日龄公犊为 223 千克，母犊为 187 千克；400 日龄公牛体重为 434 千克，母牛为 297 千克；500 日龄公牛体重为 520 千克；母牛为 345 千克。成年公牛体高 132～135 厘米，体重 850～1 100 千克；母牛体高 120～126 厘米，体重 600～700 千克。海福特牛耐粗饲，饲料报酬率高，增重快，产肉性能好，肉质细嫩味美。出生至 12 月龄日增重可保持 1 200 克，18 月龄体重可达到 500 千克，屠宰率 60%～65%，育肥牛则可达 68%～70%。

(3)繁殖性能：6 月龄时出现性行为，15～18 月龄(活重达到 400 千克)可初次配种，妊娠期为 260～290 天。

(4)优点：生长发育快，早熟，耐粗饲，适应放牧饲养，对环境条件适应性强，在 −48℃ 的寒冷和 38℃ 的酷暑条件下，以及在海拔 1 800 米的高原上，均能正常生活。性情温顺，容易管理。育肥性能好，饲料报酬和屠宰率高。肉质细嫩多汁，胴体瘦肉多，呈大理石状花纹。

(5)缺点：易感染蹄病，发生跛行，在肉牛品种中体格偏小，泌乳能力差，甚至有单睾和夜盲症的个体出现。

(四)夏洛来牛

夏洛来牛是现代大型肉用育成品种之一，原产于法国中西部的夏洛来和涅夫勒地区。我国分别于 1964 年和 1974 年大批引入夏洛来牛，1988 年又有小批量的进口。

(1)外貌特征：被毛细长，呈白色或浅奶油色；头小、额宽，颈短多肉。公牛角粗而短，向两侧伸展；母牛角细，向前方弯曲。体躯高大强壮，肩峰隆起，胸深肋圆，背厚腰宽。荐部宽而长，臀部肌肉十分发达，体躯呈圆筒形。尻部常出现隆起的肌束，形成“双肌”特征。四肢粗壮，蹄和角呈蜡黄色。

(2)生长发育和生产性能：公犊初生重48千克，母犊46千克；初生到6月龄平均日增重1 168克。公犊周岁体重可达378千克，18月龄734千克；母犊周岁体重320千克，18月龄464千克。成年公牛体高142厘米，体重1 100～1 200千克；母牛体高132厘米，体重700～800千克。皮薄骨细，肉质细嫩，品质好，瘦肉多，屠宰率一般在60%～70%，胴体净肉率80%～85%。泌乳量平均1 700～1 800千克，乳脂率4.0%～4.7%。

(3)繁殖性能：母牛初次发情在396日龄，初次配种年龄在17～20月龄。夏洛来牛难产率高，平均为13.7%。

(4)优点：体大，早期生长发育快，饲料报酬高，15月龄前的日增重超过其他品种；适应性强，产肉性能高，肉质佳、味美，胴体瘦肉多，脂肪少。

(5)缺点：繁殖率低，难产率高。

(五)安格斯牛

安格斯牛为古老的小型肉牛品种，原产于英国苏格兰北部的阿伯丁和安格斯地区，并因地得名。该品种分布在世界各地，以美国、加拿大、澳大利亚、新西兰及南美洲一些国家饲养的较多。

(1)外貌特征：安格斯牛以被毛黑和无角为其重要的外貌特征，亦称无角黑牛。在美国有经过选育而育成了的红色安格斯品种。该牛体格低矮，结实，头小而方，额宽，颈中等长且较厚，体躯宽而深，呈圆筒形，四肢短，且两前肢间距、两后肢间距均相当宽；全身肌肉丰满，背腰宽厚，具有典型的肉用牛外貌特征。该牛皮肤松软，被毛光泽而均匀。部分牛只腹下、脐部和乳房部有白斑。

(2)生长发育和生产性能：该牛体格虽小，但活重较大。犊牛初生重24～32千克；7～8月龄可长到200千克，12月龄可达到400千克。成年公牛平均体高130厘米，体重700～750千克；母牛平均体高122厘米，体重500千克。安格斯牛出肉率高，胴体品质好，屠宰率一般为60%～65%。肉质呈大理石状。母牛乳房容积较大，形状良好，泌乳量639～717千克，乳脂率为3.3%～3.9%。

(3)繁殖性能：通常在12月龄可达性成熟，18～20月龄可初次配种；连产性好；初生重小，难产极少。

(4)特点：对环境适应性强，耐粗、抗寒、抗病。因无角，便于管理。母牛泌乳性能较好，难产率较低，但母牛稍有神经质，冬季被毛较长而易感外寄生虫。

(六)短角牛

短角牛原产于英国英格兰东北部。20世纪初，短角牛已成为闻名的良种肉牛。1950年以后，一部分短角牛向乳用方向选育，至今形成了肉用和乳用短角牛两个类型。我国曾多次引入兼用型短角牛，主要饲养在东北、内蒙古、河北等地，并与蒙古牛杂交育成了中国草原红牛。

(1)外貌特征：肉用短角牛的被毛以红色为主，也有白色和红白交杂的沙毛个体，相当数量的个体腹下或乳房部有白斑，深红毛色较受重视；鼻镜粉红色，眼圈色淡；头短，额宽平；角短细，向下稍弯，呈蜡黄或蜡白色，角尖黑；颈部被毛长且卷曲，额顶有丛生的较长被毛；背腰宽且平直，尻部宽广、丰满，体躯长而宽深，具有典型的肉用牛体型。兼用短角牛(美国称乳用短角牛)的乳用特征明显，乳房发达，体格较大，成年母牛体重700～800千克，公牛1 000千克，有些成年公牛体重达1 500千克。

(2)生长发育和生产性能：肉用短角牛200日龄公犊平均体重209千克，400日龄可达412千克。肥育期日增重可达1.00千克以上。兼用短角牛平均产奶量3 310千克，乳脂率3.69%～4.0%，高产牛产奶量可达5 000～10 000千克，甚至更多。

(3)适应性及改良效果：短角牛耐寒，抗病力强，适于放牧饲养。在东北、内蒙古等地改良当地黄牛，体型改善，体格加大，产奶量提高，杂交优势明显。中国草原红牛的培育形成，充分体现了该品种在我国具有良好适应性的利用价值。

(七)皮埃蒙特牛

皮埃蒙特牛原产于意大利北部的波河平原皮埃蒙特区，起源于短角牛，原为役用牛，后来向肉乳兼用方向选育。1934年成立品种协会并建立登记制度。

(1)外貌特征：被毛有“变色”特征。犊牛出生时为乳黄色，生后4～6月龄胎毛褪去，被毛渐变为白晕色，公牛性成熟后颈部、眼圈和四肢下部为黑色。母牛全白或浅红色，眼睫毛、耳廓四周为黑色。牛头较短小，颈短厚，体躯较长，复背复腰。胸、髋部肌肉发达，臀部外缘特别丰满，双肌现象特别明显。

(2)生长发育和生产性能：皮埃蒙特牛皮薄骨细，肌肉丰满。公犊初生重平均41.3千克，母犊38.7千克；早期增重快，出生后4个月的平均日增重为1 300～1 500克；周岁体重达400～500千克。成年体重公牛1 000～1 300千克，母牛650～800千克。屠宰率高达66%，净肉率为60%。肉质多汁，风味可口，嫩度、口感优良。胴体重为329.6千克时，眼肌面积为96.3平方厘米。母牛一个泌乳期的泌乳量为平均3 500千克。

(八)日本和牛

日本和牛是日本从1956年起改良牛中最成功的品种之一。它是由西门塔尔种公牛的改良后裔中选育而成，是全世界公认的最优秀的优良肉用牛品种。日本和牛的特点是生长快，成熟早，肉质好。其第七、八肋间眼肌面积达52平方厘米。

辽宁省畜禽品种改良站现有日本和牛32头。日本和牛是我国十分珍贵的优质肉牛品种资源。我市泾源县用其冻精改良当地黄牛。

(1)外貌特征：根据其毛色和角形分为黑色、棕色、无角和短角四个品种，其中黑色和牛数量占90%以上。日本和牛具有暗黑色的皮毛，在乳房和腹壁有白斑；有头角而无肩峰，其身体大小有小型到中型的。成年公牛体重约950千克，母牛约620千克；成年牛体高为120厘米。黑毛和牛以分布于日本兵库县北部的但马最为著名。

(2)生长以育和生产性能：日本和牛妊娠期平均为285天。母牛一生能产15～16胎，但是为了保证母牛和犊牛的健康，一般产到10胎左右就停止配种了。母牛健康状况好的，也有产13～14胎的。犊牛经27月龄育肥，体重达700千克以上，平均日增重1.2千克以上。黑色和牛系以其牛肉质量而著名，如肉中的大理石斑纹脂肪，瘦肉与脂肪红白相间好像肉上结了霜一样，所以称之为“霜降”肉或“雪花”肉。肌肉脂肪中饱和脂肪酸含量很低，不饱和脂肪酸含量较高，健康风险(如冠心病)较低。牛肉肌纤维细，质地柔软，鲜嫩多汁可口，具有浓厚的牛肉风味，肉用价值极高，在日本被视为“国宝”，在西欧市场也极其昂贵。

三、肉牛杂交育种技术应用

(一)肉牛杂交繁育的目的

肉牛杂交是指不同品种或不同牛种间的交配繁殖。杂交所产生的后代叫杂种牛。杂交是肉牛生产不可缺少的手段，不同品种牛进行品种间杂交，不仅可以相互补充不足，而且可以产生较大的杂种优势，进一步提高肉牛生产力。由于我国目前没有专用的肉用品种牛，故肉牛生产的主体是利用国外良种肉用公牛为父本，以我国黄牛为母本生产杂交后代，以达到提高肉用性能的目的。

(二)杂种优势

杂种优势是指两个没有亲缘关系的亲本或品种间的交配，其产生的后代某些数量性状的平均数介于亲本间或超过两亲本间的平均数，表现了良好的生长优势和适应性等。利用杂种优势，可提高生活力，增强适应性，提高生产性能，加速生长发育，用于商品生产。

杂种优势主要表现在以下三方面。

(1)增大体型结构。我国地方黄牛多为传统役用，体型偏小，并且后躯发育较差，出肉率较低。经过改良后，杂种牛的体型一般比本地黄牛增大30%左右，体躯增长，胸部宽深，后躯较丰满，尻部宽平，后躯尖斜的缺点基本能得到改进。

(2)提高生长速度。本地黄牛最明显的不足之处在于生长速度慢，成年体重小。经过杂交改良，其杂交后代作为肉用牛饲养，生长速度明显提高。经测试对比，杂种牛体重比本地牛可提高40%～45%。

(3)提高出肉率。经过育肥的杂交牛，其屠宰率一般能达到55%～60%。据国外研究报道，通过品种间杂交，可使杂交后代生长加快，屠宰率高，比原种多产肉在15%左右。

(三)肉牛杂交生产模式

1.经济杂交

经济杂交是指不同品种的公母牛进行交配，以生产性能低的母牛或生产性能高的母牛与优良公牛交配来提高子代经济性能。其目的是利用杂种优势。

2.导入杂交

导入杂交又叫"引入杂交"，从实质上看是本品种选育的一项重要措施。如某些优良黄牛品种，需要进一步增大体格、提高产肉性能、克服某些缺陷时，可恰当选用另一个肉用或兼用品种公牛导入杂交。导入杂交的目的是保留原有品种牛的大部分优良性状，而不是彻底改造，因此必须正确选择改良品种牛。

3.轮回杂交

轮回杂交一般指用两个或两个以上优良品种牛与低产品种牛杂交，其杂交后代的母牛轮流交替使用不同品种公牛交配，以使每代杂种牛继续保持和充分利用杂种优势。每代杂种公牛育肥用于商品肉牛生产，但母牛留下继续繁殖。轮回杂交的母牛和犊牛也都是杂种，皆有杂种优势效益。

4.级进杂交

级进杂交是高产的品种改造低产的品种常用的方法，即指生产性能低的母牛与高产良种公牛杂交，所产杂种一代母牛，再与高产良种公牛交配，逐代级进，以求达到彻底改造低产品种牛之目的。级进杂交的第一代可获得最大的改良，随着级进代数的增加，杂交优势逐代减弱，以后优势水平趋于回归。

5."终端"公牛杂交系

所谓"终端"公牛杂交系，就是用B品种公牛与A品种纯种母牛配种，将杂种一代母牛(BA)再与第三品种C公牛配种，所生杂种二代，不论公母全部育肥出售，不再进一步杂交。这种停止在最终用C品种公牛的杂交，就称为"终端"公牛杂交系。这一生产模式的优点是：能使各品种优点互相补充而获得较高的生产性能。

6.轮回——"终端"公牛杂交系

即在两品种或三品种轮回杂交后代母牛中保留45%的用作轮回杂交，作为更新母牛的需要；其余55%的母牛，选用生长快、肉质好的品种公牛（“终端”公牛）配种，以期取得减少饲料消耗、生长更多牛肉的效果。采用两品种轮回的“终端”公牛杂交系，犊牛平均体重可增加21%，而三品种轮回的“终端”公牛杂交系可提高24%。

7. 肉牛选种选配

(1)母本品种：应选择中等身高、容易管理、繁殖力强的母牛品种。我国的主要黄牛品种、西门塔尔牛、安格斯牛等及杂一代品种比较适合作为肉牛杂交生产的母本。

(2)父本品种：应选择生长速度快、牛肉质量好的中、大型肉牛品种，如西门塔尔牛、夏洛来牛、红安格斯牛、利木赞牛、皮埃蒙特牛等。

第二节　肉牛繁育技术

一、肉牛发情鉴定技术

(一)发情周期

母牛达到性成熟后（一般母牛8～10月龄开始性成熟），在正常情况下，每隔一定期间就出现一次发情，直到衰老为止。这种有规律的周期称为发情周期。母牛发情周期包括发情前期、发情期、发情后期、休情期四个阶段，但每个阶段之间没有明显的界限。根据牛的个体不同，以及年龄、季节、饲养条件等不同，其发情周期长短有一定的变动范围，一般为18～24天，平均为21天。一般而言，温暖季节，发情周期正常，表现明显；在天气寒冷、营养较差的情况下，牛将不表现发情。壮龄牛、体况较好的牛，发情周期较一致，而老龄牛及体况差的牛发情周期较长。

(1)发情前期：发情前（卵泡）的准备期。发情前期的特点：上一次周期黄体进一步退化，卵巢上有新的卵泡发育生长，雌激素也开始分泌，生殖道供血上升，毛细血管扩张伸展，渗透性增强，阴道、阴道黏膜粒度充血、肿胀，子宫颈略变软，腺体分泌活动增加，黏膜上皮C增生。此阶段动物尚无性欲表现。

(2)发情期：母畜性欲达到高潮时期，也是发情征状集中表现的时期。发情期的特点：卵巢卵泡迅速增大，雌激素分泌增多，强烈刺激生殖道，使阴道及阴门黏膜充血，肿胀明显，子宫黏膜显著增生，子宫颈充血，管道松弛，子宫颈口开张，湿润，腺体分泌增多，阴门可流出大量透明稀薄黏液；卵泡发育很快，多数在末期排卵。另外，发情期的母牛还有明显的精神状态的变化，如有强烈的性欲表现，愿意接近公畜等。判断发情主要靠这个阶段。

(3)发情后期:是指排卵后,黄体开始形成时期,即发情表现的恢复期。发情后期的特点:卵泡已由黄体代替,雌激素下降,孕激素上升,因而各种器官逐渐恢复正常,只有子宫内膜逐渐增厚(孕素作用),阴道增生的上皮C脱落,性欲也由激动转为静止状态。

(4)休情期:(间情期)是黄体活动期,具体指由黄体形成→黄体萎缩前的阶段。休情期的特点:黄体活动旺盛,动物处于静止休情状态。

(二)母牛发情周期的特点:非季节性

(1)发情周期:平均21天(青年母牛20天),范围为18～24天,个别不在此范围内。若超过很长时间,则可能是2个周期(其中有一个安静发情)。

(2)发情期(或发情持续期):指发情征状出现到结束阶段,时间为平均18小时(10～24小时),其受气候、季节、营养等条件影响。

(3)排卵时间:一般在发情结束后10～15小时(或发情开始后28～32小时)。牛的排双卵率为0.5%～2%,交替刺激有利于排卵,发情开始至结束后6小时受胎率高。

(4)发情后流血现象:大多母牛在排卵后子宫有流血现象,主要是因为发情时雌激素的刺激,造成子宫内膜微血管破裂的结果。

(5)产后发情:多在产后35～50天发情,有的100天或更长时间。安静发情多见于产后25～30天。

(三)发情鉴定的常用方法

1.外部观察法

一般母牛发情时往往表现出兴奋不安,食欲减退,尾根举起,追逐和爬跨其他母牛并接受他牛爬跨。被爬跨的牛如发情,则站立不动,并举尾;如果不是发情牛,则往往弓背逃走。发情牛爬跨其他牛时,阴门搐动并滴尿,具有公牛交配的动作,外阴部红肿,从阴门流出黏液。发情盛期黏液稀薄透明,牵缕性强;发情后期黏液量少且黏性差,乳白色而浓稠。

2.试情法

对于发情不明显、不便判断的母牛,为了不致造成失察漏配,可将结扎输精管或带试情兜布的公牛放到母牛群中,根据公母牛的表现来鉴别发情母牛。接受公牛爬跨的母牛就是发情牛,可进行适期配种。

3.阴道检查法

阴道检查法是用阴道开张器来观察阴道的黏膜、分泌物和子宫颈口的变化来判断母牛发情与否。发情母牛阴道黏膜充血潮红,表面光滑湿润;子宫颈外口充血、松弛、柔软开张，排出大量透明的牵缕性黏液，如玻棒状(俗称吊线)，不易折断。黏液最初稀薄，随着发情时间的推移，逐渐变稠，量也由少变多；到发情后期，黏液量逐渐减少且黏性差，颜色不透明，有时含淡黄色细胞碎屑或微量血液。不发情的母牛阴道苍白、干燥，子宫颈口紧闭，所以无黏液流出。发情初期的母牛：阴道有阻力，黏膜粉红，无光泽，少量黏液颈口略开。发情高潮阶段的母牛：阴道滑润，潮红有光泽，处女牛黏膜有血丝，颈口开启。发情末期的母牛：黏液少而黏稠，颈口闭合，色淡。

阴道检查的操作方法：先将母牛保定在配种架内，尾巴用绳子拴向一侧，用0.1%高锰酸钾水进行外阴部清洗消毒；用消毒灭菌过涂有润滑剂的开膣器插入阴道，打开开膣器，通过反光镜或手电筒的光线检查阴道内的变化；检查完毕稍微合拢开膣器，缓缓抽出。

4.直肠检查法

直肠检查法是检查者把手臂伸入母牛直肠内，隔着肠壁触摸卵巢上卵泡发育的情况来判断母牛是否发情。若是母牛发情时，则可以触摸到卵巢上突起的黄豆粒大小的水泡，并有波动感。如果是排卵后，则卵泡壁呈现一个小的凹坑。在黄体形成后，可以摸到稍微突出于卵巢表面、质地较硬的黄体。发情母牛的子宫触摸时通常有收缩反应，松弛时柔软，壁薄如空肠样。由于子宫黏膜水肿，发情母牛子宫角体积较大如手电筒粗，而青年母牛子宫角如拇指粗或稍粗。

直肠检查的操作方法：先将母牛保定好，操作者的指甲必须剪短磨光，戴上塑膜长臂手套，手套外表蘸取少量水以利润滑；然后将手指并拢呈锥形，以缓慢的旋转动作伸入肛门，排出宿粪；再将手伸入骨盆腔内，手掌展平，掌心向下，按压抚摸，在骨盆底部可以摸到一前后长而圆且质地较硬的棒状物，即为子宫颈。沿子宫颈向前触摸，在正前方摸到一浅沟即为角间沟，沟的两旁为向前向下弯曲的两侧子宫角。沿着子宫角大弯向下向外侧可以摸到卵巢。一般卵巢右大左小。用手指肚轻稳细致地触摸卵巢的形状、大小、质地及卵泡的大小、形状、弹性和卵泡壁厚薄等发育状况。在母牛努责或肠道收缩时，手臂不能硬向里推，可以等待努责或收缩停止后继续检查。

二、肉牛的人工授精技术

(一)人工授精的概念

人工授精技术是指借助于专门器械，用人工方法采取公牛精液，经体外检查与处理后输入发情母牛的子宫内，以使其受胎的一种繁殖技术。

(二)精液的贮存

现行精液保存的方法按保存的温度分为常温保存(15～25℃)、低温保存(0～5℃)和冷冻保存(－79～－196℃)三种。一般常用的方法是冷冻保存,即牛精液制成颗粒或细管后保存在液氮罐中。用液氮罐贮存时,液氮必须浸没冻精且液面高出冻精15厘米以上。罐内液氮剩下1/3时即需添加液氮。取放冻精时,提筒只许提到罐的颈下,严禁提到外边,停留时间不得超过10秒。向另一容器转移冻精时,盛冻精的提筒离开液氮面的时间不得超过5秒。取放后,应及时盖好罐盖,以防止液氮大量蒸发和异物浸入。

(三)解冻方法

1.颗粒冻精解冻

将颗粒冻精投入经预热至40℃的解冻液中,摇动至融化。解冻液可用2.9%的柠檬酸钠溶液,也可用含葡萄糖3%和柠檬酸钠1.4%的溶液。

2.细管冻精解冻

将细管封口端向下,棉塞端朝上,投入40℃左右的温水中,待细管颜色一变立即取出用于输精。

(四)输精

1.输精的适宜时间

精子在母牛生殖道的正常寿命是15～24小时,而母牛发情持续期大约18小时,排卵时间一般在发情结束后7～17小时,由于排卵前后最有利于受孕,所以最佳的输精时机是在发情中、后期。生产实践中常根据发情的时间来推断适宜的输精时间。一般规律是若母牛早晨(9点以前)发情,则应在当日下午输精,若次日早晨仍接受爬跨则应再输精一次;若母牛下午或傍晚接受爬跨,可在次日早晨输精。为了真正做到适时输精,最好的办法是通过直肠检查卵巢,根据卵泡发育程度加以确定。当卵泡壁很薄,触之软且有明显的波动感时,已处于排卵的前夕,此时输精能获得较高的受胎率。

2.输精部位

普遍采用子宫颈深部(子宫颈内口)输精。

3.输精次数

由于发情排卵的时间个体差异较大,故一般掌握在1次或2次为宜。盲目增加输精次数,不一定能够提高受胎率,有时还可能造成某些感染,发生子宫或生殖道疾病。

4. 输精方法

目前最常用的是直肠把握输精法。输精员一只手戴上薄膜手套，伸入母牛直肠，掏出宿粪，把握住子宫颈的外口端，使子宫颈外口与小指形成的环口持平。用深入直肠的手臂压开阴门裂，另一只手持输精器由阴门插入，先向上倾斜插入一段，以避开尿道口，而后转成水平，借助握子宫颈外口处的手与持输精器的手协同配合，使输精器缓缓越过子宫颈内的褶皱，进入子宫颈口内5～8厘米处注入精液。

(五)母牛的初配年龄

母牛的初配年龄常依年龄、体重决定。要求体重达到成年母牛体重的65%～75%可进行第一次配种，一般在16～22月龄。一般原则：小型牛体重达300～320千克，中型牛340～350千克，大型牛380～440千克就可配种。

(六)母牛产后的适宜配种时间

母牛产犊后，子宫复原及身体恢复大约需30天。产后最早排卵在20天左右，但处于隐性发情而不易发现。产后表现第一次明显发情40～110天。如果产后过早配种，一是不易受孕；二是影响牛体恢复。反之，配种过晚，则产犊会受影响，又常因发情不规律而降低受胎率。所以，为了不影响生产和产犊，一般母牛产后60～80天配种最为适合。

三、母牛的妊娠

(一)妊娠期

母牛配种以后，从受精开始，经过发育到成熟的胎儿娩出为止，这段时间称为妊娠期。肉牛的妊娠期一般为275～285天，平均为280天。

(二)妊娠检查

配种后要及早地判断母牛的妊娠情况，以防母牛空怀，而对没有受胎的母牛则应及时配种，因此要做好妊娠检查工作。

1. 外部症状观察法

母牛配种后，经过一、二个发情周期不再发情，证明可能妊娠了。母牛妊娠后，性情变得安静、温顺，食欲逐渐增强，被毛光亮，身体饱满，腹围逐渐增大，乳房也逐渐增大。妊娠后期，母牛后肢及腹下出现水肿现象。临产前，外阴部肿胀，松弛，尾根两侧明显塌陷。但这种方法并完全可靠，因为受胎牛可能有安静发情，已受胎牛也可能有假发情现象。

2. 阴道检查法

一般在对妊娠怀疑不决时才使用阴道检查法，且在母牛配种后1个月进行。

妊娠的母牛，当开膣器插入阴道时有明显的阻力，并有干涩之感，阴道黏膜苍白，无光泽，子宫颈口偏向一侧，呈闭锁状态，为灰暗浓稠的黏液塞封闭。

3. 直肠检查法

直肠检查法是妊娠鉴定方法中比较准确而且使用最普遍的方法，且在配种后60～90天进行第一次检查。主要检查子宫角的变化和卵巢上黄体的存在。

(1)妊娠牛：触摸一侧卵巢体积增大(约核桃大或鸡蛋大)，呈不规则形，质地较硬，有肉样感，有明显的黄体突出于卵巢表面；触摸另一侧卵巢无变化；子宫角柔软或稍肥厚，但无病态变化，触摸时无收缩反应，可判定为妊娠。

(2)未妊娠牛：① 两侧卵巢一般大或接近一般大，为未妊娠；② 两侧卵巢的大小与发情检查时恰恰相反，为未妊娠；③ 两侧卵巢一大一小，大的如拇指大或核桃大，小的如食指大或小指大，有滤泡发育，为未妊娠；④ 一侧卵巢大如鸡蛋，既有黄体残迹，又有滤泡发育，触摸时卵巢各部质地软硬不一致，既不像卵巢囊肿时那样软，又不像妊娠黄体那样硬(其原因是上次发情在这侧卵巢排卵，后形成黄体，因未受胎，黄体正在消退中，下次发情前本侧卵巢又有新的滤泡发育，所以同一卵巢上同时存在黄体残迹和发育滤泡)，是未妊娠的表现。

母牛妊娠后第一个月内，胚胎在子宫内处于游离状态，或胚胎与母体联系不紧密，当生存条件发生突变时，易造成隐性流产。因此，第一次检查妊娠后，仍需第二次检查。第二次检查除检查卵巢有黄体存在外，主要检查子宫角的变化。如果两侧子宫角失去了对称，一侧子宫角又变得粗短，柔软如水袋，触诊无收缩反应，可判定为妊娠。如果妊娠虽有黄体存在，但两侧或一侧子宫角饱满肥厚，如灌肠样，触诊有痛感，则是子宫内膜炎症状。卵巢黄体属于持久黄体，母牛既没有妊娠也不会发情，应抓紧时间予以治疗。

4. 煮沸子宫颈黏液诊断法

用少量子宫颈黏液，加蒸馏水4～5毫米混合，煮沸1分钟，呈块状沉淀者为妊娠，上浮者为未妊娠。此法可检出妊娠30天以上的母牛。

(三)预产期的推算

为了做好分娩前的准备工作，必须较准确地计算出母牛的预产期。

妊娠期的长短受品种、年龄、季节、饲养管理等因素的影响。奶牛、黄牛妊娠期一般280天，肉牛为283天。预产期可用下列公式推算：奶牛、黄牛用“配种月减3，配种日加6”；肉牛用“配种月加9，配种日加9”。

【例1】某肉牛1997年10月5日配种受胎，预计其产犊日期。

解：

月数：10＋9＝19(月)(大于12个月则减去12得数为下一年月份)

日数:5+9=14(日)

因此,该牛预计在1998年7月14日产犊。

【例2】某黄牛1998年1月28日配种受胎,预计其产犊日期。

解:

月数:1+12−3=10(月)(不够减借1年加12个月再减)

日数:28+6=34(日)

日数减去10月的31天,即34−31=3(日);再把月份加1个月,即10+1=11(月)。

因此,该牛的预产期为1998年11月3日。

配种日期的预产期中间,赶上润年的2月份(29天)时,可将算出的预产期减去1天。

牛的预产期可在牛床附近标出,以便于做好饲养管理工作。

四、保胎

造成母牛流产的主要因素有:妊娠后误配,直肠检查粗鲁造成人为流产;布氏杆菌病等传染性流产;角斗、爬跨、挤撞等机械性流产;饲喂发霉变质饲料造成胎儿中毒中途死亡而流产;喂冰冷的饲料、惊吓等造成子宫突然异常收缩而流产等。母牛最易流产的时间是妊娠后两个月及妊娠后期。

妊娠母牛的饲养以达到中上等营养膘情为原则,不可太瘦,也不易过肥。要注意补喂含蛋白质、矿物质、维生素丰富的饲料。冬季缺乏青绿饲料时最好补喂胡萝卜、青菜或青贮饲料。例如怀孕母牛体重为500千克,则每天要提供30克钙和24克磷,日粮中钙∶磷为(2～1)∶1,饮水温度不得低于12℃。妊娠后期注意停喂酒糟、棉籽饼。

管理方面,妊娠母牛重点要防止角斗拥挤,保持适当运动,加强刷拭等。群众总结出妊娠母牛的饲养经验是:“一不混”,即不和其他牛混合混养;“二不打”,即不打冷鞭,不打头部、腹部;“三不吃”,即不吃霜、冻、霉变饲料;“四不饮”,即清晨不饮冷水,出汗不饮,冰水不饮,饿肚不饮。

五、母牛的分娩

(一)母牛分娩预兆

随着胎儿的逐渐发育成熟和产期的临近,母牛在生理上发生一系列的变化。掌握这些变化,有利于估计产犊时间,做好接产准备,保证安全分娩。

(1)乳房膨大:产前半个月左右,母牛乳房开始膨大,到产前2～3天,乳房体发红，乳头皮肤胀紧，从乳房向前到腹、胸下出现浮肿，并可挤出淡黄色黏稠的初乳。个别牛还会出现漏奶现象。但生产中尽量不要提前试挤乳头，以免刺激乳房；也不要打开乳嘴，以免细菌乘机而入。

(2)外阴部肿胀：约在分娩前1周，母牛阴唇逐渐肿胀、柔软，皮肤皱折平展；封闭子宫颈口的黏液塞逐渐溶化，在分娩前1～2天呈透明锁状物从阴门流出，悬垂于阴门外。

(3)塌跨：从产前的几天，母牛骨盆韧带松弛，尾根两边塌陷。母牛在分娩前1～2天骨盆韧带充分软化，尾根两侧肌肉明显塌陷，呈两个坑，用手拽动牛尾根，可上下、左右自由活动。

(4)行为表现不安：母牛临产前，因子宫颈开始扩张，腹部阵痛不安，经常回顾腹部，时起时卧，频频排尿。此时表明母牛即将分娩，应有专人看护，做好接产准备。

(二)接产与助产

1. 接产准备工作

母牛出现分娩症状后，首先应将母牛转入产房。产房地面铺上清洁、干燥的垫草，并保持环境安静。其次要准备好接产用具和药品，如脸盆、水桶、纱布、药棉、剪子、助产绳及碘酒、酒精、1%煤酚皂液或0.1%～0.2%的高锰酸钾等消毒剂。接产人员对分娩母牛后躯用1%煤酚皂液或0.1%～0.2%的高锰酸钾溶液清洗消毒。分娩时，让母牛左侧卧或站立，以免胎儿受瘤胃压迫产出困难。

2. 助产

牛在分娩过程中，要有专人值班，并根据情况随时做好助产工作。

(1)胎膜破裂时，要用小桶或脸盆将羊水接住，产后喂给母牛3～4千克，可预防胎衣不下，并有助于及早泌乳。

(2)正常分娩，即两前肢夹着头先露出时，一般不需助产。当胎儿头部露出阴门之外而胎衣未破时，要立即撕破，使胎儿鼻端暴露出来，防止憋死。

(3)倒生胎儿，即两后腿先产出时，应迅速拉出胎儿，以免胎儿腹部进入产道后，脐带可能被压在骨盆底下而造成窒息死亡。

(4)如果母牛体弱，阵缩，努责无力，可用助产绳系住胎儿两前肢系部(蹄寸子)，由左右两助手拉住绳子，助产者将手滑润后伸入产道，以大拇指插入胎儿口角，用力捏住下腭，趁母牛努责时，顺势向母牛臀部后上方用力拉。注意当胎儿头部通过阴门时，一个人要用双手按压阴唇及会阴部，以防被撑破。当胎儿头部拉出阴门后，拉的动作要放缓，以免发生子宫外翻或阴道脱出。

(5)母牛难产时，应先注入润滑剂或肥皂水，再将胎儿顺势推回子宫，胎位校正后，再顺其努责轻轻拉出，过程中严防粗暴硬拉。对于胎儿过大或难以矫正、无法助产的牛，要及时请兽医进行剖腹产。

六、初生犊牛的处理

犊牛出生后，首先应立即用干抹布将口腔、鼻腔周围的黏液擦掉，避免其吸入肺部。接着应尽快擦干犊牛身体上的黏液，以免着凉，导致感冒。奶犊牛一般由人工擦干，犊牛生后即与母牛分开，以利于以后人工培育。肉牛犊、黄牛犊则最好由母牛舔干，以增加母子亲和力。如果母牛不舔时，可在犊牛身上撒些麦麸。

如果生后犊牛出现假死现象，即犊牛生长发育完全，但生下后不呼吸，而心脏仍在跳动，这时应立即抢救，不要随意扔掉。抢救的方法是：将犊牛两后肢提起，倒出咽喉部羊水，再将犊牛仰卧，放在前低后高的地方，握住前肢，牵动身躯，反复前后屈伸，同时用手拍打胸部两侧，促使犊牛迅速恢复呼吸。

犊牛出生正常后，应剥去四肢软蹄，进行称重、编号、登记。待犊牛自行站立时，应及时训练和哺喂初乳。

七、母牛产后护理

母牛产后身体疲劳、虚弱，异常口渴，消化机能差，抗病力差。故母牛产后要做好护理工作，使其尽快恢复体质。

(1)让其很好地休息。保持环境安静，禁止围观。

(2)立即饮喂热水麸皮汤(麦麸 1.5～2.0 千克，食盐 50～100 克，用温热水调成)，也可加少许红糖，以补充水分，暖腹、充饥，增加腹压。

(3)及时清除污草，勤换垫草，保持垫草卫生、柔软、干燥、舒适。

(4)注意胎衣排出并及时拿走，防止母牛自食，引起消化不良。牛胎衣正常排出期为产后的 4～6 小时。若超过 12 小时仍不能排完或排净，即为胎衣不下，应立即找兽医进行手术剥离。

(5)观察母牛恶露(血液、胎水、子宫分泌物等)排出的情况，了解子宫恢复的程度。正常情况下，产后第一天排出的恶露呈血样，以后逐渐变成淡黄色，最后变成无色透明黏液，直至停止排出。母牛恶露呈灰褐色，气味恶臭，排出的天数拖延到 21 天以上时，应及时进行直肠检查或阴道检查，子宫可能出现炎症，应及早治疗。更重要的是要选择易消化且营养丰富的优质干草喂好产后母牛，随其消化机能的恢复，逐渐增加喂量和其他饲料。加料不可太急，以免引起消化不良。

八、提高母牛繁殖力的主要措施

母牛繁殖力的高低受到多种因素的影响，主要与饲养、繁殖管理、繁殖技术和疾病防治等有密切关系。

(一)加强科学的饲养和管理

营养缺乏或失衡是导致母牛发情不规律、受胎率低的重要原因。例如,缺乏蛋白质、矿物质(如钙、磷)、微量元素(如铜、锰、硒)、维生素(维生素 A、维生素 D、维生素 E)均可引起母牛生殖机能紊乱。如果营养水平过高,易造成母牛过肥,生殖器官被脂肪所充塞,使受胎率下降和难产;如果营养过于贫乏,则体质消瘦,影响母牛发情配种;如果营养比例不当,则易发生代谢疾病,也会影响繁殖机能。在管理上,牛舍建筑要宽敞明亮,通风良好,运动场宽大平坦,做到冬有暖舍、夏有凉棚。对妊娠母牛应防止相互拥挤碰撞引起流产。

(二)掌握发情规律,做到适时配种

养殖场(户)要及时观察、检查母牛发情情况,掌握好时机及时配种,以提高受胎率。母牛产犊后 20 天生殖器官基本恢复正常,此时,应注意发情表现。产后 1~3 个发情期的发情及排卵规律性强,配种容易受胎。随时间推移,发情与排卵往往失去规律性而难以掌握,有可能造成难孕。对于产后不发情或发情不正常的母牛要查找原因,属于生殖器官疾患的要及时治疗,属于内分泌失调的应注射性激素促进发情排卵,以便适时配种。

(三)提高人工授精技术水平

养殖户与人工授精员要互相配合,掌握好发情期,做到适时输精;配种员要熟练掌握母牛的发情鉴定,应用直肠把握输精方法检查发情、排卵和配种后的妊娠检查工作,从而提高受胎率;精液解冻后要检查活力,只有符合标准方可用来输精;配种员要严格执行操作规程。

(四)加强疾病防治,做好保健工作

布氏杆菌病和结核病等传染病、子宫内膜炎、卵巢囊肿、持久黄体等生殖器官疾病对牛群健康、繁殖影响最大,必须加以控制,防止传染蔓延。在生产中要及时检查,发现病症应及早治疗,早愈早配,提高繁殖力。

九、肉牛的生产力评定

(一)影响肉牛生产性能的因素

1.品种和类型

肉用品种的牛生长期比乳牛、兼用牛和役用牛短,从而能进行早期育肥,提前出栏并获得较高的屠宰率和净肉率,肉的品质也好,肌肉大理石纹明显。品种间杂

交可提高产肉量10%～20%。早熟品种生长快于晚熟品种，可提早出栏屠宰。

2.年龄

肉牛一般在12月龄以前生长速度最快，以后逐渐变慢，到成年（约5岁以后）生长就基本停止。另外，肉牛还有"补偿生长"的特性，即3月龄后若在某一生长发育阶段因营养不足或其他原因生长减慢，一旦恢复正常饲养，生长速度可比一般牛快，经过一段时间饲养后仍能长到正常体重，但由于饲养期拉长，会降低经济效益。牛的年龄越大，每千克增重消耗的饲料就越多，因此，肉牛的最佳屠宰期为1.5岁左右，最迟不宜超过2岁。

3.性别

实践证明，育成公牛比阉割公牛生长快，饲料转化率高，并且瘦肉较多。母牛肉质较好，肌纤维细，结缔组织较少，易于肥育，但其生长速度和饲料利用率都略低于公牛。

4.饲养水平和营养状况

在合理的营养水平和良好的饲养条件下，肉牛增重速度快，饲料转化率高，出栏早，经济效益好。日粮中如果蛋白质饲料充足，可使肉牛的肉质鲜嫩，脂肪含量适中；日粮中能量充足、蛋白质缺乏时，日增重也较高，但增重成分以脂肪为主，饲料效率降低。在营养缺乏时，肉牛生长受阻，出栏时间推迟，且肉质不佳，还会因饲养期延长而增加成本，降低经济效益。

5.环境

寒冷和高温都会使肉牛处于应激状态而对增重产生不利影响。肉牛最适宜的环境温度是5～21℃。另外，减少运动和安静的环境都有益于肉牛增重。

（二）肉牛生产力的测定

肉牛生产性能的评定主要有以下几个指标。

1.日增重

日增重是测定肉牛生长发育和肥育效果的重要指标。牛在肥育阶段开始、中间及结束时均应称重（早晨空腹称重），然后按以下公式计算日增重：

$$平均日增重=\frac{期末重-初始重}{肥育天数}$$

2.宰前活重

绝食24小时后临宰前的实际活重。

3.酮体重

宰前活重减去头、皮、血、内脏（不包括肾及板油）、腕跗关节以下的四肢、尾、生殖器及其周围脂肪的质量。

4.屠宰率

屠宰率是衡量肉牛产肉性能的重要指标，其计算公式为：

$$屠宰率=\frac{胴体重}{宰前活重}\times 100\%$$

牛的屠宰率超过50%为中等指标，超过60%为高指标，部分肉用专门品种牛的屠宰率可达65%以上。

5.净肉重和净肉率

净肉重是指胴体除去骨后的质量。净肉率说明肉牛产净肉的能力。按宰前活重计算，是指净肉重占宰前空腹活重的百分率。其计算公式为：

$$净肉率=\frac{净肉重}{宰前活重}\times 100\%$$

按胴体重计算，胴体产肉率是指胴体去骨后净肉质量占胴体质量的比率。其计算公式为：

$$胴体产肉率=净肉质量/胴体质量\times 100\%$$

6.肉骨比

肉骨比也称产肉指数，是胴体分割净肉与骨的质量的比例。肉骨比是衡量胴体质量的一个重要指标，并随屠体质量的提高而增加。

$$肉骨比=\frac{净肉重}{骨重}$$

7.眼肌面积

眼肌面积是指背最长肌在第12～13肋骨间的横断面积，单位为平方厘米。

8.饲料利用率

饲料利用率是指肉牛每增重1千克体重需消耗的饲料量。消耗的饲料越少，饲料利用率就越高。饲料利用率是考核其经济效益的指标之一，其计算公式为：

$$饲料利用率=\frac{饲养期内消耗的饲料总量(千克)}{饲养期内总增重(千克)}$$

(三)肉牛的外貌特征

肉牛皮薄、柔软有弹性，被毛细短有光泽，骨骼细致而结实，肌肉高度丰满，结缔组织发达，属于细致疏松体质类型。

肉牛的体型，前后躯都很发达，四个侧面均呈“长方形”，整体呈现“长方砖形”或圆筒状。胸宽而深，鬐甲平广，肋骨开张，肌肉丰满，构成前望矩形；鬐甲宽厚，背腰和尻部广阔，构成俯瞰矩形；颈宽短，胸尻深厚，背腹线平行，股后平直，构成侧望矩形；尻部平广，两腿深厚，构成后望矩形。整个体躯短、宽、深，由于前后躯的高度发达，中躯显得相对短，以致前、中、后躯的长度趋于中等。

局部看,肉牛头短宽、多肉;角细,耳轻;颈短、粗、圆;鬐甲广平、宽厚;肩长、宽而倾斜;胸宽、深,胸骨突于两前肢前方;垂肉高度发达,肋长,向两侧扩张而弯曲大;肋骨的延伸趋于与地面垂直的方向,肋间肌肉充实;背腰宽、平、直;腰短肷小;腹部充实呈圆筒形;尻宽、长、平,腰角不显,肌肉丰满;后躯侧方由腰角经坐骨结节至胫骨上部形成大块的肉三角区;尾细,帚毛长;四肢上部深厚多肉,下部短而结实,肢间间距大。

第三节 肉牛的消化特点和营养需要

一、肉牛的消化特点

(一)牛消化道的构造及作用

牛消化道是由口腔、食道、胃、肠道及肛门构成,这里主要介绍牛胃。牛有4个胃室,即瘤胃、网胃、瓣胃、皱胃。其中前三个统称前胃,没有胃腺,不能分泌胃液;第四胃叫真胃,有胃腺,可以分泌胃液,相当于单胃动物的胃。肉牛的胃容积大约100升,其中瘤胃约占全胃容积的80%。瘤胃是饲草料的贮存库,内容大量的微生物,1克瘤胃内容物中,含有150亿~250亿细菌,60万~100万个纤毛原虫。这些种类繁多的微生物对牛所吃的食物进行发酵、分解,合成牛的必需氨基酸、B族维生素等。所以,在变换牛的饲料时,要逐渐进行,使微生物有一个适应过程,以利于消化作用。

(二)牛的采食特点

牛采食饲草料速度快、食量大、咀嚼不细,饱食后才反刍,反刍时间长,并有卧槽倒嚼的习惯。

(三)牛的消化特点

1.反刍

反刍也称倒磨或倒嚼,就是牛采食的饲料不经充分咀嚼就吞咽进入瘤胃,在休息时再返回到口腔仔细咀嚼的过程。牛一般喂食30~60分钟后开始反刍,每次持续40~50分钟歇一段时间再进行下一次反刍。成年牛一昼夜反刍6~8次,大多在晚上反刍。

2.嗳气

贮存在瘤胃中的食物,经瘤胃中的微生物进行强烈发酵、分解,形成大量的低级脂肪酸和菌体蛋白供牛吸收利用,同时不断产生大量气体,主要是二氧化碳和甲烷，这些气体通过食道向口外排出，这个过程叫嗳气。牛每小时平均嗳气 17～20 次。牛若采食了易发酵的豆科牧草或豆饼之类的饲料，使瘤胃中出现异常发酵，产生大量气体而不能及时排出，就会造成急性鼓胀病，发现要及时治疗。

二、肉牛的生长发育特征

肉牛身体各组织随着月龄增加而发育，以骨骼、肌肉、脂肪等先后顺序发育。肉牛体重增加最旺盛的时期是出生后 4～20.7 月龄，肌肉发育的旺盛期是出生后 2.7～18 月龄，脂肪则是在出生后 12.4～23.4 月龄，消化器官在 0.6～12 月龄时发育。因此，应按照月龄不同提供不同的饲养条件，使其达到最佳长势。

三、肉牛的营养需要

(一)能量的需要

1. 能量来源

能量来源于饲料中的碳水化合物、脂肪和蛋白质，但主要是碳水化合物。碳水化合物包括粗纤维和无氮浸出物。它在瘤胃微生物的作用下，分解产生挥发性脂肪酸（主要是乙酸、丙酸、丁酸）、二氧化碳、甲烷等。这些挥发性脂肪酸被胃壁吸收，便成为牛能量的主要来源。

2. 肉牛能量单位

我国肉牛饲养标准将肉牛综合净能值以肉牛能量单位表示，并以 1 千克中等玉米所含的综合净能值 8.08 兆焦作为一个肉牛能量单位(RND)。

肉牛能量单位(RND)＝肉牛综合净能值(NE_{mf})/8.08。

3. 维持净能需要

肉牛在全舍饲条件下，维持净能需要为 322 千焦/千克 $w^{0.75}$，即 NE_m(千焦)＝$322w^{0.75}$。当气温低于 12℃时，每降低 1℃，维持能量需要增加 1%。

4. 生长育肥牛的能量需要

生长育肥牛的综合净能需要为：

$$NE_{mf}(\text{千焦})=\{322w^{0.75}+[(2\,092+25.1\,w)\times\Delta w\div(1-0.3\,\Delta w)]\}\times F$$

式中，w 为体重，Δw 为日增重，F 为校正系数。

5. 妊娠母牛的能量需要

妊娠母牛每千克胎增重的维持净能需要为：

$$NE_m(\text{千焦})=0.19\,769t-11.761\,22$$

式中，t 为妊娠天数。

6. 哺乳的能量需要

哺乳的净能需要为每千克4%乳脂率的标准乳3138千焦。

(二)粗蛋白质的需要

牛的瘤胃微生物利用饲料中的含氮物质合成蛋白质满足肉牛需要，饲料提供足够数量的蛋白质来满足、维持生长发育、妊娠及泌乳需要。蛋白质不足，会使牛消瘦、衰弱，甚至死亡；蛋白质过多，则造成浪费，还会有损于健康。

1. 生长育肥牛的粗蛋白质需要

维持需要的粗蛋白质为5.5克/千克 $w^{0.75}$。

生长育肥牛的粗蛋白质需要为：

粗蛋白(克)＝5.5克 $w^{0.75}+\Delta w(168.07-0.16869\,w+0.0001633w^2)\times(1.12-0.1233\triangle w)\div0.34$

2. 繁殖母牛的粗蛋白质需要

妊娠后期，母牛的维持粗蛋白质需要为4.6克/千克 $w^{0.75}$；妊娠第6～9个月时，在维持基础上分别增加77克、145克、255克和403克粗蛋白质。哺乳的粗蛋白质需要按每千克4%乳脂率的标准乳需要粗蛋白质85克计。

(三)矿物质元素的需要

1. 常量元素

肉牛所需的常量元素有：钙(Ca)、磷(P)、钾(K)、钠(Na)、氯(Cl)、硫(S)、镁(Mg)，以毫克计。

(1)钙、磷：是牛体含量最多的矿物质。钙不足，牛会发生软骨病、佝偻病。磷缺乏，牛会出现异食癖，同时也会使繁殖力、产量下降，生产不正常，增重缓慢等。但如果钙、磷过多，会影响其他矿物质吸收，也会带来危害。当两者的比例不当时，会造成体内代谢失调，危害更大。因此，在日粮配合中，钙、磷不仅要满足需要，而且要比例适当。一般钙和磷的比例以(1.5～2)∶1为宜，有利于两者的吸收利用。

(2)钠和氯：钠和氯一般用食盐补充，根据牛对钠的需要量占日粮干物质的0.06%～0.10%计算，日粮含食盐0.15%～0.25%即可满足钠和氯的需要。植物饲料含钠、氯很少，含钾多，以喂植物性饲料为主的牛，常感钠、氯不足，因此需经常供应食盐。食盐补充量一般按牛日粮干物质的0.5%～1.0%或按混合料的2%～3%供给。

(3)钾：生长牛、育肥牛对钾的需要量为日粮干物质的0.6%～1.5%，青粗饲料含有充足的钾，但不少精饲料的含钾量较低。日粮中钾含量降低将会影响牛的采食量。

(4)镁:肉牛对镁的需要量为日粮干物质的0.4%,过高将影响牛的采食量以及引起腹泻。

(5)硫:肉牛对日粮硫的需要量为干物质的0.2%。

2.微量元素

肉牛所需微量元素主要有:铁(Fe)、铜(Cu)、钴(Co)、锌(Zn)、锰(Mn)、碘(I)。微量元素由于需要量有限,可直接从饲料中摄取。如果部分地区缺乏某一微量元素,可因地制宜,对症补给。例如宁夏个别地方是淡灰钙土缺铜,饲草料中亦缺铜,该地犊牛和青年牛因缺铜而生长受阻,被毛粗糙而变为灰色。为防止缺铜症,可在饲料中加入0.5%的硫酸铜。大西北地区为低硒地带,牛缺硒易得白肌病,为预防硒缺乏症,可在日粮中,每千克干物质加入亚硒酸钠0.1毫升喂给。一般情况下,在犊牛培育期,为了促进它们的生长发育,每天补喂适当的矿物质添加剂是完全必要的。

(四)维生素的需要

维生素是维持家畜正常生理机能所必需的营养物质,它对牛的健康、生长和生殖都有重要作用。饲料中缺乏维生素,会引起代谢紊乱,严重则导致死亡。由于牛瘤胃内的微生物能合成B族维生素和维生素K,维生素C可在体组织内合成,维生素D可通过采食经晾晒的优质青干草而获得,因此对牛来说主要补充维生素A。

维生素A又称抗干眼维生素、生长维生素,它能促进机体细胞增殖和生长,保护呼吸系统、消化系统和生殖系统上皮组织结构的完整和健康,维持正常的视力。同时,维生素A还参与性激素的形成,对提高繁殖力有着重要作用。缺乏维生素A,会妨碍犊牛的生长,使牛出现夜盲症,公牛生殖力下降,母牛不孕或流产。

植物性饲料虽不含有维生素A,但在青绿饲料中却含有丰富的胡萝卜素,而且绿色越浓,胡萝卜素含量越多。豆料植物比禾本科的维生素A含量高,幼嫩茎叶比老茎叶高,叶部比茎部高。牛吃到的胡萝卜素,可在小肠和肝脏内经胡萝卜素酶的作用而转化为维生素A。所以,只要满足青绿饲料的供应,就可得到足够的维生素A。冬春季节只用秸秆等喂牛,或大量喂甜菜渣的牛,往往缺乏维生素A,必须在日粮中补喂青绿饲料或补喂含维生素A的添加剂。

(五)水的需要

水是牛体内各种器官、组织的重要组成部分。水虽不含营养要素,但却是生命和一切生理活动的基础。经测定,牛体含水量占体重的55%~65%,牛肉含水量约64%,牛奶含水量为86%。体内一切活动都需水来调节。缺水会引起代谢紊乱,消化吸收发生障碍,血液循环受阻,体温上升,导致发病。所以,水分应作为一种营养物质加以供给。

肉牛需要的水量为26～66升，母牛每产1升奶需3升水，每采食1千克干物质需3～4升水。肉牛每天饮水2～3次，夏天要增加饮水次数。

第四节 肉牛饲养管理技术

一、犊牛的饲养管理

犊牛一般指从初生至断奶阶段的小牛(生后6个月内)。

(一)犊牛的饲养

1.早喂初乳

犊牛出生后要尽快让其吃上初乳。初乳是母牛产犊后7天之内所分泌的奶，颜色深黄而黏稠。初乳含有犊牛生长发育所必需的蛋白质、能量、矿物质、维生素及免疫球蛋白，是犊牛不可缺少的食物，对犊牛的生长发育有特殊的功能。如果产后母牛初乳不足，或因病及其他原因不能利用时，可喂其他母牛的初乳，或按每千克常奶中加5～10毫克青霉素、3个鸡蛋、4毫克鱼肝油配成人工初乳代替，并喂一次蓖麻油(100毫升)，代替初乳的轻泻作用。人工初乳及蓖麻油应水浴加温至38℃后，再饲喂犊牛。

2.饲喂常奶

可以采用随母哺乳、保姆牛法和人工哺乳法给哺乳犊牛饲喂常奶。随母哺乳就是让犊牛和其生母在一起，从哺乳初乳至断奶一直自然哺乳。保姆牛法就是选择健康无病、气质安静、产奶量中下的奶牛做保姆牛，再选择合适的犊牛固定哺乳，期间让必须分栏饲养，定时哺乳。人工哺乳法就是用代乳料进行人工喂养，做到“三定”，即定时、定温(35～38℃)、定量(按犊牛的月龄、体重，规定数量饲喂)。

3.早期断奶

为了减少犊牛喂奶量，降低成本，应把哺乳期缩短到3个月以下，即早期断奶。犊牛断奶的具体时间应视犊牛的生长发育情况而定。一般犊牛每天能够吃到1千克左右的料时，便可断奶。

4.及时补饲

为了满足犊牛营养需要和早期断奶，应及时补饲，从7～10日龄开始训练采食干草，从15～20天训练采食精饲料。可在饲槽内放入麦麸、玉米，加入少量食盐混合成干粉料让其舔食，有条件的可喂部分切成碎块的胡萝卜、甜菜等，以促进瘤胃发育。8月龄前不宜多喂青贮饲料和秸秆。

5.注意饮水

牛奶中的水分不能满足犊牛正常代谢的需要。从犊牛生后第2周开始,每天要单独喂36～37℃的温开水;半个月后即可饮用常温水。在温暖季节里,运动场可设水槽,让犊牛自由饮水。

(二)犊牛的管理

1.出生犊牛的护理

犊牛出生后应先清除口鼻部的黏液,以免妨碍呼吸;再擦掉身体上的黏液,让母牛舔干犊牛身上的羊水。犊牛出生后若脐带已断裂,可在断裂处用5%碘酊充分消毒,未断时可在距腹部10～12厘米处充分搓揉脐带1～2分钟,用消毒剪刀剪断,然后用5%碘酊充分消毒。对犊牛处理好脐带后应进行编号、称重,并登记出生重父、母号、毛色和性别等。

2.防暑、防寒

冬季要注意牛舍保温,防止贼风,水泥和砖地面要铺垫草。夏天运动场可设凉棚,防止中暑。

3.刷拭皮肤

坚持每天刷拭皮肤,有利于犊牛生长发育,同时可以保持牛体清洁,防止体表寄生虫滋生,养成犊牛温顺的性格。

4.运动和光照

犊牛应多晒太阳,多运动,多吸新鲜空气,以增进健康,促进生长发育。

二、青年牛的饲养管理

青年牛亦称育成牛或后备牛,指断奶后到第一次产犊前的小母牛或开始配种前的小公牛。

(一)青年母牛的阶段饲养

1.6～12月龄

这个时期的青年牛,前胃的发育尚未充分,消化力有限,因此每天除喂一定数量的优质青贮饲料外,还要适当补喂混合精料,有利于刺激前胃和满足生长发育对营养的需要。合适的日粮精粗比例为30∶70。

2.12月龄至初配

满周岁的青年牛,前胃较为发达,消化力较强。以青粗饲料为主,给予少量的混合精料,同时补喂骨粉和食盐,以利于生长发育。合适的日粮精粗比例为15∶85。

3.初次妊娠至初产

这个时期应注意合理饲喂，防止过肥过瘦。前6～7个月按前一阶段的饲养方法供给粗饲料和精饲料即可满足需要，粗饲料较差时，日喂精料2～3千克。到妊娠后期(分娩前3个月)，因胎儿迅速生长需营养多，混合精料应逐渐增加到3～4千克，以满足母牛的继续生长和胎儿生长发育的需要。

(二)青年公牛的管理

1.初配

要注意适时配种，公牛16～18月龄、体重达350千克时发情即可配种。

2.定期驱虫、按期防疫

一般春秋各驱虫1次，按期进行检疫和防疫注射。

三、繁殖母牛的饲养管理

(一)空怀母牛的饲养管理

(1)在配种前应具有中上等膘情，过肥或过瘦往往影响繁殖。

(2)要对发情的母牛及时配种，防止漏配和失配。

(3)注意母牛的运动和光照，保证日粮的营养成分尤其是微量元素和维生素的供给，这对提高母牛繁殖机能很重要。

(二)妊娠母牛的饲养管理

(1)妊娠前期饲养：妊娠前期指从受胎到怀孕6个月，一般按空怀母牛进行饲养，但要保证饲料的质量，不能喂棉籽饼、菜籽饼、酒糟等饲料，适当补饲胡萝卜或维生素A添加剂。

(2)妊娠后期饲养：以青粗饲料为主，精饲料补饲量逐渐增大，饲喂次数由妊娠前期的3次增加到4次。自由饮水，水温应在12～14℃。

(3)妊娠期管理：母牛怀孕后应做好保胎工作，预防流产和早产。应做到单独组群饲养，不打头腹部，不喂霜、冻、变质饲料，不饮冷水，吃饱饮足后不赶。每天让其自由活动3～4小时。

(三)哺乳母牛的饲养管理

1.产犊前后的饲养管理

产前15天，将母牛转入产房，饲喂营养丰富、品质优良、易于消化的饲料，并准备接产工作。产犊后要随即驱赶母牛站起来，除了给予保存的羊水温热后饮用外，还要在36～38℃的温水中加入麸皮0.5～1.0千克，食盐100～150克，调成稀糊状饮用。同时注意观察母牛的乳房、食欲、反刍和粪便，发现异常情况应及时治疗。

若胎衣完整排出，可用0.1%高锰酸钾消毒母牛阴部和臀部，以防细菌感染；若胎衣不下，可采取注射激素或手术方法治疗。

2.哺乳期的饲养管理

母牛分娩2周内应让母牛自由采食优质青干草，产后3天内，一般饮用豆饼水较好，3天后补充少量混合精料，逐渐增至正常。分娩2周后，日粮粗蛋白质含量不能低于10%，同时供给充足的钙、磷、微量元素和维生素。混合精料补饲量为2～3千克，可大量饲喂青绿、多汁饲料，保证母牛产后正常发情。分娩3个月后可逐步减少混合精料喂量，青粗饲料应少给勤添，并通过加强运动、刷拭牛体、足量饮水等措施避免产奶量急剧下降。

第五节　肉牛的育肥技术

一、育肥肉牛选择基本要求

牛肉在国外是高价畜产品，一般高于其他肉类价格，在我国牛肉的价格也在不断上升。由于各国习惯口味不同，故对牛肉的要求也不尽相同，例如日本要求大理石状程度极高的牛肉，西欧要求净瘦肉比例高的牛肉。因此，对牛种的选择不能一律对待。目前，欧洲大陆型牛在世界各国传播很快，其应用原有的英国早熟型肉牛作为母系配套，与大型牛杂交效果很好。

育肥肉牛的选择，其外貌特征主要为"五宽、五厚"，即额宽、颊厚，颈宽、垂厚、胸宽、肩厚，背宽、肋厚，尻宽、臀厚。体型为长方形，体躯呈圆筒状。肉用体型愈显著的品种，其产肉性能就愈高。

肉牛一般头大、短、宽，标志早熟品种，但也有例外，如安格斯牛的头比夏洛来牛的头要小，却早熟。颈脊宽厚是肉牛的特征，却与奶牛要求颈薄形成对照。肉牛肩峰平整并向后延伸直到腰与后躯都能保持宽厚，就标志此牛产肉高，肉质佳。

在犊牛选择上，如果在后肋、阴囊等处有沉积脂肪现象，就表明它不可能长成大型的肉牛。若体躯很丰满而肌肉发育不明显，则表明为早熟品种，对出高瘦肉率不利。大骨架的牛比较有利于肌肉的着生，在选择上不能忽视。由于肌肉发达程度随牛的年龄的增长而加强，并相对地超过骨骼的生长，所以在选择肉牛时，如果青年阶段体格大而肌肉较薄，则表明它是晚熟的大型牛，它将比体格小而肌肉厚的牛更有生长潜力，应引起重视。所以同龄的大型牛早期肌肉生长并不好，只长架子肌肉薄，后期却能发展成肌肉发达的肉牛。

从牛的躯体构造来说，骨骼、肌肉和脂肪沉积的程度共同影响着牛的外表的厚度、深度和平滑度。选肉牛时，应在牛生长期看其肩胛、颈、前胸、后胁部以及尾根等。如果形态清晰，架大、宽而不丰满，较瘦（不是病态），则今后会有发展前途；相反，外貌丰满而骨架很小的牛，今后不会有很大的长势。

育肥肉牛的体型外貌要求与奶牛不相同，各部位的结构即使相同，却另有特殊名称。即使同是肉牛，不同的品种在体型外貌上也各有自己的特点，所以肉牛各部位好坏的评价，不同品种之间亦有差异，不能一概而论，而要强调综合性状评定。

牛的体型结构评分从肉用方面要求可以分成三种，即体型评分、肌肉发育程度评分和膘情评分。如果这三种评分各得 4 分，其结果是 4∶4∶4，则这头肉牛就被认为是最好的选择对象。

（一）体型评分

体型一般受骨骼和肌肉发育的状况而影响，故周岁牛评分比幼龄牛评分准确。随着年龄的增长，体型的差异日趋明显。

1 分：骨骼粗短，腿短，体躯短，过早长肥，不宜着生丰厚的肌肉。

2 分：不如“1 分”牛那么短粗，但骨架仍很短。周岁时比“3～5 分”的牛看起来更像成年牛。

3 分：中等体格，周岁的牛表现出很旺的生长潜力。

4 分：比“3 分”牛显得更高、更长和更宽，它比低分的牛显得更为晚熟。

5 分：最高最长，周岁具有成年牛的体格，在许多情况下它比低分的牛更为晚熟。周岁牛的头和颈部呈小犊牛的长相。

（二）肌肉发育程度评分

肌肉度的变化范围由极瘦到极发达，无论是周岁牛还是小犊牛，肌肉发达程度都由好到坏，这一特征比较容易评定。

1 分：肌肉很不发达。前肢和后膝很消瘦，腰背侧肌肉贫乏。体躯狭窄，后躯瘦骨嶙峋。

2 分：肌肉不发达，属下等肌肉度。快速生长的肉用种犊牛，肌肉束显得很细长；周岁牛显得瘦而纤细。

3 分：肌肉度中等。四肢肌肉丰满，前膝和后膝发育很好。前、后肢站立姿势宽窄自然，后膝部很厚实，腰部丰满、厚薄适中。

4 分：肌肉丰硕。犊牛肌肉发达，后躯肌肉很发达，肩和前肢肌肉突出，后躯内外侧丰满，肌肉下延到飞节。

5 分：双肌肉。尾根基部不清晰，前、后躯肌肉间沟明显，其他部位肌肉也极丰厚。

(三)膘情评分

膘情评分与牛的膘度肥厚有关,在一定程度上可以作出非主观评价。膘情也可以按 1～5 分评定。膘情评分不是得分越高越好,主要依据年龄而定。

1 分:很瘦。缺乏自然膘情,周岁牛因过瘦而显得瘦骨如柴,全身过分单薄。

2 分:瘦。肌肉薄,但比“1 分”牛强。犊牛肋骨显露,四肢贫乏,前、后胁及其内侧清瘦,腰角突出,背部干瘪无肉。

3 分:适中。在各种环境条件下都有足够的膘度,而不太肥。肌肉匀称,肋骨、腰角、坐骨端都覆盖良好,前胸、颈和胁方正整齐。

4 分:中上等。膘度更好。背和臀部呈方形,肩静脉沟,肘突、胁部内侧都较丰满;前胸、垂皮丰厚。

5 分:肥。腰背、胁内侧和前胸过度肥胖。尾根、臀部、腰部、颈部都因过肥而不协调,躯干厚深饱满;阴囊屯积脂肪。

(四)评定的年龄

三种体型结构的评定可以在犊牛的断奶、8 月龄、周岁龄和 18 月龄时进行,但要同时评出三种得分。因这种评分可能受饲养管理的影响,因此,在大群进行时,尤其在放牧条件下,最好是在相同的牧草生长期进行。

二、育肥肉牛的选择

(一)品种

一般利用西门塔尔牛、夏洛来牛、利木赞牛、红安格斯、短角牛等国外良种公牛与本地母牛的杂交后代以及荷斯坦奶公犊,也可利用我国地方黄牛良种,如鲁西黄牛、秦川牛、晋南牛、南阳牛等。

不同品种的牛,其遗传基因各有差异,因此其产肉性能也就有很大差别。育肥肉牛应以肉用品种为最好,乳肉兼用品种次之,再次为乳用品种,役用品种较差。据内蒙古试验证明,肉用海福特牛、奶用黑白花牛和役用蒙古牛在相同的饲养条件下,12 月龄的平均日增重分别为 920 克、720 克和 590 克,屠宰率分别为 66%、56% 和 45%。当前,纯肉牛品种在我国我区尚少,利用它们的后代育肥有一定困难,但经过改良的杂交后代甚多,利用这些杂交后代的架子牛进行育肥是很便利的,而且育肥效果也很好。据四川省黔江县报道,年龄 1 周岁的西门塔尔杂一代、夏洛来杂一代和本地牛,在相同饲养条件下,经 150 天的育肥,平均日增重分别为 751 克、715 克和 578 克。宁夏青铜峡市对西门塔尔一代和本地黄牛,年龄为 15 个月,在相同饲养条件下,经 90 天育肥,平均日增重分别力 709 克和 519 克。宁夏吴忠市对短角一代和本地黄牛，年龄为10个月，在相同条件下，采用半放牧半舍饲低精料育肥240天，平均日增重分别为752克和354克。这说明肉用牛及其杂交后代育肥效果比当地土种牛好。因为肉用牛及杂交后代牛比土种牛的酶活性和吸收性能高，体内营养物质的同化作用强，所以生长快，育肥周期短，饲料报酬高，而且肉质好。一般来说，肉用牛与当地土种牛杂交，其后代的产肉性能比土种牛提高15%以上。

(二)年龄

从牛的生长发育来讲，犊牛及育成牛主要依靠肌肉、骨骼和各种器官的生长而增加体重，成年牛主要依靠体内贮积脂肪来增加体重。牛的性成熟为8～18月龄，体成熟为3～5岁。性成熟是牛生长发育的转折点，此后组织细胞对生长激素的反应变小，绝对生长逐渐减速，直至体成熟。培育品种比原始品种的性成熟早，母牛比公牛早，营养状况良好的牛比营养不良的牛早。为此，选择架子牛必须在5岁以下，可用生长速度的降低来作为快速育肥期开始。一般选择1.5～2.5岁的架子牛为宜，育肥效果最佳。经2～6个月的强度育肥，即可达到最好的经济效益。年龄选择要点如下。

(1)短期育肥出售为目的，计划饲养3～6个月的，不宜选择犊牛、生长牛，而宜选择2～5岁育成架子牛和成年牛。

(2)秋天收购架子牛育肥，第二年出栏的，应选购1岁左右牛，而不宜选购大牛，因为大牛冬季用于维持饲料多，不经济。

(3)利用大量粗饲料育肥的，应选购2岁牛较为有利。

(三)性别

传统观念中，去势后公牛(阉牛)育肥比公牛好。这主要是因为阉牛性激素发生了变化，降低了神经系统的性兴奋，性情变得安静温顺，育肥期间容易饲养管理。同时，安静可减少维持营养的消耗，有利于能量堆积而提高产肉量。如果进行强度育肥，可增加脂肪的积累，使肌肉中的脂肪含量提高，有利于大理石状五花肉形成。相反，公牛性成熟后，随着年龄的增长，性腺中的雄性激素分泌较多，性机能旺盛，活泼好动，喜爬它牛，甚至角斗，消耗营养多。但近年来，根据试验研究，不同性别牛的性激素种类和分泌量不同，从而对身体发育起到不同作用。雄性激素能促进雄性第二性征的表观和骨骼、肌肉的发育，有涉及整个机体的蛋白质储备、同化作用，有较多的瘦肉和较大的眼肌面积。雌激素能促使骨骺部骨化，抑制长骨生长，有较多的脂肪沉积。为此，在国外提倡育肥青年公牛，其育肥效果好。据美国测定，周岁公牛平均日增重1.1千克，阉牛1.0千克，母牛0.9千克；饲料转化率周岁公牛较阉牛每增重1千克所消耗的饲料平均少12%。育肥场平均饲料与增重之比,公牛为3.8∶1,阉牢为4.2∶1,母牛为4.4∶1。公牛屠宰率为63.7%,每100千克胴体眼肌面积为555平方厘米;阉牛相应为62.9%和514平方厘米。据西北农学院试验,秦川牛8~23月龄,公牛、阉牛、母牛平均日增重分别为0.94千克、0.71千克和0.54千克;18月龄的饲料报酬率分别是26.4‰、22.8‰和20.9‰;18月龄和22.5月龄两期平均屠宰率分别为60.81%、60.31%和59.68%。因此,不同性别牛的优选顺序首先为公牛,其次为阉牛,再次为母牛。

(四)体重

待育肥的架子牛体重应在250~350千克。

(五)体况及其他

体况的优劣关系到育肥期的长短,膘情越好,育肥期越短。至于体躯短小,浅胸窄背尖尻,表现严重饥饿体况,生长发育受阻的牛,不宜作架子牛。

1.评定体况的方法

评定体况的主要方法是目测和触摸。目测主要是观察牛体的大小,体躯的宽窄与深浅度,腹部的状态,肋骨的长度与走向,以及垂肉、肩、背、臀、腰角等部位的丰满程度。触摸就是用手探测各主要部位肉层的厚薄以及脂肪蓄积的程度。具体鉴定部位与要求如下。

(1)颈部:鉴定者站在牛颈部左侧,以左手牵住牛的缰绳,使牛头向左转,随之以右手抓起颈部肌肉。膘情好的牛,肉层充实、肥满,膘情瘦的牛只有两层皮之感。

(2)下肋:这是评定肉牛肥度的最重要部位,应细心触摸,谨慎评定。以拇指插入下肋外壁,虎口紧贴下肋边缘,掐捏厚度及弹性,以确定体况及脂肪沉积的程度。

(3)垂肉及肩、背、臀部:顺序按压每个部位,并微微移动手掌。按压时应由轻到重,反复多次,最后确定肥满程度。

(4)腰部:用拇指和食指掐捏腰椎横突,并用手心触摸腰角。如果肌肉丰满,检查时不易触感到骨骼,否则可明显地摸到皮下的骨棱。在一般膘情下,腰角部仍可触及髂骨外角,只有在体况非常好时,腰角处才覆有较多的皮下脂肪。

(5)肋部:用拇指和食指掐捏最后一根肋骨,检查肋间肌的发育程度。膘情良好的牛不易掐住肋骨。

(6)耳根和尾根:体况良好的牛以手握耳根有充实之感,掐捏尾根时,两侧的凹陷小,甚至接近水平,且以手触摸坐骨结节时有丰满之感。

(7)阴囊:膘牛的体况可通过摸捏阴囊来判定。膘情好的牛,阴囊充实而富有弹性。阴囊松弛,说明膘情一般。

2. 肉牛体况分级

综合上述,评定牛的体况可分三级。

(1)一级:肋骨、脊梁骨、腰椎横突均不显露,腰角与臀端呈圆形;全身肌肉较多,肋骨较丰满,腿部肌肉较充实,鬐甲部、后膛有脂肪垫。

(2)二级:肋骨不甚明显,脊梁骨和腰椎横突可见,但不明显;全身肌肉中等,尻部肌肉一般,腰角周围弹性较差;触摸前胸、鬐甲部、脐部和后膛沉积的脂肪感觉松软,不充实饱满。

(3)三级:肋骨和脊骨明显可见,尻部如屋脊状,但不塌陷;腿部肌肉发育欠差,腰角和臀端突出;触摸前胸、鬐甲部、脐部和后膛没有沉积脂肪;皮肤松软,且弹性差。

通过目测和触摸,要求选择的肉牛发育良好,膘情中等,体型大,结构匀称,背腰长、宽、平,臀部、后躯宽、方、大,口方嘴齐,嘴叉大,采食好,背毛光亮,无皮肤病,且经过市场检疫,健康无病。严禁从有传染病的地方购牛。

三、肉牛的育肥方法

(一)"吊架子"育肥

这种育肥方法最适合我国国情,是首选育肥方法。肉牛育肥之前按一般饲养方法让牛正常生长发育,再选择最有利的育肥时机进入育肥期。吊架子期间因为日增重不高,一般农村条件均可达到。我区可用三种饲养形式:

(1)每日定时上槽 2 次,下槽放于运动场自由活动、自由饮水(或如役牛一样,下槽饮水 1~2 次,拴于舍外);

(2)散放饲养,每小围栏 10 头牛,自由采食和自由饮水;

(3)全天拴系,自由采食和饮水,定时补料。

实践证明,第 3 种方法最好,因为设施要求低,省工又省地面,在同样粗饲和补料量条件下,可较第 1 种方法多增重近 10%。

(二)一贯育肥法

犊牛出生后即用高奶量,配合代乳料饲喂,使犊牛日增重达到 1.0 千克以上,50 日龄体重达到 90 千克,120 日龄体重达到 180 千克以上或 7 月龄体重达到 280 千克以上时屠宰。这种育肥耗费奶量较多,用精料也较多,非我国消费水平所能承受,可根据星级旅游饭店的特殊需求,以销定产。这样生产的牛肉称为"白肉"。

肉牛育肥以春季、秋季和初冬为宜。应提前准备好舍饲育肥所需的饲草料和补充料、混合料、干草或青贮饲料等。

四、肉牛育肥前的准备

(一)圈舍准备

冬季育肥时,应事先准备好保温牛舍,可采取塑料温棚,舍温保持5～10℃为宜。冬、春季育肥时,牛舍通风良好,温度18～20℃。同时注意对牛舍用1%百毒杀或季胺盐类进行消毒。

(二)隔离观察

对选用的牛应隔离观察2周,观察其采食、粪便、反刍是否正常,确认健康无病后,才能转入育肥牛舍。

(三)分群

将牛只进行编号、佩戴耳标、称重,按体重大小和膘情分群。

(四)驱虫与健胃

对育肥牛用阿维菌素每100千克体重2毫克,左旋咪唑每100千克体重0.8克,一次性灌服驱虫。驱虫后3天,灌服中药健胃散进行健胃,每次500克,每天1次,连服2～3天。

(五)适应期饲养

购进后1～2天内少给草料,饮足水,以调整胃肠功能,促进食欲。以后逐渐加料,并过渡到育肥饲料。

五、肉牛育肥技术

(一)肉牛肥育饲养技术

1.饲草、饲料多样化,合理搭配

牛的日粮一般由青粗饲料和精料两部分构成,不仅要求有适当容积和采食量,还需要保证质和量的满足。任何单一的草料都很难完全满足牛的营养需要,而且长期饲喂单一的饲草饲料,对牛的胃肠道刺激单调,消化反射单调,消化机能减弱导致消化不良,从而降低牛的食欲和采食量。因此,肉牛日粮粗饲粮应由2～4种饲草构成,而精料应由3～4种混合料构成。同时还要考虑禾木科与豆科饲草、饲料适当搭配,这样易做到日粮平衡,充分发挥牛的增重潜力。

2.饲草、饲料相对稳定,防止突然变换

牛肥育期间,尤其是强度肥育或快速催肥期间,时间短且要求保持较高的日增重,这就需要饲草料相对稳定,不能经常变换。若突然变换,就会引起瘤胃内环境改变,直接影响瘤胃微生物区系和发酵活动,导致降低发酵强度和饲草料的消化吸收率,甚至引起消化道的疾病。

牛在肥育期间,放牧或舍饲的饲养方式改变或青草与干草的转变都应逐渐过渡,要有7～10天的适应过程。变换饲草、饲料应由少到多,逐步进行。

3.日粮中精、粗饲料结构要合理

掌握肥育肉牛日粮粗精饲料的比例,既可提高饲料利用效率,又能提高肉牛饲养的经济效益。随着研究工作的深入,发现肉牛日粮中精料占50%、粗料占50%时,喂牛的效果不好,因此,在配制肉牛日粮时,精粗饲料的比例要避开各占50%。

通常情况下,随着肥育期的进展,日粮中精饲料比例由少到多,粗饲料比例由多到少。初期日粮中粗饲料可占70%,精料可占30%;中期粗饲料占30%,精料占70%;末期粗饲料占10%,混合精饲料中能量和蛋白质比例为80∶20或75∶25。

4.定时饲喂,少给勤添

为了有利于提高牛的采食量和饲料消化率,必须定时饲喂,少给勤添。日喂3次,上、下午各饮水1次,草料拌匀再饲喂,先喂后饮。此外还应做到长草短喂,精料细喂,硬料软喂,少给勤添。要做到人不离槽,牛不离草,让牛一口气吃饱。

5.饮水充足,保持清洁

肥育期间,牛的饮水量与饲料性质和气候条件有很大关系。如果日粮中含粗蛋白质,矿物质和粗纤维高时,需水量增加22%～100%;如果日粮内青贮料、青饲料及糟渣类饲料多时,需水量明显减少。肉牛围栏肥育夏季有遮阴棚舍,通风凉爽,需水量可减8%。体格大的黄牛需水量40～70千克/日头,肥育肉牛10～40千克/日头。每采食1千克饲料干物质需水3～4千克。在常温下,牛每100千克体重需饮10升水,在热天时需增加到12升。

牛肥育采食时,常设备水槽,随渴随喝。水必须经常更换,保持水质清洁、新鲜。冬季可饮温水。拴系饲养时,应定时饮水,每日2～3次,以饮足为原则。

6.注意观察牛挑食和厌食现象

随着肥育期的进展,虽然日粮类型和饲草料没有发生变化,但有些牛往往出现挑食(只挑食干草)的现象,这通常是多加精饲料造成的。肉牛肥育以粗料型日粮为主,适当搭配精料的情况下,粗纤维含量可在15%以上。精料型日粮肥育,为保证牛的正常反刍,每日纤维素最低维持量不能低于全部饲料的10%。在正常情况下精料过多时,牛胃本身活动减弱,反刍缓慢,胃壁变薄,牛出自生理本能开始挑食干物质含量高的干草,以满足粗纤维的需要,此种情况为生理性反应,可适当降低精料的喂量。

肥育后期,出栏前往往出现采食量骤然下降的倾向,食欲明显降低。如果不发烧，粪便无异常则是厌食表现，这是每头肥育牛迟早都会发生的现象。发生厌食越迟，对肥育越不利，但早期发生则会明显地延迟增重。早期厌食的根本原因是由于肥育前期粗饲料喂量不足，影响胃的健全发育，使消化功能减弱所造成的。所以当牛早期出现厌食现象时，必须给予足够的粗饲料，改善日粮的适口性，多喂些麦麸、大麦、燕麦或用大麦片代替粉状饲料。若临近肥育末期出现厌食，食欲明显减退，则是正常现象，应及时出栏。

（二）肉牛肥育管理措施

经选定供作肥育的牛，要逐头检疫，避免疫病传播造成经济损失。一般管理措施如下。

1.分组，个体编号，建立肥育档案

牛较多而分期分批肥育时，可按照牛的品种、性别、年龄、体重、膘情等情况分成若干小组，进行个体编号。每头牛都要建立肥育登记表，记载日期、体重和增重、饲草饲料的消耗量，以便进行成本核算，检查肥育效果。

2.驱除体内外寄生虫

寄生虫病对肉牛肥育有很大危害，是肉牛肥育中最常见的疾病。体表寄生虫影响牛的安静，不利于采食和休息，对牛皮侵袭影响质量。体内寄生虫不仅争夺宿主的营养，造成养分的消耗，而且寄生在肺、肝、脑、肌肉内还会出现病症甚至感染给人，起不到肥育效果。

据调查，从牧区、半牧区、阴湿多雨地区购入的牛，寄生虫发病率高，必须及时驱虫。一般用丙硫咪唑，剂量每千克体重10毫克，或肥育前按每千克体重灌敌百虫0.08克，第三天用大黄苏打片进行健胃，剂量每15千克体重喂1片。或用新药虫克星更安全，无残留，无抗药性，有效剂量0.2～0.3毫克/千克体重。

螨病（又称疥癣）对肥育生产危害较大，是一种接触性传染的皮肤寄生虫病，具有传染快、病程长的特点，在群体中不易根治，多发于冬春季节。因牛舍阴暗潮湿，密度过大，一旦发现要及时隔离治疗，可用杀螨剂消毒牛舍及被污染的用具。

3.去势

公牛性成熟后，雄性激素分泌增多，性机能旺盛，活泼好斗，喜欢爬跨他牛。一般认为去势后肥育，性情变得安静温顺，肥育期间易管理，有利于体内能量堆积并提高产肉量。已配种的公牛去势后育肥，肌肉中脂肪含量增多，有利于体脂的沉积，并可去除肌肉中的一种特殊“臊味”，改善胴体品质。

近40年来的研究结果认为，2.5岁前的公牛不去势肥育，不仅生长速度快，且胴体品质好，瘦肉率高，饲料报酬高。因此，对成年公牛在肥育前半个月必须去势，青年公牛肥育可以不去势，但要及早分群，单独饲养管理。

4.刷拭和运动

刷拭可保持牛体清洁,促进皮肤新陈代谢和血液循环,提高采食量,也有利于牛的管理。刷拭必须定时,每日1～2次。牛喂饱后进行刷拭,从头到尾,先背腰,后腹部和四肢,反复刷拭。

肥育期的运动分阶段进行。前期尤其对架子牛可适当进行运动,以促进消化器官发育;中后期必须限制运动。提倡1头牛1根桩,用绳拴系固定,限制运动,以减少体热消耗,使其蹲膘长肉。拴系长度0.5～0.7米,使牛能够站立或卧倒为宜,称"养站牛"。

5.牛舍保暖防暑,保持干燥清洁

牛舍要勤垫土,勤除粪尿,经常打扫并保持干燥清洁,空气新鲜。应注意饲槽、牛体、饲草料和饮水卫生。牛舍建筑要体现冬暖夏凉原则,冬季防寒防风,夏季防暑降温。北方地区冬春季节寒冷,可用塑料暖棚肥育肉牛,能减少热量损耗,增加饲料的有效转化率。暖棚类型以向阳半坡式,北面土墙挡风保暖。可选用白色透明农用塑料薄膜扣棚,夜间上面用草帘盖严。暖棚要有换气孔或排气窗,以便调节空气和温湿度。肥育牛每头用地3～4米。牛入棚前,用30%草木灰水、20%生石灰水消毒。每日定时清扫粪便,保持干燥。

在高温高湿季节,牛食欲下降影响体重增加。牛汗腺不发达,不具备排解酷热和应激体温调节机能,因此夏季肥育可在舍外,设置遮阴凉棚,避免日光直射,增加空气流通,尽量增加牛体表面散热能力,尽可能多饮水。

(三)全混合日粮(TMR)饲喂技术

所谓全混合日粮(TMR),是指根据反刍家畜不同生长发育阶段的营养需求和饲养目的,按照营养调控技术和多饲料搭配原则而设计出的全价日粮配方。按此配方把每天饲喂反刍动物的各种饲料(粗饲料、青贮饲料、精饲料和各类特殊饲料及饲料添加剂)通过特定的设备和饲料加工工艺而均匀地混合在一起,供反刍动物采食,从而保证了反刍动物采食的每一口饲料都是营养均衡的。

1.TMR技术的制作

(1)首先设计日粮配方(后附推荐日粮配方),按照设计的配方计数各种粗饲料、精饲料及特殊饲料和饲料添加剂的每头牛的日用量,再根据不同年龄大小分群后的存栏确定日粮。

(2)把加工好的粗饲料和配合好的精饲料按照分好群后确定的日用量,用混合搅拌机均匀地搅拌(人工混合要注意均匀度),然后定时定量分次均匀添加到食槽。

2.TMR技术的优点

(1)简化了饲喂程序,替代了大部分相关的劳动力,并加快生产速度和加工质量。均匀混合使反刍动物吃到的每一口饲料的营养都是均衡的。

(2)适于控制反刍动物日粮营养进食比例,特别是精料与粗料的进食比例。

(3)将全部日粮切短、粉碎均匀混合,由于空间互补而使总体积缩小,从而提高了营养密度。

(4)将全日粮中的碱、酸性饲料均匀混合,加上反刍动物大量的碱性唾液,能有效地使瘤胃的pH控制在6.4～6.8,为瘤胃内微生物创造一个良好的环境,促进微生物的生长、繁殖、发酵,提高微生物的活性蛋白质的合成率,从而提高了饲料营养的转化率和乳脂率。

(5)将干草、秸秆、青贮玉米等粗饲料切短打碎,有利于反刍动物的采食、消化,降低其利用粗料的热增耗,减少能量的浪费,有利于提高产量。

(6)能较好地利用适口性差、但价廉而富含营养的饲料,有利于降低成本,可防止挑食、偏食,避免浪费饲料。

(7)由于TMR技术可避免瘤胃酸中毒发生,所以可减少由此产生的前胃弛缓、瘤胃炎、肝脓肿等疾病和食欲下降、吐草团和乳蛋白率下降等问题。

3. TMR的饲喂技术要点

(1)合理的营养供给。根据国标或NRC营养需要标准调制TMR。

(2)合理分群,自由采食。①分群原则:生产能力相近的分为一群。②自由采食:同一群投料充足均匀。

(3)严格控制分料速度(控制数量)。每日投料2次以上,每次投料时料槽要有3%～5%的剩料,以防采食不足,影响生长。

(4)反刍动物TMR日粮中粗饲料的营养价值顺序为优质干草、野生干草、玉米秸、麦草、稻草。

(5)TMR日粮中粗饲料应以豆科、禾本科和秸秆类饲料混合使用效果好。

4. 肉牛推荐日粮配方(以下配方适应彭阳县)

(1)育肥牛。①配方一(体重300千克,日增重1 200克):粗饲料:玉米黄贮10千克,玉米秸或小麦秸2千克,干苜蓿1千克;精饲料:4千克,其中玉米占70%,小麦麸皮占20%,胡麻饼占8%,预混料占2%;日粮合计17千克。②配方二(体重300千克,日增重1 200克):粗饲料:玉米黄贮10千克,玉米秸或小麦秸2千克;精饲料:4.5千克,其中玉米占60%,小麦麸皮占30%,胡麻饼占8%,预混料占2%;日粮合计16.5千克。

(2)基础母牛。①配方一(体重350千克,日增重500克):粗饲料:玉米黄贮9千克,玉米秸或小麦秸2千克,干苜蓿1.5千克;精饲料;2.5千克,其中玉米占70%,小麦麸皮占20%,胡麻饼占8%,预混料占2%;日粮合计15千克。②配方二

(体重 350 千克,日增重 500 克):粗饲料:玉米黄贮 8 千克,玉米秸或小麦秸 2 千克;精饲料:3 千克,其中玉米占 50%,小麦麸皮占 40%,胡麻饼占 8%,预混料占 2%;日粮合计 13 千克。

(四)肉牛的强度育肥

1. 犊牛

犊牛肥育可生产“小牛肉”和“小白牛肉”。

小牛肉生产是指用较多的牛乳及精料饲喂犊牛,至 7～8 月龄断奶,重达 250 千克左右即行屠宰,或继续培育到 1 周岁,体重国外品种达 400 千克以上、国内品种在 300 千克左右时,屠宰上市。

具体做法是:初生犊牛要尽早喂给第一次初乳,不限量,吃饱为止。按 35 千克体重计,第一次喂量为 1～1.5 千克,以后至 4 周龄前,每日可以随母哺乳或人工哺乳,1 天以后必须完全人工哺乳;在 3 周龄之前,可按体重的 10%～12%喂给。从 5 周龄开始,让犊牛学吃草料,10 周龄起,喂乳量按体重的 8%～9%喂给,精料日喂量增加到 0.5～0.6 千克。以后的喂乳量基本上维持在一个水平上,而精料喂量却逐渐增加。全育肥期的粗料可用青干草或青草,让其自由采食。犊牛育肥期的日粮组成见表 1.1。为了降低用乳量,提高增重速度,减少疾病,所用混合精料要具有热能高、易于消化的特点,并配入少量抑菌药物。精料混合料配方见表 1.2。

表 1.1 犊牛肥育期的日粮组成

周龄	体重/千克	日增重/千克	喂乳量(全乳)/千克	混合精料量/千克	青草或青干草/千克
0～4	40～59	0.6～0.8	5～7	—	青草
5～7	60～79	0.9～1.0	7～7.9	0.1	—
8～10	80～99	0.9～1.1	8	0.4	自由采食
11～13	100～134	1.0～1.2	9	0.6	
14～16	125～149	1.1～1.3	10	0.9	
17～21	150～199	1.2～1.4	10	1.3	
22～27	200～250	1.1～1.3	9	2.0	
合 计	250	210	1 620	171.5	折合干草 150

表 1.2 犊牛肥育期的混合料配方

饲料种类	玉米	豆饼	油脂	骨粉	盐	犊牛预混料
比例/ %	72	18	6	2.5	0.5	1

由于用乳喂养，4 周龄前犊牛的饲养方法和注意事项与一般人工哺乳犊牛相同。喂乳应做到定时、定量、定温，注意哺乳卫生。5 周龄后，应拴系饲养，尽量减少运动量，但每天应晒太阳 3～4 小时。夏季注意防暑降温，冬季宜在室内饲养，室温应保持在 0℃以上。在肥育期间，每天喂 3 次，自由饮水，夏季饮凉水，冬季饮用 20℃左右的温水。犊牛若出现消化不良，可酌情减喂精料，并给予药物治疗。经 180～200天的育肥期，体重达到 250 千克，即可屠宰上市。

只要品种选择适当，用上述方法肥育的犊牛，可以生产出品质鲜嫩的高档牛肉。但出栏体重小，每头提供的净肉较少，成本较高，价格昂贵。

小白牛肉的生产是从初生到 100 天内，完全靠牛乳来供应营养，不投以任何其他饲料，要求在 3 月龄前达 100 千克体重。小白牛肉的肉质细嫩，味道鲜美，全白色或稍带浅粉色，带有乳香气味，适于各种烹调方法。由于用乳喂养，每增重 1 千克牛肉约消耗 10 千克全乳，很不经济，因此近年来采用代乳料或人工乳喂养，平均每生产 1 千克小白牛肉需要 1.3 千克代乳料或人工乳喂养。自制人工乳或代乳料要求尽量模拟全牛乳的营养成分，特别是氨基酸的组成、热量的供应等都得适应犊牛的消化特点和要求，同时也要考虑到原料来源的稳定性，以及适合于工业化喷雾干燥法的生产，还有喂养、运输、贮存等方面的问题。

用人工乳或代用乳虽然较为经济，但如果不采取工厂化批量生产，其成本反会高于全乳，故在小规模生产中，宜用全乳喂养。全乳喂量可在不使其发生疾病的前提下，按日龄的增长适当增加。每日分 2～3 次给予，每次间隔时间基本相同。乳温要求为 40～41℃，为了防止下痢，在牛乳中可以加入抗生素，以防发生胃肠病和呼吸道病，尤其是下痢和肺炎。

2.青年架子牛

(1)架子牛的选择。

在国内当前无专门肉牛品种的情况下，肉牛的肥育多以本地黄牛或经过改良的杂种牛为对象。这些牛在肥育前一般都是役牛或肉役兼用或肉乳役兼用牛，即群众常说的“架子牛”。也可购买架子牛进行易地育肥，其肥育效果的好坏取决于架子牛的选择是否得当。在架子牛的选购上应注意以下几点。

①品种：要选购杂种牛，利用杂种优势来肥育，选良种肉牛或肉乳兼用牛及其与本地黄牛的杂交牛。相同条件下，杂种牛的增重速度和经济效益要高于本地牛。

②体型：较好的肉用牛身体低重，紧凑而均匀，体宽而深，四肢正立，整个体型呈长方形。如果两头小、中间大，像个橄榄状，凹背弯腰，四肢弯曲站立不正，腹下垂，尻尖斜，后腿不丰满，头大颈小等，此外形牛不应该选购。

③年龄：牛的生长速度、体重、肉的品种等，都和牛的年龄有直接关系。因此，

选购架子牛时，要重视牛年龄的选择。在生产高档牛肉时，应选 1～1.5 岁的犊牛，就地屠宰的牛年龄可大些。

④性别：从性别上可以选择去势犍牛、未去势小公牛、淘汰经产母牛、成年未产母牛、淘汰公牛等。

⑤体重：选购架子牛时，年龄必须结合体重，一定的年龄应有一定的体重。在年龄相同时，体重越大越好。我国目前条件下，6～10 月龄的牛体重应达到 180～220 千克；18～24 月龄的牛体重应达到 300～350 千克，24 月龄以上的体重应在 400 千克以上。

(2)架子牛的肥育。

架子牛的肥育实质上就是后期集中肥育法，一般称强度肥育或快速肥育法。这种育肥方式消耗精料少，成本低，又可增加周转次数，比较经济。下面介绍体重 300 千克左右的易地育肥架子牛进行强度肥育的方法。

①恢复准备期：架子牛经过较长距离、较长时间的运输到达肥育场后，由于运输应激反应，需要一段时间休息和恢复。另外，牛只到新的生活环境也有一个适应的过程。此时牛的日粮以优质粗料或青贮饲料为主。恢复期 10～12 天为宜。

②过渡期：经过 10～12 天的恢复期饲养，架子牛已适应新的环境，体力也已基本恢复，可进入由粗料型向精料型的过渡期。在过渡期内，日粮中精料的比例要逐渐增加，应在 15～20 天内把日粮中的精料比例提高到 40％～50％。

③催肥期：在催肥期限内，日粮中精料的比例越来越高。具体安排是：催肥期在 1～20 天、21～50 天、51～80 天和 81～100 天四个阶段，日粮中精料比例分别为 55％～60％、65％～70％、75％和 80％～85％。

(3)日粮由全粗料型向高精料型过渡时应注意以下几点。

①一日多餐制：在全粗料型日粮向高精料型日粮过渡的最初几天里，为防止架子牛采食过量而导致胀肚、拉稀等不适应症，应采用一日多餐制，一次少喂，一天多次饲喂，这样经过 3～4 天的过渡，便可以改为自由采食，食槽内应昼夜有料。

②饮水充足：一般来说，牛只每采食 1 千克饲料干物质，需饮水 5.5 千克。因此，要保证架子牛随时能饮水。有条件的可设自动饮水设备。无自动饮水设备时，每天饮水次数不能少于 3～4 次。

③加喂瘤胃素：瘤胃素既可以提高架子牛的饲料利用率，又可以预防高精料日粮酸中毒。

④勤观察：在日粮改变的 2 天以后，饲养管理人员要勤观察牛只的采食情况、反刍次数、粪便等情况，一旦发现异常情况，要及时处理。

为了使牛快速育肥，取得更高的经济效益，各地要因地制宜，充分利用现有饲料资源,提高肥育效果。

犊牛自然哺乳到断奶后,应充分利用青粗饲料饲喂,经过一段时间适应体重达到250～400千克,然后经过3～6个月的育肥,体重达到500千克左右出栏。小架子牛(体重250～300千克)一般育肥5～6个月,大架子牛(体重300～400千克)育肥3个月左右。在青草期,以青草为主日补精料1.5～2千克,后期2个月可日补精料3千克。在枯草期,以干草和秸秆为基本饲草,可用多品种草混合成花草,也可制作青贮草、氨化草饲喂,每天补喂精料2～3千克,后期可增到3.5千克。日喂3次,饮水3次,实行先料后草再饮水。推荐日粮配方:玉米面1.5千克,粉碎胡麻饼1千克,麸皮0.5千克,再加石粉、食盐各50克。粗料为青贮玉米秸、氨化麦草、苜蓿草等。

3.成年牛

成年牛的强度育肥主要指2.5岁以上杂种肉牛、地方黄牛、淘汰成年奶牛及各种老龄牛的育肥。一般采取短期强度催肥,育肥期60～90天,最长不超过120天。可分为前期、中期、后期三个阶段进行,其中日粮中精粗料比例前期3∶7,中期7∶3,后期9∶1,混合料中能量和蛋白质的比例为75∶25,或者80∶20。推荐日粮配方:粗料为苜蓿干草或青贮玉米秸秆,自由采食。精料组成为玉米面1.5～2.5千克,胡麻饼0.5～1.0千克,酒糟或麸皮15～20千克,石粉50克。

六、提高肉牛肥育效果的技术措施

(一)一般措施

1.选好品种

我国没有专用肉牛品种,所以肥育牛应选择国外优良肉用公牛与我国地方品种母牛的杂交后代,三元杂交后代效果更好。或者选用我国优良的地方品种及相互杂交后代,利用其杂种优势提高肥育的效果。

2.利用公牛肥育

研究表明,公牛的生长速度和饲料转化率明显高于阉牛,并且胴体瘦肉率高,脂肪少。一般公牛的日增重比阉牛高14.4%,饲料利用率高11.7%,因此2岁内出栏的肉牛以不去势为好。

3.注意牛的体形选择

按照前述架子牛和犊牛选择要求,选好肥育牛,这对提高肥育效果和经济效益非常重要。如果选去势牛,以3～5月龄早去势的牛为好,这样可减少应激,加速骨骼钙化,出栏时出肉率高,肉质好。

4.选择适龄牛肥育

应选择1～2岁牛进行肥育，因为这类牛生长快，肉质好，效益好。

5.抓住肥育的有利季节

在四季分明的地区，春秋季肥育效果最好，此时气候温和，牛采食量大，生长快。夏季炎热，不利于牛增重，因此肉牛肥育最好错过夏季。在牧区肉牛出栏以秋末为最佳。冬季肥育要注意防寒，为肉牛创造良好的生活环境。

6.合理搭配饲料

按照肉牛生长发育的生理阶段，合理确定日粮各营养含量，肌肉生长快的阶段增加蛋白质的供应，脂肪生长快的阶段多供应能量，使其体重与各组织的增长与营养供应同步。

7.注意饲料形态和调制

秸秆类饲料喂前应用揉搓机揉搓成0.5～1厘米的丝状，或先铡短再粉碎成0.5～0.7厘米长，然后氨化处理。干草有条件可制粒，无制粒条件可粉碎。青贮原料切成0.8～1.5厘米后青贮。饲喂前将所用各类饲料充分拌匀，以看不到各类饲料层次为准。理想的肥育牛饲料，应当有青贮料或糟渣类饲料，可将这类饲料与其它饲料均匀拌成半干半湿状(含水量40%～50%)喂牛，效果最好。肥育牛不宜采食干粉状料。

8.精心管理

肉牛肥育前要驱虫健胃，预防疾病。平时要勤检查，细观察，发现异常及时处理。严禁饲喂发霉变质草料，饮水要卫生。勤刷拭，少运动，圈舍要勤换垫草，勤清粪便，勤消毒，保证肥育安全。

9.适时出栏

在对育成牛育肥过程中，根据育成牛肥育结果和提供肉产品的目标，结束其育肥过程。

(1)根据采食量判断。肥育即将结束时，幼牛食欲降低，采食量持续下降，即使改变饲养技术后，其食欲也不会增加。

(2)根据体重变化测定。对肥育牛定期称重，在满足营养需要的情况下，若连续2～3次称重体重都基本不增加，则视为肥育完成，即使该牛食欲很好，也要及时出栏，不宜再饲养。

(3)活体肥度检查。牛的胸前、背部、最后肋骨上方、后肢膝壁、公牛阴囊、母牛乳房是最难附着脂肪的部位。用手摸这些部位，若丰满、柔软、充实、具有弹性时，则牛体膘已肥，表明肥育已完成。尤其是公牛阴囊、母牛乳房这两个部位沉积脂肪，即到了出栏期，可出栏屠宰。

(二)特殊措施

1. 应用饲养新技术

在肥育肉牛的过程中,注意日粮中各种营养成分的全面性,饲料组成应多样化,既要有利于营养互补,又可提高适口性。冬春季节肥育时,应加喂少量胡萝卜等多汁饲料,以增加对干草、秸秆的采食量,提高增重速度,同时也有利于健康。此外,采用先进的饲料调制技术,如氨化秸秆技术处理饲料,提高饲料有机物的消化率;应用代谢调控技术,改变瘤胃内 pH,驱除原虫,阻碍甲烷生成,可以降低淀粉、蛋白质在瘤胃内的降解,提高粗纤维的利用率,补充过瘤胃淀粉及过瘤胃蛋白,有利于小肠内各养分的平衡,提高糖异生作用,促进生长。在高精料肥育时,为防止瘤胃内酸度过大,可在精料中添加碳酸氢钠 1%~2%,油脂 5%~6%,以抑制牛瘤胃异常发酵。

2. 添加剂的应用

对正处于生长发育期的肥育犊牛及育成牛,在精料配合料中应有针对性地添加适量的人工合成氨基酸、微量元素、维生素(主要是维生素 A、维生素 E、维生素 D),以补充日粮中的不足部分,提高饲料利用率和增重速度,缩短肥育期。

3. 合理使用营养性增重剂

在肉牛肥育中,应用营养性埋植增重剂效果明显。有试验报道,在牛耳背皮下埋植 500 毫克赖氨酸埋植剂,结果在 90 天内平均日增重 1.36 千克,比不埋植牛日增重 1.18 千克高 0.18 千克,高出近 15%。

使用添加剂必须遵守《饲料药物添加剂使用规范》(2001.7 农业部公告第 168 号),饲料中不得添加《禁止在饲料和动物饮用水中使用的药物品种目录》(2002.2 农业部公告第 176 号)中规定的违禁药物。参考《饲料添加剂品种目录》(2008.12 农业部公告第 1126 号)选用需要的添加剂。抗生素和抗寄生虫药的使用要符合无公害食品——肉牛饲养兽药使用准则的规定,禁止使用未经国家批准的兽药和已淘汰的兽药以及《食品动物禁用的兽药及其他化合物清单》中的药物。

为了防止疯牛病及生产绿色食品,2001 年农业部明文要求在反刍动物饲料中禁止使用以哺乳类动物为原料的动物性饲料产品,如肉骨粉、骨粉、血粉、血浆粉、动物下脚料、动物脂肪、干血浆及其他血液制品、脱水蛋白、蹄粉、角粉、鸡杂碎粉、羽毛粉、油渣、鱼粉、骨胶等动物性饲料。同时禁止使用转基因方法生产的饲料原料、工业合成的油脂和畜禽粪便。

七、无公害牛肉的生产

2001 年 10 月,我国颁布了主要畜禽产品和农产品的无公害食品标准。只有达到此标准规定的各项技术要求，才算得上是安全的高质量的牛肉（或牛乳）。无公害生鲜牛肉或牛乳是指饲养环境无污染、使用无公害饲料饲养的健康牛产出的天然牛肉或乳汁。无公害牛肉与牛乳具有无污染、安全、优质的特点，对我国养牛业的可持续发展具有重要意义。无公害牛肉或牛乳生产的技术措施如下。

（一）牛场环境与工艺

无公害牛肉生产牛场从场址选择、畜牧场建设、卫生防疫措施、污染物排放与处理等环节都要遵循无污染、无公害、安全、优质的原则。要求土壤中农药、化肥、有机污染物和重金属汞、镉、铅、砷、铬、硒等不能超标。水质外观清澈、无色无味，水中可溶性总盐分，硫酸盐、磷酸盐、硝酸盐、亚硝酸盐、铅、汞、砷等重金属，有机农药、氰化物等有毒物质，病源微生物特别是大肠杆菌、寄生虫（卵）、有机物腐败产物等不能超标，饲养场环境中一氧化碳、尘埃、病原微生物等不能超标，均符合国家《无公害畜禽肉产地环境要求》的规定。

（二）饲养条件、饲料和饲料添加剂

（1）饲料原料应具有一定的新鲜度，具有该品种应有的色、香、味和组织形态特征，无发霉变质，无污染，不结块，无异味。

（2）使用配合饲料、浓缩饲料和添加剂预混合饲料，饲料厂家应按标准要求生产合格产品。

（3）牛不同生长时期和生理阶段的饲料应达到《牛营养需要和饲养标准》的要求。

（4）不应在饲料中额外添加未经国家有关部门批准使用的各种化学、生物制剂及保护剂，如抗氧化剂、防霉剂等添加剂。

（三）兽药使用

（1）对于治疗患病牛及必须使用药物处理时，按有关部门规定进行使用。

（2）泌乳牛在正常情况下禁止使用任何药物，必须用药时，在药物残留期间的牛乳不应作为商品牛乳出售。牛乳在上市前应按规定停药，应准确计算停药时间和弃乳期。

（3）不应使用未经有关部门批准使用的激素类药物及抗生素。

（四）防疫

（1）牛场应结合当地的实际情况有选择地进行疫苗预防接种，并注意选择适当的疫苗、免疫程序和免疫方法。

（2）非生产人员一般不允许进入生产区，特殊情况下，需经淋雨消毒后方可入场，并要遵守场内一切防疫制度。

(3)牛场内不准屠宰和解剖牛只。

(4)不从有疫情的地区引进牛只,外购的牛只需有兽医检疫部门的检疫合格证,经隔离观察和检疫后,确认无传染病时,方可并群饲养。

(5)挤乳人员身体健康,经培训合格后,方可上岗操作。

(6)搞好牛舍内外环境卫生,消灭杂草,消灭蚊蝇和鼠类。

(五)卫生消毒

1.消毒剂

应选择对人、牛只和环境比较安全,没有残留毒性,对设备没有破坏和在牛体内不产生有害积累的消毒剂。

2.消毒方法

(1)喷雾消毒:用一定浓度的次氯酸盐、有机碘混合物、过氧乙酸、来苏儿等,用喷雾装置进行喷雾消毒。主要用于牛舍清洗后的喷洒消毒,带牛环境消毒,以及牛场道路和周围及进入场区的车辆消毒。

(2)紫外线消毒:对人员入口处常设紫外线灯照射,以起到杀菌作用。

(3)浸液消毒:用一定浓度的新洁尔灭、有机碘混合物或来苏儿的水溶液,进行洗手、洗衣服或胶鞋。

(4)喷洒消毒:在牛舍周围、入口、产床和牛床下面撒生石灰或火碱,杀死细菌和病毒。

(5)热水消毒:用35～46℃温水及70～75℃的热碱水清洗挤奶机器管道,以除去管道内的残留物质。

3.消毒制度

(1)环境消毒:牛舍周围环境(包括运动场)每周用2%的火碱或撒生石灰1次;场周围及场内污水池、排粪坑和下水道出口每月用漂白粉消毒1次;在大门口和牛舍入口处设消毒池,使用2%的火碱溶液。

(2)人员消毒:工作人员进入生产区应更衣和紫外线消毒,工作服不应穿出场外。外来参观者进入场区参观应彻底消毒,更换场区工作服和工作鞋,并遵守场内防疫制度。

(3)牛舍消毒:牛舍在每班牛只下槽后应彻底清扫干净。定期用高压水枪冲洗,并进行喷雾消毒或熏蒸消毒。

(4)用具消毒:定期对饲喂用具、料槽和饲料车进行消毒,可用0.1%新洁尔灭或0.2%～0.5%的过氧乙酸消毒。

(5)带牛环境消毒:定期进行带牛环境消毒,有利于减少环境中的病源微生物。消毒药有0.1%的新洁尔灭、0.3%的过氧乙酸和0.1%的次氯酸钠。带牛环境消毒应避免消毒剂污染到牛奶中。

(6)牛体消毒：挤奶、助产、配种注射治疗及任何对牛进行接触操作前，都应将牛有关部位如乳房、乳头、阴道口和后躯等进行消毒擦拭，以降低牛乳的细菌数，并保证牛体健康。

(六)管理

1.基本管理要求

牛场不应饲养任何其他畜禽，并防止周围其他畜禽进入场区；保持各生产环境和用具的清洁，保证牛肉、牛奶卫生；坚持刷拭牛体，防止污染乳汁；成年牛坚持定期护蹄、修蹄和浴蹄。

2.人员管理

牛场工作人员应定期进行健康检查，发现有传染病患者时应及时调出。

3.饲喂管理

按饲养规范饲喂，不空槽，不喂发霉变质和冷冻的饲料。应拣出饲料中的异物，保持饲槽清洁卫生；保证提供足够新鲜的清洁饮水，饮水质量应达到国家规定的标准。运动场设食盐、矿物质补饲槽和饮水槽，定期清洗消毒饮水设备。

(七)疫病治疗

1.疫病检测

牛场常规检测的疫病包括口蹄疫、蓝舌病、炭疽、牛白血病、结核病、布鲁氏菌病。同时注意检测我国已扑灭的疫病和外来病的传入，如牛瘟、牛传染性胸膜炎、牛海绵状脑病(疯牛病)等。母牛在干乳前15天做隐性乳房炎检验，在干乳时用有效的抗菌制剂封闭治疗。

2.疫病控制

牛场发生疫病或怀疑发生疫病时，场兽医应及时进行诊断，并尽快向畜牧兽医行政管理部门报告情况；牛场内发生传染病后，应及时隔离牛病，采取扑杀措施，病牛所产的乳及死牛应做无害化处理；对于非传染病及机械创伤引起的牛病，应及时进行治疗，死牛应及时定点进行无害化处理。

(八)牛奶的盛装、贮藏和运输

(1)生鲜乳的盛装应采用表面光滑的不锈钢制成的桶、贮奶罐或由食品级塑料制成的盛乳容器。

(2)应采取机械化挤奶、管道输送，用奶槽车运往加工厂，从奶汁产出至加工前不超过24小时，乳温应保持6℃以下。

(3)生鲜牛乳的运输应使用乳样本。

(4)所有的存乳和储存容器使用后都应及时清洗和消毒。

(九)废弃物处理

(1)牛场的废弃物处理实行减量化、无害化、资源化原则。

(2)场区内应在生产区的下风处设贮粪场,粪便及其他污物应有序管理。每天应及时除去牛舍内及运动场褥草、污物和粪便,并将粪便和污物运送到贮粪场,采取高温堆肥法、沼气发酵法或其他有效消毒措施进行处理后作农业用肥。

(3)牛场污水应经发酵、沉淀后才能用作液体肥。

(4)场内应设牛粪尿、褥草和污物等处理设施。

(十)病死牛的处理

(1)牛场不应出售病牛、死牛,有治疗价值的病牛应隔离饲养、治疗,病愈后归群;需要淘汰、处死的可疑病牛,采取不把血液和浸出物散播的方法进行扑杀。

(2)病死牛尸体要采取销毁、化制、高温处理或深埋处理。

(十一)资料记录

(1)繁殖记录:包括发情、配种、妊娠、流产、产犊和产后监护记录。

(2)兽医记录:包括疾病档案和防疫记录。

(3)育种记录:包括牛只标识和系谱及有关报表记录。

(4)生产记录:包括产乳量、乳脂率、生长发育和饲料消耗等记录。

(5)病死牛应做好淘汰记录,出售牛只应将抄写复本随牛带走,并保存好原始记录。

(6)牛只个体记录应长期保存,以利于育种工作的进行。

(7)乳牛允许使用的抗菌药、抗寄生虫药和生殖激素类药及使用规定表。

第六节　高档肉牛生产技术

高档肉牛生产技术是一项以肉牛良种繁育、犊牛早期断奶补饲、科学日粮配制、分阶段育肥、按标准屠宰分割加工、质量安全追溯为主要内容的综合配套生产技术。育肥牛一般在28月龄以内出栏,宰前活重700千克以上。高档肉牛生产技术的目的是生产出达到规定数量与质量标准的高档牛肉肉块。

为了使高档肉牛生产高效有序的进行,首先要建立良种母牛繁育基地,一是择优选择符合生产高档肉牛的良种母牛(秦川、秦杂)群,二是引进能生产高档肉牛的优良种公牛冻精(红安格斯),三是建立冷配点和选择优秀黄牛人工授精技术人员。其次是建立饲草料生产加工基地,一是对鲜苜蓿草、玉米秸秆及麦草分别应用盛花期收割晒干收储技术、青黄贮技术及氨化技术进行处理，二是对精料进行粒度加工实行混配合技术，三是推广全混合日粮（TMR）饲喂技术。再次是按照生产高档肉牛的标准要求对所产犊牛严格规范标准进行培育。

一、建立良种繁殖母牛基地，实行科学饲养管理

（一）良种繁殖母牛的选择

从品种上固原地区首选是以秦川或秦杂作做为生产高档肉牛的良种繁殖母牛，从个体生产性状上则要求良种繁殖母牛具有健康无病、体格膘情（可见三肋骨）中上等、后躯发展良好、尻部较宽并且符合秦川牛的品种特性。

（二）良种繁殖母牛的饲养管理

1.妊娠期母牛的饲养

（1）妊娠前期母牛的饲养：妊娠前期指从受胎到怀孕6个月，一般按空怀母牛进行饲养，但要保证饲料的质量，不能喂棉籽饼、菜籽饼、酒糟等饲料，并适当补饲胡萝卜或维生素A添加剂。

（2）妊娠后期（产前2个月）母牛的饲养：营养补充以全价精饲料为主，粗饲料以优质青贮、青干草为主，日粮饲喂量不能过量。加强母牛分娩前营养管理可提高其产奶量，防止产后体质虚弱。参考日粮配方：精饲料（玉米60%、胡麻饼18%、麸皮19%、预混料2%、食盐1%）每天2千克/头；粗饲料（青贮及干草12千克、苜蓿2千克）每天14千克/头。

（3）妊娠期管理：母牛怀孕后应做好保胎工作，预防流产和早产。应做到单独组群饲养，不打头腹部，不喂霜、冻、变质饲料，不饮冷水，吃饱饮足后不赶。每天让其自由活动3～4小时。

2.哺乳母牛饲养管理

供给易消化的富含维生素、微量元素的全价精饲料，以青贮、青干草为主，春秋季要适量饲喂禾本科和豆科青草。精饲料参考配方：玉米60%，胡麻饼20%，麸皮16.5%，预混料2%，食盐1%，石粉0.5%。

一是做好母牛和犊牛的产后护理。产后1～2小时，让母牛饮温热麸皮水（麸皮1～2千克、食盐0.2～0.3千克、温水15～20千克）。

二是产后1月内的高泌乳期，每天精饲料增加到3.5千克/头，可增加母牛产奶量，促进犊牛发育；产后1～2月内的中泌乳期，每天精饲料3千克/头；产后3～4个月的低哺乳期内；每天精饲料2千克/头即可。减少精饲料供给有利于母牛早期断奶及时受胎。产后1～4个月，饲喂粗饲料13千克/头.天（青贮及干草12千克、

苜蓿1千克)，此期间母牛膘情应控制在中等膘情(能看到3根肋骨最好)。

三是母牛断奶后(干乳期)每天饲喂精饲料1千克/头、粗饲料14千克/头(青贮及干草12.0千克、苜蓿2.0千克)。

良种繁殖母牛饲养方案见表1.3

表1.3 良种繁殖母牛饲养方案 千克

繁殖母牛	精饲料	苜蓿干草	青(黄)贮
产前2个月(妊娠末期)	2.0	2.0	12.0
产后1个月(高泌乳期)	3.5	1.0	12.0
产后2个月(中泌乳期)	3.0	1.0	12.0
哺育3～4个月(低泌乳期)	2.0	1.0	12.0
断奶后(干乳期)	1.0	2.0	12.0

(三)实行微机管理，了解良种繁殖母牛生产动态

按照生产高档肉牛的标准要求进行筛选后按编号、体尺测量、照相、良种登记等程序，确定良种繁殖秦川、秦杂母牛群，并实行微机管理。应随时了解母牛的发情、妊娠、产犊、吃喝、疾病防疫以及生活环境等动态，发现问题及时解决。

二、犊牛的培育

(一)犊牛的饲养

犊牛一般指从初生至断奶阶段的小牛(出生6个月内)。

1.早喂初乳

犊牛出生后要尽快让其吃上初乳。初乳是母牛产犊后7天之内所分泌的奶，颜色深黄而黏稠。初乳含有犊牛生长发育所必需的蛋白质、能量、矿物质、维生素及免疫球蛋白，是犊牛不可缺少的食物，对犊牛的生长发育有特殊的功能。

2.犊牛隔栏补饲

犊牛7日龄后，在牛舍内增设小牛活动栏与母牛隔栏饲养，在小犊牛活动栏内设饲料槽和水槽，供给补饲专用颗粒料、铡短的青干紫花苜蓿秸秆和清洁饮水，让其自由采食;每天定时让犊牛吃奶并按周逐渐增加饲草料量，逐步减少犊牛的吃奶次数，以利早期断奶。

3.断奶前犊牛的饲养方法

断奶前犊牛的饲养方法为:正常哺乳＋补饲专用颗粒料＋苜蓿干草＋后期补饲适量精饲料。

(1)1 月龄犊牛，每天饲喂颗粒饲料 0.1～0.2 千克，不饲喂苜蓿草。

(2)2 月龄犊牛，开始每天饲喂颗粒饲料 0.3 千克，逐渐增加喂量，满 2 月龄时达到 0.6 千克，同时投喂少量优质苜蓿干草 0.2 千克。

(3)3 月龄犊牛，开始每天饲喂颗粒饲料 0.7 千克，满 3 月龄时颗粒饲料投喂量达到 1.0 千克，苜蓿干草饲喂量增至 0.5 千克，同时补充 0.5 千克精饲料。

(4)4 月龄犊牛，每天饲喂颗粒饲料 1.0 千克，苜蓿干草饲喂量增加到 1.5 千克，精饲料也增加到 1.5 千克；

4. 早期断奶

犊牛满 4 月龄后，可与母牛彻底分开，实施断奶。断奶后，停止使用颗粒饲料，逐渐增加精料、优质牧草及秸秆的饲喂量。具体做法：5～6 月龄犊牛，每天饲喂苜蓿干草 2 千克，精饲料 2 千克；6～7 月龄犊牛，每天饲喂苜蓿干草 2 千克，精饲料 2.5 千克，饲喂青贮饲料 0.5 千克；7～8 月龄犊牛，每天饲喂苜蓿干草 2.5 千克，精饲料 3 千克，青贮饲料 1.0 千克。

5. 注意饮水

牛奶中的水分不能满足犊牛正常代谢的需要。从犊牛出生后第 2 周开始，每天要单独饮 36～37℃的温开水，半个月后即可饮用常温水。在温暖季节里，运动场可设水槽，让犊牛自由饮水。

6. 犊牛精饲料配方

为方便农户饲养，犊牛自 3 月龄以后饲喂精饲料配比与产后母牛相同，即玉米 60%、胡麻饼 20%、麸皮 16.5%、预混料 2%、食盐 1%、石粉 0.5%。

犊牛饲养方案见表 1.4。

表 1.4　犊牛饲养方案　　千克

哺育犊牛	颗粒饲料	苜蓿	精饲料	青(黄)贮
出生后 1 月龄	0.1～0.2	—	—	—
2 月龄	0.3～0.6	0.2	—	—
3 月龄	0.7～1.0	0.5	0.5	—
4 月龄	1.0	1.5	1.5	—
5 月龄	—	2.0	2.0	—
6 月龄	—	2.0	2.5	0.5
7 月龄	—	2.5	3.0	1.0

(二)犊牛的管理

1. 出生犊牛的护理

犊牛出生后应先清除口鼻部的黏液,以免妨碍呼吸;再擦掉身体上的黏液,让母牛舔干犊牛身上的羊水。犊牛出生后若脐带已断裂,可在断裂处用5%碘酊充分消毒;未断时可在距腹部10～12厘米处充分搓揉脐带1～2分钟,用消毒剪刀剪断,然后用5%碘酊充分消毒。处理好脐带后进行编号、称重,并登记出生重、父母号、毛色和性别等,做好记录。

2. 犊牛隔栏管理

在母牛舍增设供犊牛自由活动、补饲的隔栏,训练定时吃奶,自由补饲、饮水。

3. 防暑、防寒

冬季要注意牛舍保温,防止贼风,水泥和砖地面要铺垫草。夏天运动场可设凉棚,防止中暑。

4. 刷拭皮肤

坚持每天刷拭皮肤,有利于犊牛生长发育,同时可以保持牛体清洁,防止体表寄生虫滋生,养成犊牛温顺的性格。

5. 运动和光照

多晒太阳,多运动,多呼吸新鲜空气,以增进犊牛健康,促进其生长发育。

6. 做好记录

在做好出生的编号、称重,并登记出生重、体尺、父母号、毛色和性别记录的基础上,还要对断奶后和6月龄的犊牛体重、体高、体长及胸围等体尺等进行记录。

三、高档肉牛肥育

(一)收购育肥牛

在已建立的高档肉牛生产繁育基地中选择符合品种、体重、体高等育肥要求的6～8月龄公犊牛进行统一收购、集中育肥。

1. 品种要求

高档牛肉的生产对肉牛品种有一定的要求,不是所有的肉牛品种都能生产出高档牛肉。国外引入的红安格斯牛、日本和牛等品种以及国内的秦川牛、鲁西牛、延边牛、渤海黑牛等品种适合用于高档牛肉的生产。我们主要用红安格斯作父本与秦川牛作母本进行杂交,对安秦杂一代公犊进行育肥,母犊用日本和牛作父本继续进行杂交,然后公母犊都育肥的方式进行高档肉牛生产。

2. 体重和体高要求

犊牛培育期间依照一定方案方法进行科学饲养、科学管理，生长到6～8月龄收购时，要求最低日增重0.8千克、最高日增重1.2千克，体高最低标准99～106厘米、最高标准109～117厘米。同时要求健康无病，体态匀称，符合中等偏上等膘情。

(二)育肥期要求

1. 时间要求

高档牛肉的生产育肥时间通常要求在24～28个月。如果育肥时间过短，则脂肪很难均匀地沉积于优质肉块的肌肉间隙内；如果育肥时间超过28个月，则肌间脂肪的沉积要求虽达到了高档牛肉的要求，但其牛肉嫩度却很难达到高档牛肉的要求。

2. 屠宰体重要求

高档肉牛经过24～28个月的育肥后，屠宰前的体重应达到600～800千克。若没有这样的宰前活重，则牛肉的品质达不到“高档”标准。

(三)育肥前准备

1. 圈舍准备

事先准备好带有运动场的暖棚牛舍。运动场内最好铺上细沙，并对牛舍用1%百毒杀进行消毒。

2. 饲草料准备

按照育肥方案和饲料配方计算饲草料用量，采购、加工贮备饲草料。

3. 适应期观察饲养

购进后1～2天内少给草料、饮足水，以调整胃肠功能，促进食欲。

4. 公犊去势

用于生产高档牛肉的公犊，在育肥前需要进行去势处理，最佳犊牛的去势年龄4～5个月龄，但由于我们选择的是繁育基地农户初级生产(6月龄前)，然后收购易地育肥(6～28月龄)的方式，故推迟6～8月龄去势。有条件的地方犊牛去势可以选择前者，目前较常用的是手术去势法。

(四)高档牛肉育肥期的饲养管理技术

1. 育肥期饲养技术

在高档牛肉生产中，对饲料有一定的要求。通常在育肥前期，应用青贮和优质苜蓿及麦草或稻草，让牛保持一定的日增重。但在育肥中后期，特别是在脂肪的沉积期，为使脂肪的颜色不受育肥牛所采食饲料中所含色素(黄色素)的影响，粗饲料应以青干草或干稻草为主，禁饲喂含有颜色的青绿饲料、青贮等。在精饲料的调制中，能量饲料以白玉米为主，尽量少用或不用黄玉米，或用小麦代替黄玉米。为保证育肥牛的采食量，可在精料中适当添加食盐、白糖等来提高精料的适口性。

犊牛去势后经过12天左右身体恢复即进入育肥期，按照预定的高档肉牛育肥方案和日粮配方饲喂。推荐配方1：玉米48%、麸皮32%、豆饼8%、胡麻饼7.2%、食盐0.5%、磷酸氢钙1.6%、石粉0.7%、预混料2%；推荐配方2：小麦（大麦）36%、玉米42%、麸皮15%、豆饼5%、食盐0.3%、碳酸氢钙0.5%、石粉1.2%。配方1适用于育肥前中期（大概14个月），配方2适用于育肥后期（大概8个月）。育肥期具体精饲料用量见图1.1，饲草用量见图1.2。

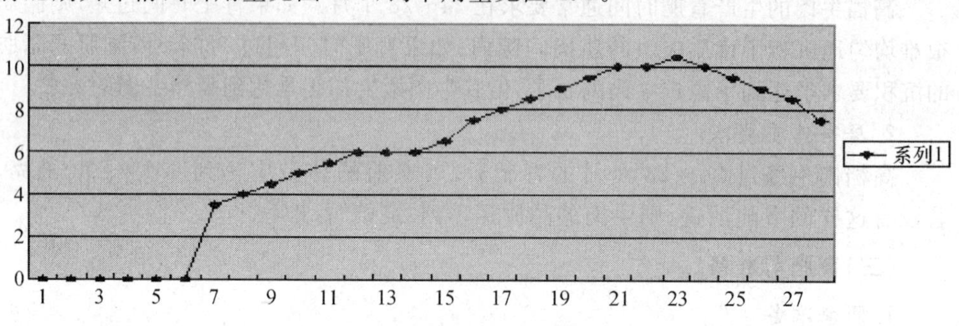

图1.1 育肥期精饲料用量示意图

备注：图中横标为月龄（6月龄开始育肥），竖标为精料用量（千克）。

系列1为精饲料用量曲线。

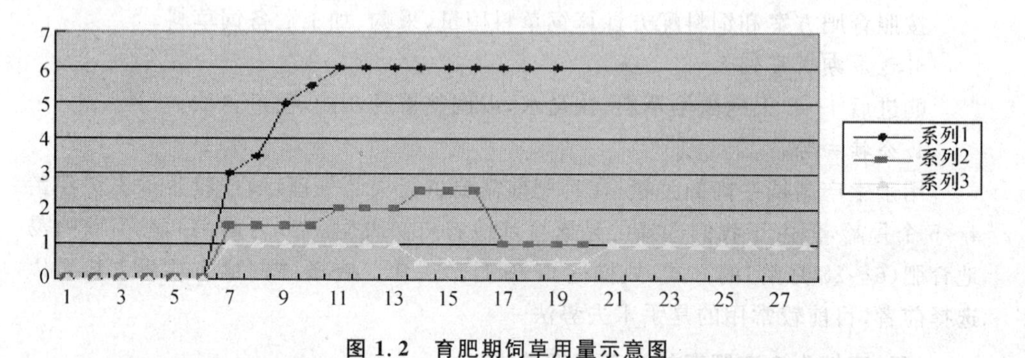

图1.2 育肥期饲草用量示意图

备注：图中横标为月龄（6月龄开始育肥），竖标为饲草用量（千克）。

系列1是青贮用量曲线，系列2是苜蓿用量曲线，系列3是麦草或稻草用量曲线。

饲喂时应注意以下几点。一是饲草、饲料合理搭配。牛的日粮不仅要求有适当容积和采食量，还需要保证质和量的满足。饲草、饲料搭配比例要适当，同时做到定时、定量饲喂，这样易做到日粮平衡，充分发挥牛的增重潜力。二是饲草料相对稳定，防止突然变换。突然变换饲料，可引起瘤胃内环境改变，导致降低发酵强度和饲草料的消化吸收率，甚至引起消化道的疾病。肥育期间饲草、饲料的改变都应逐渐过渡，要有7天左右的适应过程。变换饲草、饲料应由少到多，逐步进行。三是饮水充足，保持清洁。育肥采食时，应设常备水槽，随渴随喝自由饮用。水必须经常更换，保持水质清洁、新鲜，冬季可饮温水。四是注意观察牛挑食和厌食现象。随着肥育期的进展，虽然日粮类型和饲草料没有发生变化，但有些牛往往出现挑食（只挑食干草）的现象，这通常是多加精饲料造成的。注意观察剩料多少，适当调整草料比例。肥育后期出现厌食，食欲明显减退是正常现象，应及时出栏。

2. 育肥期管理技术措施

经选定供作肥育的牛，要逐头检疫，避免疫病传播造成经济损失，一般管理措施如下。

(1)分组分圈，个体编号，建立肥育档案。育肥场对每批育肥牛要进行个体编号，然后按照年龄、体重、膘情等情况分成若干小组进行圈舍编号分圈饲养。设计预计饲料用量和实际饲料用量对照表（包括槽底剩料登记表，要求每月称剩草料3次）、收购牛基本情况登记（包括犊牛去势登记）表、体尺测量表（包括体重、体高、体长、胸围、腰角宽、尻长、十字部高等，要求每月测1次）、疾病预防控制登记表等各种表格进行逐头登记记录，以便进行成本核算，检查肥育效果。

(2)牛舍保暖防暑，保持干燥清洁。牛舍要勤换垫沙土、勤除粪尿，经常打扫并保持干燥清洁，空气新鲜。注意饲槽、牛体、饲草料和饮水卫生。牛舍建筑要体现冬暖夏凉的原则，冬季防寒防风，夏季防暑降温。暖棚要有换气孔或排气窗，以便调节空气和温湿度。牛舍定期用30%草木灰水、20%生石灰水消毒，并每日定时清扫粪便，保持干燥。在高温、高湿季节，可在舍外设置遮阴凉棚，避免日光直射，增加空气流通，尽量增加牛体表面散热能力，尽可能多饮水。

(3)擦拭、按摩。在育肥的中后期，应每天对育肥牛用毛刷、手对其全身进行刷拭或按摩1～2次，以此来促进牛体表毛细血管血液的流通量，有利于脂肪在体表肌肉内均匀分布，在一定程度上能提高高档牛肉的产量。这在高档牛肉生产中尤为重要，也是最容易被忽视的细节。

(4)严格消毒制度。消毒是消灭病原、切断传播途径、控制疫病传播的重要手段，也是防治和消灭疫病的有效措施。一是设立消毒池和消毒间。场门、生产区和牛舍入口处都应设立消毒池，内置1%～10%漂白粉液或3%～5%来苏儿、3%～5%烧碱液，并经常更换，保持应有的浓度。二是牛舍、牛床、运动场应定期消毒（每月1～2次），消毒药一般用10%～20%石灰乳、百毒杀均可。牛粪要堆积发酵进行无害化处理。三是生产用具应坚持定期（每10天一次）用1%～10%的漂白粉、消毒液等进行消毒。四是工作人员进入牛舍时，应穿戴工作服、鞋、帽，饲养员不得串舍；谢绝无关人员进入牛舍，必须进入者需要穿工作服、鞋或进行消毒处理方可进入。一切人员和车辆进出时，必须从消毒池通过或踩踏消毒。五是禁止猫、狗、鸡等动物窜入牛舍，不能在生产区内宰杀病牛或其他动物，并定期灭鼠。

(5)做好疫病防治工作。为了提高牛机体的免疫功能，抵抗相应传染病的侵害，需定期对健康牛群进行疫苗或菌苗的预防注射。制订比较合理、切实可行的防疫计划，特别是对某些重要的传染病如炭疽、口蹄疫、牛流行热、牛出败等应适时地进行预防接种。每天至少应对牛群巡视一次，重点观察牛只采食、饮水是否正常，牛只的粪、尿是否正常，以便及时发现病牛，为治疗争取时间，对病牛采取及时、正常的治疗。

四、高档牛肉应具备标准

(一)活牛

健康无病的各类杂交牛或良种黄牛，年龄 30 月龄以内，宰前活重 550 千克以上；满膘(看不到骨头突出点)，尾根下平坦无沟、背平宽，手触摸肩部、胸垂部、背腰部、上腹部、臀部有较厚的脂肪层。

(二)胴体评估

胴体外观完整，无损伤；胴体体表脂肪色泽洁白而有光泽，质地坚硬，胴体体表脂肪覆盖率 80%以上，12～13 肋骨处脂肪厚度 10～20 厘米，净肉率 52%以上。

(三)肉质评估

大理石花纹丰富，表示牛肉嫩度的肌肉剪切值 3.62 千克以下，出现次数应在 65%以上；易咀嚼，不留残渣，不塞牙；完全解冻的肉块，用手触摸时，手指易插进肉块深部。牛肉质地松软多汁。每条牛柳重 2.0 千克以上，每条西冷重 5.0 千克以上，每条眼肉重 6.0 千克以上。

(四)屠宰工艺

肉牛屠宰前先进行检疫，并停食 24 小时，停水 8 小时，称重，然后用清水冲淋洗净牛体，冬季要用 20～25℃的温水冲淋。

将经过宰前处理的牛牵到屠宰点，最好按伊斯兰教规的规定程序屠宰。屠宰的工艺流程是：电麻击昏→屠宰间倒吊→刺杀放血→剥皮(去头、蹄和尾)→去内脏→胴体劈半→冲洗、修整、称重→检验→胴体分级编号。测定相关屠宰指标后进入下道工序。

(五)胴体嫩化

牛肉嫩度是高档牛肉与优质牛肉的重要质量指标。嫩化处理(又叫排酸或成熟)是提高牛肉嫩度的重要措施,其方法是在专用嫩化间,温度0～4℃,相对湿度80%～85%条件下吊挂7～9天(称吊挂排酸)。嫩化后的胴体表面形成一层“干燥膜”,羊皮纸样感觉,pH5.4～5.8,肉的横断面有汁流,切面湿润,有特殊香味,剪切值(专用嫩度计测定)可达到平均3.62千克以下的标准。也可采用电刺激嫩化或酶处理嫩化。

(六)胴体分割包装

严格按照操作规程和程序,将胴体按不同档次和部位进行切割分块,精细修整。高档部位肉有牛柳、西冷和眼肉三块,均采用快速真空包装,每箱重量为15千克,然后入库速冻,也可在0～4℃冷藏柜中保存销售。

第七节 舍饲牛舍建设技术

一、舍址选择

养殖户牛舍地址的选择要与自家及邻家生活环境相适应,消毒防疫方便,总体布局合理,同时与农业和其他行业兼顾起来,做到互不影响。一次规划5～10年、要有发展的余地。

(1)肉牛舍应建在地势高燥、背风向阳、地下水位较低、具有缓坡的北高南低、总体平坦的地方。切不可建在低凹处、风口处,以免排水困难,汛期积水及冬季防寒困难。

(2)肉牛饲养所需粗饲料量大。肉牛舍应距饲草种植地较近,以保证草料供应,减少运费,降低成本。

(3)牛和大批饲草料的购入,肥育牛和粪肥的销售,运输量很大,来往频繁,有些运输要求风雨无阻,因此,肉牛舍应建在离公路较近的交通方便的地方。

(4)节约土地,不占耕地。

二、牛舍类型

家庭养殖户可采用封闭式或半开放式塑料暖棚,牛舍内部排列方式视养殖规模而定,主要有单列式和双列式。单列式内径跨度4.5～5米,双列式内径跨度12米,采用对头式饲养。

(一)单列式半开放暖棚

牛舍跨度7米,向阳面半敞开,冬季用塑料薄膜或阳光板覆盖,塑膜与地面形成半弧状55~65度的夹角,其他三面有墙体。牛舍屋脊高3米,后墙高一般2.2米,前墙高1.1米。单列式半开放暖棚见图1.3。

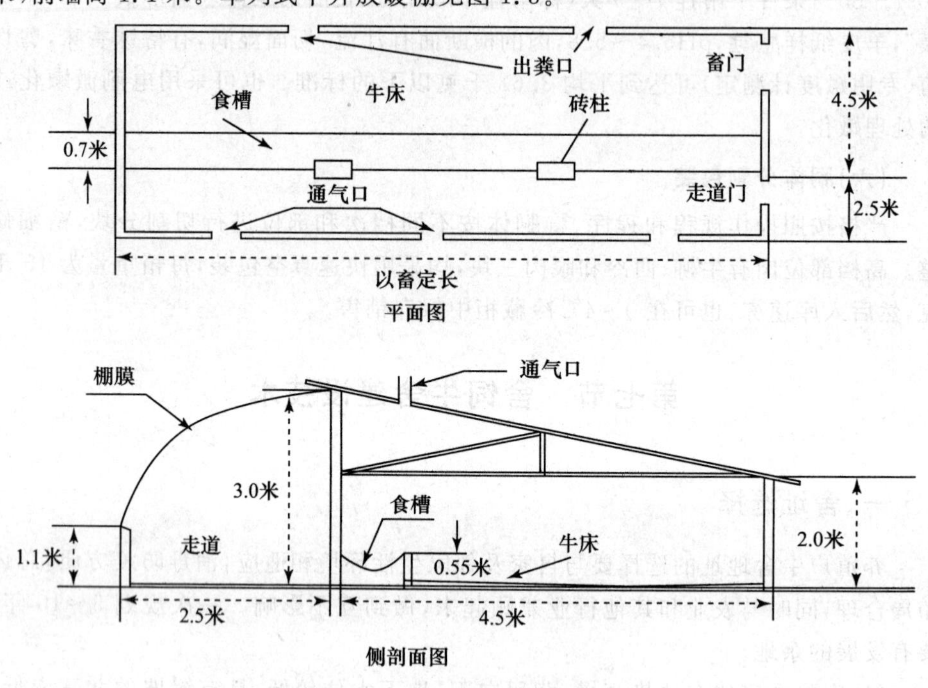

图1.3 半列式半开放暖棚

(二)双列式半开放牛舍

双列式半开放牛舍分为对头双列和对尾双列两种。一般多用对头双列,牛舍跨度12米,东西侧墙高2.5米,中屋脊高3.5米,中屋脊用阳光板覆盖(2.4米)。双列式半开放牛舍见图1.4。

三、牛舍的建筑

(一)建筑结构

肉牛舍应根据具体条件尽可能采用当地廉价材料建造,一般采用砖混结构或土木结构。要做到冬能保暖,夏能防暑,坚固耐用,且能保持卫生,便于管理。

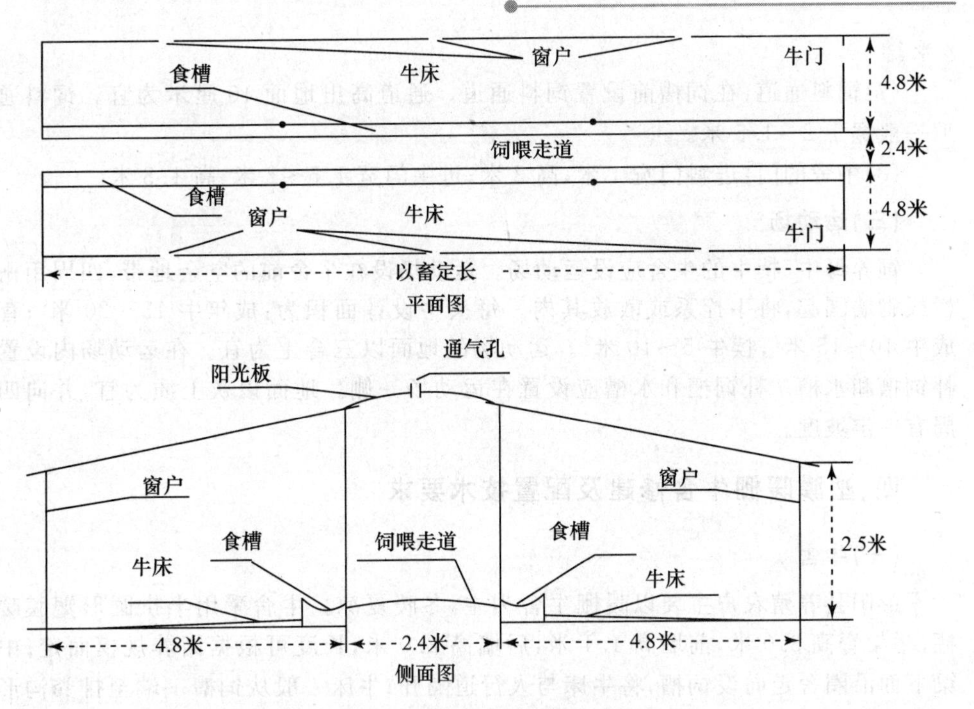

图 1.4 双列式半开放牛舍

(二)内部设施

(1)棚顶:要选用隔热保温性能好的材料,可采用单坡式或双坡式。

(2)墙壁:牛舍屋脊高 3 米,后墙高一般 2.2 米,前墙高 1.1 米。

(3)牛床:一般的牛床设计是使牛前躯靠近料槽后壁,后肢接近牛床边缘,粪便能直接落入粪沟内即可。成年母牛床长 1.8～2 米,肥育牛床长 1.9～2.1 米,6 月龄以上育成牛床长 1.7～1.8 米,宽度均为 1.1～1.2 米,牛床应高出地面 5 厘米,坡度 15 度,前高后低,以利于冲刷和保持干燥。牛床采用砖地、水泥地或土地为地面。

(4)饲槽:饲槽建成固定式的、活动式的均可。水泥槽、铁槽、木槽均可用作牛的饲槽。一般为通槽,上口宽 0.5～0.6 米,底宽 0.30～0.4 米,呈弧形,槽内缘高 0.25～0.35 米,外缘高 0.6～0.8 米。对小犊牛各尺寸可适当减少。在饲槽后设栏杆,用于拦牛。

(5)粪尿沟:牛床与通道间设有排粪尿沟及污水沟,沟宽 0.3～0.4 米,深 0.1～0.15 厘米,沟底呈一定坡度,以便污水流淌。

(6)清粪通道:清粪通道也是牛进出的通道,多修成水泥路面,路面应有一定坡度,并刻上线条防滑。清粪道宽 1.5～2 米。牛栏两端也留有清粪通道,宽为 1.5～

2米。

(7)饲料通道:在饲槽前设置饲料通道。通道高出地面10厘米为宜。饲料通道一般宽1.2~1.5米。

(8)牛舍的门:进料门宽1米,高2米;进牛门宽1.5~2米,高1.8米。

(三)运动场

饲养母牛、犊牛的牛舍应设运动场。运动场设在牛舍前的空余地带,四周用栅栏或砌墙围起,将牛拴系或散放其内。每头牛设计面积为:成年牛15~20米^2;育成牛10~15米^2;犊牛5~10米^2。运动场的地面以三合土为宜。在运动场内设置补饲槽和水槽。补饲槽和水槽应设置在运动场一侧。地面以灰土质为宜,并向四周有一定坡度。

四、塑膜暖棚牛舍修建及配置技术要求

(一)牛舍

彭阳县养殖农户主要以暖棚牛舍为主,冬暖夏凉。牛舍采用半拱圆形塑膜暖棚,举架脊高3.0米,前墙高1.1米,后墙高2.0米,长度可根据饲养规模而定;中梁下面沿圈舍走向设饲槽,将牛床与人行道隔开;牛床一般从饲槽一端至排粪沟形成5~10度的夹角。牛床整理时先用“三七”灰土10厘米做垫层,然后用机砖铺成,牛床后留1米以上的粪尿沟。一般靠东墙设一个门,用于饲喂和牛出入,跨度7~8米,后坡投影长度4.5~5米。坐北面南,北面半坡棚,南面开放(冬季搭棚膜)。牛舍的建造应便于饲养管理,便于采光,便于夏季防暑,冬季防寒,便于防疫。修建多栋牛舍时,应采取长轴平行配置,前后对齐,相距5米以上。

(二)饲料库

饲料库的建造地位应选在离每栋牛舍的位置都较适中,而且位置稍高的地方,既干燥通风,又利于成品料向各牛舍运输。

(三)干草棚及草库

干草棚及草库应尽可能地设在下风向地段,与周围房舍至少保持一定的距离,单独建造,既防止散草影响牛舍环境美观,又要达到防火安全。

(四)青贮池

应选择地势较高的地方建青贮池,以防止粪尿等污水入浸污染,同时要考虑出料时运输方便,减少劳动强度。

(五)兽医室、病牛舍

兽医室、病牛舍应设在牛舍下风头,而且相对偏僻一角,便于隔离,减少空气和

水的污染传播。

(六)注意的几个关键环节

(1)必须坐北朝南,南墙要低,要避开牛舍前高大树木及高大房屋建筑。

(2)必须留足天窗(出气口),增设北窗,南墙要设进气口,保证空气流通。

(3)塑膜与地面水平夹角一般以55度左右为宜。

第八节 粪尿无害化处理技术

在肉牛场中应建设粪尿排污等无害化处理设施及水资源重复利用设施,利用物理、化学、生物等方法对污水进行处理,控制粪尿排放总量,降低或减少粪尿中氮、磷的含量和恶臭气体的产生,维护生态环境。

一、粪便的处理与利用

由于粪便中含有大量的有机物质,故可以用作肥料、沼气发酵和其他用途。

(一)用作肥料

腐热堆肥法:将牛粪与垫草(稻草、麦秸、玉米秸等)按1∶1.5混合,混合物水分控制在40%左右。在向阳、干燥地面上挖纵横交叉的小沟,在沟上用树枝或竹板铺垫,用玉米秸竖立于堆底,然后将混匀的粪便与垫料逐层向上堆砌。堆好后用泥密封,待泥稍干后将玉米秸抽出形成通风口,15～20天后发酵腐熟完毕。

(二)生物处理利用

牛粪可以利用蚯蚓等生产生物腐殖质,进行双孢菇养殖等。利用牛粪作为培养料养殖昆虫、蚯蚓可生产出优质的生物腐殖质,对土壤肥力有特别的重要作用,其品质显著高于粪和其他堆肥。利用蚯蚓等生物以牛粪为原料生产腐殖质还有其他优势,如具有生物活性,含有有益的微生物,调节生物激素(生长素、赤霉素等)和一些重要的酶类(磷酸酶、过氧化氢酶等)等。蚯蚓等的生物活动还可减少沙门氏菌和一些其他病原微生物,改变土壤中植物生长所需元素的存在形式。

用牛粪生产双孢菇,原料要先晒干、发酵后才能利用,其中60%左右的粗蛋白和磷被吸收利用,且球虫、吸虫、绦虫等线虫可完全被灭除,细菌总数明显降低。堆料配方:1 000千克麦秸,1 000千克干牛粪,120千克棉籽饼,8千克硫酸铵,20千克石膏粉,1千克尿素。堆料方法:先将牛粪粉碎,与麦秸分层堆置,湿度保持在70%左右,30天左右直至堆料发酵完毕呈深咖啡色、无臭、pH7～7.5。

(三)生产沼气

沼气是利用厌氧菌(主要为甲烷菌)对粪尿进行厌氧发酵,其产物的主要成分是甲烷(60%~70%)与二氧化碳(25%~40%),此外还有少量的氧、氢、一氧化碳和硫化氢等。沼气生产的主要条件有:保持无氧条件,原料的碳氮比按1∶1加入,保持20~30℃的适宜发酵温度,池液适宜的pH在7~8.5。

二、污水的处理与利用

牛场中肉牛产生的尿液与污水中含有大量的有机物质和一些病原微生物,在排放或重新利用之前需进行净化处理。处理方法主要有物理法、化学法和生物学法。

(一)物理法处理污水

物理处理主要是利用物理沉降的方法使污水中的固形物沉淀,主要设施是格栅与化粪池。经物理处理后的污水,可除去40%~65%的悬浮物,BOD_5下降25%~35%。化粪池内的沉积物应定期捞出,晾干后再作处理。

(二)化学法处理污水

化学处理是根据污水中所含污染物质的化学性质,用化学药品除去水中污染物的方法。常用的化学处理方法有两种。

(1)混凝沉降。混凝沉降一般可除去70%以上的悬浮物和90%以上的细菌。常用沉降剂的用量为硫酸铝50~100毫克/升,三氯化铁30~100毫克/升,明矾40~60毫克/升。

(2)消毒。牛场的污水在经过物理沉降处理后,可不经过消毒而进一步进行生物处理,经过消毒后的水可作为冲刷粪尿用水再循环利用。常用的消毒方法主要是氯化消毒。

第九节 标准化养牛场生产技术

标准化规模养殖是现代畜牧业发展的必由之路。为贯彻落实农业部关于加快推进畜禽标准化规模养殖的意见精神,加快畜禽养殖标准化规模化发展,进一步发挥标准化规模化养殖在规范畜牧业生产、保障畜产品有效供给、提升畜产品质量安全水平中的重要作用,推进畜牧业生产方式尽快由粗放型向集约型转变,促进现代畜牧业持续健康平稳发展,彭阳县根据自身发展现状,结合自治区农牧厅关于畜禽养殖标准化示范创建活动工作的方案及自治区标准化肉牛场建设规范,制订了彭阳县“以奖代补”牛羊标准化养殖场建设实施方案。现就彭阳县标准化养牛场建设及相关技术叙述如下。

一、养牛场建设要求及内容

(一) 基本要求

参与建设的规模化养殖场生产经营活动必须遵守我国畜牧法、动物防疫法等相关法律法规，符合土地征用的相关规定，具备养殖场备案登记手续和动物防疫条件合格证，养殖档案完整，2 年内无重大动物疫病发生，且无非法添加物使用记录。种畜禽场须具备《种畜禽生产经营许可证》。

养殖规模：按照年出栏 100 头牛(500 只羊)、年出栏 200 头牛(1 000 只羊)、年出栏 300 头牛以上(1 500 只羊以上)的标准进行验收。

(二) 示范建设内容

(1)畜禽良种化。因地制宜，选用优质高效畜禽良种，品种来源清楚、检疫合格。

(2)养殖设施化。养殖场选址布局科学合理，畜禽圈舍、饲养和环境控制等生产设施设备满足标准化生产需要。

(3)生产规模化。制定并实施科学规范的畜禽饲养管理规程，配备与饲养规模相适应的畜牧兽医技术人员，严格遵守饲料、饲料添加剂和兽药使用有关规定，生产过程实行信息化动态管理。

(4)防疫制度化。防疫设施完善，防疫制度健全，科学实施畜禽疫病综合防控措施，对病死畜禽实行无害化处理。

(5)粪污处理无害化。畜禽粪污处理方法得当，设施齐全且运转正常，实现粪污资源化利用或达到相关排放标准。

二、养牛场选址与规划布局

(一) 选址

(1)原则符合当地土地利用发展规划，与农牧业发展规划、农田基本建设规划等相结合，科学选址，合理布局。

(2)场址地势高燥、远离噪声、背风向阳、排水良好、地下水位较低，具有一定的缓坡而总体平坦的地方，不宜建在低凹、风口处。

(3)水源充足，取用方便，有贮存、净化设施，能够保证生产、生活用水，水质良好。

(4)根据当地主风向(在冬季西北风为主风向，夏季东南风为主风向)，场址应位于居民区及公共建筑群的下风向处。

(5)交通便利,有专用车道直通到场。场界距离交通干线和居民居住区不少于500米,距其他畜牧场不少于1 000米,周围1 500米以内无化工厂、畜产品加工厂、屠宰场、兽医院等容易产生污染的企业和单位。

(6)电力充足可靠。

(二)规划与布局

1.规划原则

修建牛舍的目的是为了给牛创造适宜的生活环境,保障牛的健康和生长的正常运行;花较少的资金、饲料和劳力,获得更多的畜产品和较高的经济效益。为此,设计牛舍应掌握以下原则。

(1)为牛创造适宜的环境。一个适宜的环境可以充分发挥牛的生产潜力,提高饲料利用率。一般来说,牛的生产力20%取决于品种,40%～50%取决于饲料,20%～30%取决于环境。由此可见,修建畜舍时,必须符合家畜对各种环境条件的要求,包括温度、湿度、通风、光照等,为牛创造适宜的环境。

(2)要符合生产技术要求。肉牛生产既包括牛群的组成和周转方式、运送草料、饲喂、饮水、清粪等,也包括测量、称重、采精输精、防治、生产护理等技术措施。修建牛舍必须与本场生产技术相结合。否则,必将给生产造成不便和损失,甚至使生产无法进行。

(3)严格兽医卫生防疫,防止疫病传播。通过修建规范牛舍,为牛创造适宜环境,将会防止或减少疫病发生。此外,修建牛舍时还应特别注意卫生要求,以利于兽医防疫制度的执行。要根据防疫要求合理进行场地规划和建筑物布局,确定畜舍的朝向和间距,设置消毒设施,合理安置污物处理设施等。

(4)要做到经济合理,技术可行。在满足以上三项要求的前提下,畜舍修建还应尽量降低工程造价和设备投资,以降低生产成本,加快资金周转。因此,牛舍修建要尽量利用自然界的有利条件,尽量就地取材,采用当地建筑施工习惯,适当减少附属用房面积。

2.肉牛场分区

肉牛场一般可分为生活管理区、辅助生产区、生产区、粪污处理区和病畜隔离区等功能区。功能区间有防疫隔离带或墙。

①生活管理区包括与经营管理有关的建筑物,主要包括生活设施、办公设施,一般设在牛场常年主风向上风向及地势较高地段,设主大门,与生产区严格分开,并有一定距离。

②辅助生产区主要包括供水、供电、供热、维修、草料库等设施,要紧靠生产区布置。干草库、饲料库、饲料加工调制车间、青贮窖应设在生产区边沿下风向地势

较高处。

③生产区主要包括牛舍、人工授精室等生产性建筑。在场区的下风位置，入口处设人员消毒室、更衣室和车辆消毒池。生产区肉牛舍要合理布局，各牛舍之间要保持适当距离，布局整齐，以便防疫和防火。

④粪污处理区和病畜隔离区主要包括兽医室、隔离牛舍、病死牛处理区、贮粪场、装卸牛台和污水池。一般应设在场区下风向或侧风向及地势较低处，与生产区保持 30 米以上的间距。粪尿污水处理、病畜隔离区应有单独通道和后门，以便于病牛隔离、消毒和污物处理。

三、养牛场设施建设与设备

(一)牛舍

标准化规模养殖肉牛场要建有单独的母牛舍、犊牛舍、育成牛舍、育肥牛舍，并建有运动场，牛舍之间应保持 5 米以上的间距。

1. 牛舍建筑结构

牛舍因地制宜采用半开放式或封闭式，结构可采用砖木结构或钢架保温板结构。常见的模式有以下两种。

(1)单列半开放式牛舍。跨度 7～8 米，向阳面半敞开，冬季覆盖塑料膜或阳光板，其他三面有墙；牛舍屋脊高 3 米，前墙高 1.1 米，后墙高 2.2 米，屋脊垂直到地面至前墙间距 2.5～3 米，到后墙间距 4.5～5 米，示意图参见图 1.3。

(2)双列全(半)封闭式牛舍。跨度 12 米，中走道 2.4 米，采用对头式饲养，示意图参见 1.4。

2. 牛舍坐向及面积

牛舍坐向应满足日照、通风的要求，一般为坐北向南，南偏东或西角度不超过 15 度。单列式牛舍一般东西走向，双列式牛舍一般南北走向。牛舍面积按饲养牛类型确定：母牛 8 米^2/头，育肥牛 6 米^2/头，犊牛 3～4 米^2/头，彭阳县拟验收补贴的牛场牛舍建设面积要求分别为：100 头 800 米^2，200 头 1 600 米^2，300 头 2 400 米^2。

3. 建筑要求

(1)基础：应有足够强度和稳定性，坚固，防止地基下沉、塌陷和建筑物发生裂缝倾斜；具备良好的清粪排污系统。

(2)墙壁：要求坚固结实、抗震、防水、防火，具有良好的保温和隔热性能，便于清洗和消毒，多采用砖墙并用石灰粉刷。

(3)屋顶：能防雨水、风沙侵入，隔绝太阳辐射。要求质轻、坚固耐用、防水、防火、隔热保温；能抵抗雨雪、强风等外力因素的影响。

(4)牛舍：地面要求致密坚实，不打滑，有弹性，可采用砖地面或水泥地面，便于清洗消毒，具有良好的清粪排污系统。

(5)牛床：应前高后低，向粪沟作1.5%～5%度坡度倾斜。母牛的牛床面积(1.60～1.80)米×(1.10～1.20)米，育成牛的牛床面积(1.50～1.60)米×(1.00～1.10)米，架子牛床面积(1.80～2.00)米×1.10米，犊牛的牛床面积1.20米×0.90米。牛床地面应结实、防滑，易于冲刷。牛床以牛舒适为主，母牛可采用垫料、锯末、碎秸秆、橡胶垫层，育肥牛可采用水泥地面或竖砖铺设，也可使用橡胶垫层或木质垫板。

(6)粪沟：宽25～30厘米，深10～15厘米，并向贮粪池一端倾斜，倾斜度为1∶(50～100)。

(7)饲槽：设在牛床前面，槽底为圆形，槽内表面应光滑、耐用。饲槽上口宽55～60厘米，底宽35～40厘米，前沿高45～50厘米，后沿高55～60厘米。拴系饲养的牛也可以把饲槽做水槽使用。

(8)牛舍门：高不低于2米，宽2.2～2.4米。坐北朝南的牛舍，东西门对着中央通道，百头肉牛舍通到运动场的门不少于2～3个。

(9)窗：要能满足良好的通风换气和采光。采光面积成母牛为1∶12，育成牛为1∶(12～14)，犊牛1∶14。一般窗户宽为1.5～3米，高1.2～2.4米，窗台距地面1.2米。

(10)牛栏：分为槽上隔栏和牛床隔栏两种。槽上隔栏是防止牛前踢上槽和拴系固定牛的隔栏，牛床隔栏是把整栋牛舍隔成按不同品种、大小等散养的小区的隔栏和专门的哺乳犊牛隔栏(要求：设在哺乳母牛舍内，犊牛出不来大牛进不去，但犊牛可以伸出头吃到大牛的奶)。

(11)通道：单列半开放式通道在前墙与牛槽之间2～2.5米，双列全(半)封闭式牛舍通道在两牛槽之间2.4米。通道连接牛舍、运动场，应畅通，地面不打滑，周围栏杆及其他设施无尖锐突出物。净道和污道严格分开。

(12)塑料暖棚：单列半开放式牛舍冬季可覆盖塑料薄膜，应选用聚氯乙烯塑料薄膜，厚度以80～100微米为宜，塑料薄膜与地面的夹角以55～65度为宜。

(13)通风换气孔：单列牛舍进气口应设在南墙1/2处的下部，规格20厘米×10厘米；排气口应设在圈舍顶部的背风面，上设防风帽，面积20厘米×20厘米为宜，每隔3米设置一个进气口、出气口。

(二)运动场

(1)母牛、犊牛及高档育肥牛应设一定面积的运动场。每头成母牛占用面积10～15米^2，育成母牛及高档育肥牛8～10米^2，犊牛3～5米^2；运动场地面以三合土为宜。运动场可按不同的品种、大小的规模用围栏分成小的区域。

(2)在运动场边设饮水槽，按每头牛20厘米计算水槽的长度，槽深60厘米，水深不超过40厘米，供水充足，保持饮水新鲜、清洁。

(3)运动场地面平坦，中央高，向四周方向呈一定的坡度(3～5度)。

(4)围栏运动场周围设有高1～1.2米围栏，栏柱间隔1.5米，可用钢管或水泥桩柱建造，要求结实耐用。

(5)运动场凉棚面积按成母牛4～5米^{2}计算，应为南向，棚顶应隔热防雨。

(三)配套设施

(1)电力：牛场电力应充足可靠，并自备发电机组。

(2)道路：道路要通畅，与场外运输连接的主干道宽5～6米；通往畜舍、干草库(棚)、饲料库、饲料加工调制车间、青贮窖及化粪池等运输支干道宽3～4米。运输饲料的道路(净道)与粪污道路(污道)要分开。

(3)排水：场内雨水采用明沟净道排放，污水采用暗沟污道排放和三级沉淀排放。在粪污处理区可以建污水处理池或沼气池。

(4)草料库：根据饲草、饲料原料的供应条件，饲草贮存量应满足3～6个月生产需要用量的要求，精饲料的贮存量应满足1～2个月生产用量的要求。

(5)青贮池：青贮池要选择建在排水好、地下水位低、防止倒塌和地下水渗入的地方。一般要求用混凝土建成永久池(每头牛不低于6米^3)，密封性好，防止空气进入。墙壁要平直而光滑，要有一定倾斜度，坚固性好。每次使用青贮池前都要进行清扫、检查、消毒和修补。彭阳县拟验收补贴的牛场青贮池建设容积要求分别为：100头600米^3、200头1 200米^3、300头1 800米^3。

(6)饲料加工车间：远离饲养区，配套的饲料加工设备应能满足牛场饲养的要求。配备必要的草料粉碎机、铡草机及饲料混合机械。

(7)消防设施：应采用经济合理、安全可靠的消防设施。各牛舍之间，草垛与牛舍及其他建筑物之间，草料库、加工车间之间分别设置消火栓。也可设置专用的消防泵与消防水池及相应的消防设施。消防通道可利用场内道路，应确保场内道路与场外公路畅通。

(8)牛粪堆放和处理设施：粪便的贮存与处理应有专门的场地，必要时用硬化地面。牛粪的堆放和处理位置必须远离各类功能地表水体，并应设在养殖场生产及生活管理区的常年主导风向的下风向或侧风向处。

(9)消毒室、更衣室及人工授精室：应在养牛场大门口处建占地10米^{2}的消毒室(内设消毒药池和紫外线灯)，大门口建与大门口同宽、长度4米、深10～15厘米的消毒池，在生产区门口建占地15米^{2}的更衣消毒室(内设消毒药池和紫外线灯)，在母牛舍附近设占地10米^{2}的人工授精室。

(10)隔离牛舍及兽医室:在粪污处理区和病畜隔离区设占地10米^{2}的兽医室,同时按生产规模设观察隔离牛舍、污道后大门等专用通道。

(11)装牛台和地磅:在粪污处理区和病畜隔离区上风处设专门的装牛台和地磅。

(12)场区绿化:场区绿化应结合场区与牛场之间的隔离、遮阴及防风需要进行。可根据当地实际种植能美化环境、净化空气的树种和花草,不宜种植有毒、有刺、飞絮的植物。

(13)牛场生活管理区:牛场生活管理区内建办公室、资料室、接待室等,建筑面积在100米^{2}左右。

(四)养牛场用地的推算

根据牛场的养殖类型和规模首先计算出牛舍建筑面积,例如出栏100头自繁自育+适当育肥的牛场,牛群组织和更替一般母牛、犊牛、育肥牛大概比例13∶11∶11,牛舍面积为800米^2,再加附属及其他建筑280米^2,青贮池占地大约100米^2,共计1180米^2。一般牛场建筑面积占到总面积20%～40%。100头牛场预算占地5.89亩地,200头牛场占地10.4亩地,300头牛场占地14.9亩地。

四、外购牛的选择与运输

根据牛场的建设规模,在购牛前首先应做好牛场牛群组织和更替计划、饲草料轮供计划、消毒防疫计划、场内工作人员数量结构计划等,以及做好各种管理规章制度上墙等工作。

(一)购牛前准备工作

1.选择品种

购牛前应确定好要选购牛的品种,应选购适应性好、生长快的品种。一般以西门塔尔牛杂交后代为首选,其次是安格斯牛、利木赞牛杂交后代,最后是秦川牛、鲁西牛,还可以选择黑白花公犊进行育肥用。

2.牛场准备

购牛前,牛场应做好牛场环境设施、圈舍、饲料、饮水与防疫等相关准备。

3.异地购牛的准备

购牛前,应调查拟购地区的疫病发生情况,禁止从疫区购牛。牛常见传染病有口蹄疫、结核病、布病牛、病毒性腹泻、黏膜病、牛传染性鼻气管炎。要注意产地的气温、饲草料质量、气候等环境条件,以便相应调整运输与运达后的饲养管理措施。

4.选牛

应选来源清晰的健康牛。拟购牛只应营养与精神状态良好,被毛光亮,无卧地不起、发热、咳嗽、腹泻等临床发病症状。应检查牛的免疫记录,确保拟购牛处于口蹄疫等疫苗的免疫保护期内。应按国家规定对拟购牛只申请检疫,检疫应符合畜禽产地检疫规范和种畜禽调运检疫技术规范。

(二)牛的运输及准备工作

1.运输的准备

(1)运输人员由有经验的选购人员、兽医及押运人员组成。

(2)运输车辆护栏高度应不低于1.4米,用1%烧碱消毒,并准备好饲草、饮水工具、铁锹等。装车前给车上铺一层沙土防滑或均匀铺垫熏蒸消毒过、厚度20~30厘米的干草或草垫防滑,还应有防晒、防风、挡雨设施。

(3)运输前应备齐各种证件,包括准运证、税收证明、兽医卫生健康证明(非疫区证明、防疫证、检疫证)、车辆消毒证件、产权证明等。

(4)加强运输管理,减少掉膘和死亡。

2.运输及卸载

架子牛的运输以春、秋两季较好,冬季调运要做好防寒工作。运输途中尽量保持车行均速,切忌急转弯和急刹车。运输中每隔4~5小时应检查一次牛群状况,将躺下的牛及时扶起,以防止被踩伤。

运输车辆到达目的地后,要在专用台上让牛只自由下车,放入隔离牛舍中,并逐个核对牛只数量。

牛只入舍后休息1.5~2小时,然后给少量饮水或补口服盐溶液2~3升,给少量优质干草。切勿暴饮暴食。

3.隔离与过渡饲养

(1)购回的肉牛集中在单独圈舍中饲养,饲草料过渡期在15天以上。过渡期第一周以粗饲料为主,视采食和消化情况,适当添加精料;第二周开始逐渐加料,每3天增加300克精料,至正常水平。

(2)为新到肉牛提供清洁饮水,如果是夏天长途运输,肉牛还应补充人工盐。

(3)隔离期间进行驱虫与免疫接种,入圈前进行全群检疫,证明肉牛健康无病后并入大群。

(4)并群后对所有隔离的空圈进行彻底消毒处理。

五、养牛场饲料供应与日粮配制

饲料来源应本着经济实惠、就近种植或购买的原则。彭阳县粗饲料主要有玉米秸秆、青贮、苜蓿秸秆、打包青贮、各种农作物秸秆及山草，还有少量的块根类及农副产品；精饲料以玉米、油渣、豆饼、麸皮等为主。

（一）饲料供应计划及储备

根据牛场生产规模、饲草料的种类做出一年或一个生产周期的饲草料供应计划，然后采购储备，以备荒年而出现饲草料短缺，影响牛场的正常生产。一般平均干草和秸秆按4～5千克/（头·日量），青贮饲料按15千克/（头·日量），精饲料按3～5千克/（头·日量），矿物质按0.18～0.2千克/（头·日量）。

饲料的贮藏要防雨、防潮、防火、防冻、防霉变、防发酵及防鼠、防虫害。饲料应堆放整齐，标识鲜明，便于先进先出，饲料库有严格的管理制度，有准确的出入库、用料和库存记录。

（二）日粮的配制

（1）配制原则应根据《肉牛饲养标准》和《饲料营养成份表》，结合肉牛群实际，科学设计日粮配方。日粮配制应精粗料比例合理，营养全面，能够满足肉牛的营养需要。适当的日粮容积和能量浓度要成本低，经济合理，适口性强，生产效率高；营养物质间搭配合理，确保肉牛的健康和生长发育。

（2）肉牛养殖中禁止使用动物源性饲料，外购混合精料应有检测报告（包括营养成分和是否含有动物源性及其药物成分）。

（3）饲喂全混合日粮。全混合日粮是根据肉牛营养需要，把粗饲料、精饲料及辅助饲料等按合理的比例及要求，利用专用饲料搅拌机械进行切割、搅拌，使之成为混合均匀、营养平衡的一种日粮。全混合日粮水分应控制在45％～50％。

六、饲养管理

（一）牛饲养管理的一般原则

牛饲养管理的一般原则是指对不同类型的牛，如不同品种、不同性别、不同年龄的牛进行饲养管理的共同要求。

（1）定时定量。牛对饲料营养物质的需要量，因年龄、性别、体重大小、生产水平等不同而有差异。定时定量喂牛，既可以合理利用草料，提高饲料报酬，又有利于牛的健康。一般每天分早、中、晚3次喂牛，冬天夜长昼短，夜晚还应加喂一次草料。

（2）少给勤添。少给勤添可以减少草料浪费，促进牛的食欲。饲喂时宜先喂草后喂料。

（3）充足饮水。牛需要足量的饮水，才能进行正常的新陈代谢。一般每天让牛自由饮水3～4次，每次饮足为止。

(4)保持牛舍和牛体清洁卫生。圈舍应经常保持清洁干燥，每天及时清理粪便，栏外积肥。定期进行消毒。

(5)经常梳刷。一般每天上、下午各梳刷1次。夏季可先将牛体淋湿后梳刷，特别是臀部、腹部、外生殖器周围和尾部容易污染粪便，与被毛一起形成硬痂，更宜淋湿后梳刷。梳刷时由前向后，由上向下。

(6)注意加强运动。饲养方式为舍饲时，应注意加强运动。运动的方式可以赶到运动场，让其自由运动，或进行牵引、驱赶和放牧。每天运动的时间，可上、下午各1次，每次1小时左右。

(二)牛各阶段饲草料供应(参照配方)

1.犊牛(0～6月龄)

(1)犊牛哺乳期(1～120日龄)：犊牛出生后应尽早(1小时内)吃上初乳，第一次初乳的喂量在1.5～2千克。饲养方案见表1.5。一般哺乳母牛与犊牛同舍，但舍内有犊牛隔离栏，栏内地面有垫草，并设犊牛颗粒料和干草饲槽，供犊牛自由采食。

表1.5　哺乳期犊牛饲养方案

日龄	每天吃奶次数	犊牛颗粒料/千克	干草	备注
1～7	4	—	—	
8～15	4	训练采食	自由采食	
16～30	3	小量饲喂	自由采食	
31～60	3	自由采食	自由采食	
61～90	2	自由采食	自由采食	
91～120	1	自由采食	自由采食	

(2)犊牛(4～6月龄)：转入专门的犊牛舍内饲养。混合精料日饲喂0.5～1千克，参考配方：玉米60%、胡麻饼20%、麸皮16.5%、预混料2%(可用彭阳县荣发公司生产的)、食盐1%、石粉0.5%。训练采食青贮饲料，其他饲草自由采食。

2.育成牛

到7月龄时，公犊及不需育成的母犊牛转入育肥舍饲养，需要留作繁殖母牛的转入育成牛舍。母犊牛断奶至第一次产犊(28月龄左右)这段时间称为育成期。参考配方：玉米60%、胡麻饼18%、麸皮18.5%、预混料2%(可用彭阳县荣发公司生产的)、食盐1%、石粉0.5%。

(1)6～12月龄是性成熟期，育成牛除给予优质的牧草、干草和多汁饲料外，还要补给精料。按100千克活重计算，混合精料达1～1.5千克。

(2)12～18月龄是牛只快速生长期。一般到18月龄时,育成母牛体重要达到成年牛体重的70%左右,并开始初配。此时日粮应以优质的粗饲料为主。按干物质计算,粗饲料占70%～75%,精饲料占25%～30%,并在运动场放置干草、秸秆等。

(3)19～24月龄为配种受胎期。日粮应以品质优良的干草、青草、青贮料和根茎类为主。妊娠后期精料每日2～3千克。按干物质计算,粗饲料要占70%～75%,精饲料占25%～30%。

3.怀孕母牛

精料参考配方:玉米60%、胡麻饼18%、麸皮18.5%、预混料2%(可用彭阳县荣发公司生产的)、食盐1%、石粉0.5%。

(1)妊娠前期6个月,怀孕母牛保持中上等膘情,不可过肥。日粮应以优质的粗饲料为主。按干物质计算,粗饲料占80%,精饲料占20%。

(2)妊娠后期3个月,怀孕后期应做好保胎工作,要防止挤撞、猛跑。妊娠后期精料每日2～3千克。按干物质计算,粗饲料要占75%,精饲料占25%。产前半个月,将母牛移入产房,由专人饲养和看护,发现临产征兆,估计分娩时间,准备接产工作。

4.哺乳母牛

供给优质青干草、青贮草,增加饲料中能量、蛋白质、钙、磷及维生素的含量。精料参考配方:玉米60%、胡麻饼10%、豆饼8%、麸皮18.5%、预混料2%(可用彭阳县荣发公司生产的)、食盐1%、石粉0.5%。

(三)肉用牛育肥

1.牛的育肥方法

牛的育肥方法有多种,这里主要介绍按饲养方式划分的几种方法。

(1)持续肥育法(直线育肥)。犊牛断奶后就进入肥育阶段进行育肥,或断奶后转入专门化的肥育场进行集中育肥,饲养18～20月龄,体重达500千克以上出栏。

(2)后期集中肥育法(吊架子育肥)。从市场选购1.5～2岁的架子牛,经过驱除内外寄生虫后,利用精料型日粮(以精料为主,搭配较少量的秸秆、青干草或青贮料等)进行3～6个月的短期强度肥育,达到上市体重(450千克以上)。

(3)肉用犊牛育肥。犊牛育肥是指全部用奶喂饲犊牛的育肥方法,日喂奶量由少到多,到100～120日龄,体重达到150千克出栏,多采用舍饲拴系。

(4)分期育肥。分期育肥是把肉牛育肥分为犊牛期、育成期和催肥期三个阶段。其中,犊牛期为1～6月龄,育成期为6～18月龄,催肥期为18～24月龄。育成期一般以粗饲料为主,少量补给精料,每日0.5～1千克;催肥期采取舍饲拴系育肥方法,以优质青粗饲料为主,补给高能量精料,体重达到500千克左右出栏。奶公犊一般采取低奶量培育,早期断奶方法。

(5)成年牛育肥。丧失繁殖性能、泌乳性能等老、弱、残成年牛，应根据体况，利用优质青粗饲料和高能精饲料，采用集中拴养的方式育肥。

2.肉用牛育肥方法

本书主要介绍适应彭阳县的“青贮+精料”的方法，即以玉米青贮或牧草青贮为主要青粗饲料来源，适当补充精料和干草的育肥方法。牛从断奶训练采食青贮开始供给量由少到多，在10月龄之前控制在10～15千克，以后逐渐增加到20～25千克，另外补充5～6千克干草或秸秆，2千克精料。

参考配方1：玉米占50%，小麦麸皮占40%，胡麻饼占8%，预混料占2%，在17～20月龄以前，日增重保持在700～900克；在催肥期3～4个月内，青贮饲料供给适量减少，增加补充精饲料3～4千克。

参考配方2：玉米占55%，小麦麸皮占28%，胡麻饼占15%，预混料占2%，使日增重达到1～1.2千克，体重达到500千克左右出栏。在整个饲养期要保证充足的饮水。

七、肉牛繁殖

(一)配种

母牛要全部登记建卡，打耳号，照相，建立档案。

(1)母牛的发情周期：成年母牛的发情周期范围为20～24天，平均为21天；育成母牛的发情周期范围为18～22天，平均为20天。

(2)母牛的发情持续期：成年母牛的发情持续期范围为10～21小时，平均为15小时。

(3)适宜的配种时机。在舍饲条件下，必须注意观察发情症状，发现牛只发情后应及时通知人工授精员。输精最佳时间是母牛出现静立发情时。在发情后12～24小时配种。通常在早上发现牛发情的，应在下午输精；在下午发现牛发情的，应在次日早晨输精。

输精操作配种前进行母牛产科检查，患有生殖疾病的牛不予配种，应及时治疗。采用直肠把握法输精，配种时应对卵巢检查，适时输精。输精前要用清水冲洗外阴部，用消毒毛巾(或纸巾)擦干。从液氮罐里提取精液时，提桶在液氮罐颈口部的停留时间不得超过10秒钟，停留部位应距液氮罐颈口部8厘米以下，精液取出后置于36～38℃温水中浸泡10～20秒，进行解冻。输精前应进行精液品质检查，符合国家质量标准的精液方可用于输精。输精时要迫使母牛腰部下凹，输精器插入子宫颈口，在子宫体或子宫角深部输精，注意慢插、轻推、缓出，防止精液倒流或回吸。一个发情期输精1～2次，每次用一个剂量精液。输精器(玻璃输精器和没有塑料外套的金属输精器)每头每次 1 支,不经消毒不得重复使用。输精器具用后要及时清洗干净,放入干燥箱内经 170℃消毒 2 小时。每次输精后,应及时填写配种记录。配种过程要保证无污染操作。

(二) 发情鉴定

(1)处于发情早期的母牛症状是鸣叫、离群,沿运动场内行走,试图接近其他牛;爬跨其他牛;阴户轻度肿胀,黏膜湿润、潮红;嗅闻其他牛后躯;不愿接受其他牛爬跨;产奶量减少。

(2)母牛的发情盛期持续约 18 小时,特征是站立接受其他牛爬跨,爬跨其他牛;鸣叫频繁;兴奋不安,食欲不振或拒食;产奶量下降。

(3)发情即将结束期的母牛表现拒绝接受其他牛爬跨,嗅闻其他牛;试图爬跨其他牛;食欲正常,产奶量回升。

(4)发情结束后第 2 天可看到阴户有少量血性分泌物,当隐性发情牛有此征状时,在 16～19 天后会再次发情,应引起重视。

(5)发情鉴定采用观察法,每天不少于 3 次,主要观察牛只性欲、黏液量、黏液性状,必要时进行直肠检查,查看卵泡发育情况。

(6)对超过 14 月龄未见初情的后备母牛,必须进行母牛产科检查和营养学分析。

(7)对产后 60 天未发情的牛、间情期超过 40 天的牛、妊检时未妊娠的牛,要及时做好产科检查,必要时使用激素诱导发情。

(8)对异常发情(安静发情、持续发情、断续发情、情期不正常发情等)牛和授精 2 次以上未妊娠牛要进行直肠检查。详细记录子宫、卵巢的位置、大小、质地,黄体的位置、数目、发育程度,有无卵巢静止、持久黄体、卵泡和黄体囊肿等异常现象,及时对症治疗。

(三)产科管理

(1)妊娠诊断。妊娠诊断可采用直肠检查法、激素法、子宫颈黏液诊断法、酶联免疫吸附法、腹壁触诊法、超声诊断法等。母牛早期妊娠诊断采用直肠检查法,妊娠诊断时间一般在输精后 40～60 天进行。直肠检查主要根据子宫角的卵巢黄体的变化进行诊断,妊娠母牛子宫角两侧不对称,孕角有波动感,卵巢有妊娠黄体突出于排卵侧卵巢表面。

(2)母牛妊娠期 280 天。根据预产期要注意观察,减少饮水,减少运动,加强管理,做好分娩前各项准备工作。以自然分娩为主,需要助产时,由专业技术人员按产科要求操作。分娩后静卧休息 30 分钟,及时喂给麸皮粥。麸皮粥制作方法:麸皮 1 千克、玉米面 1 千克,磷酸氢钙 75 克,红糖 250 克,用适量温水混合成粥状即可。用20%的温热碱水洗去外阴、后躯、乳房的污物，并用毛巾擦干，分娩后1～2天应喂容易消化的饲料，自由采食优质干草，视泌乳情况补料。

(3)产后监护。

①产后6小时内，注意观察母牛产道有无损伤，发现损伤应及时处理。

②产后12小时内观察母牛努责情况，对努责强烈的母牛，要注意子宫内是否还有胎儿或有无子宫脱落征兆，并及时处理。

③产后24小时内，观察胎衣排出情况。

④产后3天内观察产道和外阴部有无感染，同时观察母牛有无生产瘫痪症，并及时治疗。

⑤产后7天内，监视恶露排出情况，发现恶露不正常或有隐性炎症表现的，应立即治疗。

⑥产后14天，进行第一次产科检查，主要检查阴道黏液的洁净程度；发现黏液不洁时，轻微的可先记录，暂不处理，严重的应进行治疗。

⑦产后35天，进行第二次产科检查，通过临床检查、直肠检查子宫恢复的程度和卵巢健康状况，并重视对第一次检查有异常征兆记录的牛进行复查。对检查中发现子宫疾病的牛，都要进行治疗。

⑧产后50～60天，对一检、二检的治疗牛进行复查，如未愈，应继续治疗。对卵巢静止或发情不明显的牛，采用诱导发情法催情处理。

(4)胎衣排出情况的检查处理。产后5小时胎衣未下时，应予以处理。推荐方法：肌注催产素或前列腺素。产后24小时胎衣仍未下时，进行剥离术或保守疗法。胎衣剥落后，检查胎膜是否完整，尤其要注意子宫角尖端的检查，如果发现有部分绒毛膜或尿膜仍留在子宫内未排出时，要及时向子宫内投药，以防残留胎膜腐败。

(5)子宫隐性感染的监测。产后2周内，用4%苛性钠溶液2毫升取等量子宫黏液混合于试管内加热至沸点，冷却后根据颜色进行判定，无色为阴性，呈柠檬黄色为阳性。

(6)记录。对母牛的发情、配种、妊娠、产犊等情况需用专门的表格记录。牛场应根据产后内容设立产后监控卡，把产后监控作为技术管理的一项常规内容。

八、卫生与防疫

(一) 卫生防疫

(1)防疫总则：肉牛场应贯彻“以防为主，防治结合”的方针。肉牛场日常防疫的目的是防止疾病的传入或发生，控制传染病和寄生虫病的传播。

(2)防疫措施：肉牛场应建立出入登记制度，非生产人员不得进入生产区，谢绝参观。职工进入生产区，穿戴工作服经过消毒间，洗手消毒后方可入场。肉牛场员工每年必须进行一次健康检查，如果患传染性疾病应及时在场外治疗，痊愈后方可上岗。新招员工必须经健康检查，确认无结核病与其他传染病。肉牛场员工不得互串车间，各车间生产工具不得互用。肉牛场不得饲养其他畜禽，特殊情况需要饲养狗的，应加强管理，并实施防疫和驱虫处理，禁止将畜禽及其产品带入场区。

(3)定点堆放牛粪，定期喷洒杀虫剂，防止蚊蝇滋生。死亡牛只应作无害化处理，尸体接触的器具和环境做好清洁及消毒工作。外来或购入的牛应持有法定单位的健康检疫证明，并经隔离观察和检疫后确认无传染病时方可并群饲养。当场内外出现传染病时应立即采取隔离封锁和其他应急措施，并向上级业务主管部门报告。

(4)淘汰及出售牛只应经检疫并取得检疫合格证明后方可出场。运牛车辆必须经过严格消毒后进入指定区域装车。当肉牛发生疑似传染病或附近牧场出现烈性传染病时，应立即采取隔离封锁和其他应急措施。

(二)消毒

(1)消毒剂：应选择对肉牛和环境比较安全、没有残留毒性，对设备没有破坏和不伤害牛只体表及在牛体内不应产生有害积累的消毒剂。

(2)消毒方法：包括喷雾消毒、浸液消毒、紫外线消毒、喷洒消毒和热水消毒。

(3)消毒制度：建立消毒制度，对养殖场(小区)的环境、牛舍、用具、外来购牛、来往人员、生产(挤奶、助产、配种、注射治疗及任何对肉牛进行接触操作)前等进行消毒。

(三)免疫

肉牛场应根据《中华人民共和国动物防疫法》及其配套法规的要求，结合当地实际情况，对规定疫病和有选择的疫病进行预防接种工作，并注意选择适宜的疫苗、免疫程序和免疫方法。

(四)检疫

牛场应按照国家有关规定和当地畜牧兽医主管部门的具体要求，对结核、布鲁氏菌病等传染性疾病进行定期检疫。

(五)兽药使用准则

(1)禁止在饲料及饲料产品中添加未经国家兽医行政主管部门批准的兽药品种，特别是影响肉牛生殖的激素类药、具有雌激素类似功能的物质、催眠镇静药和肾上腺素能药等兽药。

(2)慎用作用于神经系统、循环系统、呼吸系统、泌尿系统的兽药及其他兽药。

(3)建立并保存肉牛的免疫程序记录，建立并保存患病肉牛的治疗记录，包括患病肉牛的畜号或其他标志、发病时间及症状，治疗用药的过程，治疗时间，疗程，所用药物商品名称及有效成分等。

九、粪便及废弃物处理

(一)原则

粪污应遵循减量化、无害化和资源化利用的原则。养殖场(小区)应建立配套的粪污处理设施,并进行无害化处理。养殖场(小区)发生重大疫情时应按动物防疫有关要求对粪便进行处理。

(二)处理方法

粪污处理和利用模式有沼气生态模式、种养平衡模式、土地利用模式、达标排放模式等。

(三)处理要求

(1)养牛场应尽量采用干清粪工艺,节约水资源,减少污染物排放量。

(2)粪便要日产日清,并将收集的粪便及时运送到贮存或处理场所。粪便收集过程中必须采取防扬散、防流失、防渗透等工艺。

(3)养牛场应实行粪尿干湿分离、雨污分流、污水分质输送,以减少排污量。对雨水可采用专用沟渠、防渗漏材料等进行有组织排水,对污水则应用暗道收集,改明沟排污为暗道排污。

(4)粪便经过无害化处理后既可作为农家肥施用,也可作为商品有机肥或复混肥加工的原料。

(5)固体粪便无害化处理可采用静态通风发酵堆肥技术。粪便堆积保持发酵温度50℃以上,时间应不少于7天;或保持发酵温度45℃以上,时间不少于14天。

十、记录与档案管理

根据农业部发布的《畜禽标识与养殖档案管理办法》建立肉牛生产记录制度,配备专门或兼职的记录员,对日常生产、活动等进行记录,以便及时掌握肉牛的生产情况。记录资料包括出入记录、卫生防疫与保健记录、饲料兽药使用记录、育种与繁殖记录、兽医记录、生产记录等。建立健全档案管理制度。

第二章　肉羊生产

第一节　肉羊的品种及杂交改良

一、绵羊的品种

(一)引入肉用绵羊品种

1. 萨福克羊

萨福克羊原产于英国,是世界公认的用于终端杂交的优良父本品种。澳洲白萨福克羊是在原有基础上导入白头和多产基因新培育而成的优秀肉用品种。萨福克羊体格大,头短而宽,鼻梁隆起,耳大,颈长而粗,胸宽而深,背腰和臀部长宽而平,后躯发育丰满,呈桶形,公母羊均无角;四肢粗壮;早熟,生长快,肉质好,繁殖率很高,适应性很强。

成年公羊体重为110～150千克,成年母羊70～100千克,4月龄56～58千克,繁殖率175%～210%。萨福克羊具有适应性强、生产速度快、产肉多等特点,适于作羊肉生产的终端父本。用其作终端父本与长毛种半细毛羊杂交,4～5月龄杂交羔羊体重达35～40千克,胴体重18～20千克。萨福克羊与国内细毛杂种羊、哈萨克羊、阿勒泰羊、蒙古羊等杂交,在相同的饲养管理条件下,杂种羔羊具有明显的肉用体型。杂种一代羔羊4～6月龄平均体重高于国内品种3～8千克,胴体重高1～5千克,净肉重高1～5千克。利用这种方式进行专门化的羊肉生产,羔羊当年即可出栏屠宰,使羊肉生产水平和效率显著提高。萨福克羊原产于英国东南部的萨福克、诺福克等地区,由英国古老的肉羊杂交而育成,1959年宣布育成,是理想的生产优质肉杂羔父系品种之一。成年公羊体重90～100千克,母羊65～70千克,平均日增重250～300克,屠宰率55%～60%,产羔率130%～140%。胴体中脂肪含量低,肉质细嫩,肉脂相间。

我国新疆和内蒙古等自治区从澳大利亚引入该品种羊,除进行纯种繁育外,还同当地粗毛羊及细毛杂种羊杂交来生产肉羔。萨福克羊与国内细毛杂种羊、哈萨克羊、阿勒泰羊、蒙古羊等杂交,在相同的饲养管理条件下,杂种羔羊具有明显的肉用体型。

目前，宁夏已引进培育萨福克羊，在全区进行推广。

2.夏洛来羊

夏洛来羊原产于法国中东部的夏洛来地区，以英国莱斯特羊、南丘羊为父本，与当地细毛羊杂交育成。夏洛来羊具有早熟、耐粗饲等特点，能适应我国北方夏天炎热和冬天严寒天气，对干燥气候能很好地适应。

夏洛来羊公母羊都无角，头部无毛，脸部呈粉红色或灰色；额宽，耳大直立，颈短粗，躯长、胸深、肩宽、臀厚，背腰平直，后躯丰满，肌肉发达，前后裆宽，呈倒“U”字形，四肢较短无毛，被毛细、密、短。

夏洛来羊性情活泼好动，喜干燥，爱清洁，喜欢在较为开阔的自然环境中栖息和活动，适合在气温－20～32℃、年降雨量在400～1 000毫米的气候生存。可全放牧或者半舍饲、全舍饲。夏洛来羊采食能力和消化能力强，能充分吸收各种饲草的营养。在我国适宜农户小规模散养和规模化养殖，最好是半放牧、半舍饲形式相结合。

夏洛来羊成年公羊体重为110～140千克，成年母羊体重为80～100千克；4月龄育肥羔羊体重为35～45千克，6月龄羔羊体重40～50千克，胴体重20～25千克。周岁公羊体重70～90千克，周岁母羊体重50～70千克；6月龄内羊日增重300～500克；屠宰率50％～55％。夏洛来羊产肉性能好，胴体品质好，瘦肉多，脂肪少，屠宰产品以做西餐为主。

夏洛来羊公羊初配年龄为9～12月龄，母羊初配年龄为6～7月龄。夏洛来羊公羊的配种使用年限为6～8年，母羊的配种使用年限为8～10年。夏洛来羊产羔率高。初产母羊产羔率达140％，母羊在3～5胎期间，产羔率可达190％；泌乳性能良好。在法国适宜的草场放牧条件下，母羊产奶多，完全能带双羔。

在20世纪80年代末和90年代初，我国开始引入夏洛来羊。夏洛来羊除进行纯种繁殖外，也同当地粗毛羊和细毛羊杂交生产肉羔，表现出了良好的适应性。其中，与小尾寒羊杂交，肉用性能的杂交优势率能达到34％。夏洛来羊现已分布到河北、山东、黑龙江等地，目前在辽宁省饲养较多，与当地绵羊杂交优势明显。在饲养条件上，夏洛来羊要求有良好的饲养环境和营养条件，饲草料要丰富，产肉性能才能得以最大发挥。

3.特克赛尔羊

特克赛尔羊原产于荷兰的特克赛尔岛，19世纪由林肯羊公羊、莱斯特羊公羊和当地的马尔盛夫母羊杂交而成。它具有生长发育快，瘦肉多的特点，多用于肥羔生产。

20世纪90年代末期，我国黑龙江、宁夏等省区先后引进特克赛尔羊，用作肥羔生产的父系品种。目前，特克赛尔羊主要在北京、山东、新疆等地饲养。特克赛尔羊对生活环境适应性十分广泛，我国东北、华北、西北等广大地区都能进行饲养。

特克赛尔羊体型中等，结构紧凑，体躯肌肉丰满，全身被毛白色。特克赛尔羊背腰宽而平直，前胸宽深，后躯丰满。公母羊头上都没有角，头部以及四肢都没有羊毛覆盖。它的额头宽阔，眼睛突出，鼻镜部分呈现黑色。特克赛尔羊成年公羊体重 90～120 千克，成年母羊体重 75～90 千克。

特克赛尔羊具有性情温顺、喜干厌湿、适应性广等生活习性。特克赛尔羊性情温顺，因此在管理中要尽量保持环境安静，最好采用圈舍饲养，以免造成惊群等现象的发生。

特克赛尔羊喜欢干燥凉爽的环境，能忍耐干旱、半干旱的气候条件，不喜欢高湿高温环境，适合在－30～35℃的地区生长。所以应保持圈舍、运动场地等通风良好、环境干燥。

特克赛尔羊对生活环境的适应性十分广泛，具有较强的耐粗饲和抗病能力。特克赛尔羊利用植物性饲料的种类比其他家畜广泛，尤其喜食豆科等牧草。枯草期能充分利用干草、秸秆等作为饲料。

特克赛尔羊具有生长发育快的特点，在一般营养标准条件下，6 月龄公羔体重就可以达到 50 千克以上，母羔体重达到 40 千克以上，日增重可以达到 300～350 克。

特克赛尔羊肉质细嫩、多汁、色鲜、肥瘦适度，8 月龄的公母羊屠宰率在 52%～55%以上。特克赛尔羊繁殖率高，在良好的饲养条件下可 2 年 3 产，繁殖率为 150%～170%。特克赛尔羊公羊初配年龄为 12 月龄，母羊初配年龄为 8～10 月龄。特克赛尔羊公羊的配种使用年限为 4～6 年，母羊的配种使用年限为 6～7 年。

我国引进特克赛尔羊后，主要作肥羔生产的终端父本，与我国地方母羊品种杂交，提高杂交后代的产肉率和胴体瘦肉率。

特克赛尔羊在做杂交父本时，蛋白饲料要供给充足。表 2.1 列出了 7 月龄内特克赛尔羔羊体重增长情况。

表 2.1　7 月龄内特克赛尔羔羊体重增长情况

项目	性别	月龄							
		初生	1	2	3	4	5	6	7
平均体重/千克	公	5.0	15	26	37	45	52	59	63
	母	4.0	14	22	31	38	44	48	52
各月龄平均日增重/克	公	0	333	367	367	267	233	233	133
	母	0	283	300	293	200	133	133	133

4.无角陶赛特羊

无角陶赛特羊产于英国,但在澳大利亚和新西兰饲养很多。该品种是以雷兰羊和有角陶赛特羊为母本,考力代羊为父本进行杂交,杂种羊再与有角陶赛特公羊回交,然后选择所生的无角后代培育而成。

该品种羊具有早熟、生长发育快、全年发情、耐热及适应干燥气候等特点。公、母羊均无角,体质结实,头短而宽,颈粗短,体躯长,胸宽深,背腰平直,体躯呈圆桶形,四肢粗短,后躯发育良好,全身被毛白色。根据中国羊网畜牧专家多年实践经验得出:成年公羊体重100～125千克,母羊75～90千克;毛长7.5～10厘米,细度50～56支,剪毛量2.5～3.5千克;胴体品质和产肉性能好,4月龄羔羊胴体20～24千克,屠宰率50%以上;产羔率为130%～180%。我国新疆和内蒙古自治区曾从澳大利亚引入该品种,经过初步改良观察,遗传力强,是发展肉用羔羊的父系品种之一。

该品种引入我国时间较早,性状相对比较稳定。经中国羊网肉羊繁育基地用无角多塞特羊与小尾寒羊杂交实验表明:3月龄断奶重达29千克,6月龄体重40.5千克,显著高于小尾寒羊的24千克和34千克;6月龄屠宰时,杂交后代的胴体重、屠宰率、净肉率分别为24.2千克、54.49%、43.13%,而小尾寒羊则分别为17.07千克、47.42%、34.37%。由此可见,该品种遗传力强,是理想的肉羊生产的终端父本之一,适宜在北方地区饲养。

5.杜泊羊

杜泊肉用绵羊原产于南非,是由有角陶赛特羊和波斯黑头羊杂交育成,是世界著名的肉用羊品种。根据其头颈的颜色,杜泊羊可分为白头杜泊和黑头杜泊两种。这两种羊体驱和四肢皆为白色,头顶部平直、长度适中,额宽,鼻梁微隆,无角或有小角根,耳小而平直,既不短也不过宽。颈粗短,肩宽厚,背平直,肋骨拱圆,前胸丰满,后躯肌肉发达。四肢强健而长度适中,肢势端正。整个身体犹如一架高大的马车。杜泊绵羊分长毛形和短毛型两个品系。长毛型羊生产地毯毛,较适应寒冷的气候条件;短毛型羊被毛较短(由发毛或绒毛组成),能较好地抗炎热和雨淋。在饲料蛋白质充足的情况下,杜泊羊不用剪毛,因为它的毛可以自由脱落。

杜泊羔羊生长迅速,断奶体重大。3.5～4月龄的杜泊羊体重可达36千克,屠宰胴体约为16千克,品质优良,羔羊平均日增重81～91克。杜泊羊个体高度中等,体躯丰满,体重较大。成年公羊和母羊的体重分别在120千克和85千克左右。

杜泊羊具有良好的抗逆性,在多种不同草地、草原和饲养条件下都有良好表现,在精养条件下表现更佳。在较差的放牧条件下,许多品种羊不能生存时,杜泊羊却能存活。即使在相当恶劣的条件下,母羊也能产出并带好一头质量较好的羔羊。由于当初培育杜泊羊的目的在于适应较差的环境，加之这种羊具备内在的强健性和非选择的食草性，使得该品种在肉绵羊中有较高的地位。在大多数羊场中，可以进行放养，也可饲喂其他品种家畜较难利用或不能利用的各种草料，羊场中既可单养杜泊羊，也可混养少量的其他品种，使较难利用的饲草资源得到利用。这一优势很有利于饲养管理。杜泊母羊产乳量高，护羔性好，不管是带单羔或者双羔，都能培育得很好。

杜泊羊高产，繁殖期长，不受季节限制。一个配种季母羊的受胎率相当高，这一点有助于羊群选育，也有利于增加可销售羊羔的数量。在良好的生产管理条件下，杜泊母羊可在一年四季任何时期产羔。母羊的产羔间隔期为6个月，在饲料条件和管理条件较好的情况下，母羊可达到1年2胎。杜泊羊具有多羔性，在良好的饲养管理条件下，一般产羔率能达到150%；在较一般的放养条件下，产羔率为100%。在由大量初产母羊组成的羊群中，产羔率约在120%，因为初产母羊一般产单羔。

杜泊羊能良好地适应广泛的气候条件和放牧条件，该品种在培育时主要用于南非较干旱的地区，但今天已广泛分布在南非及世界各地。

杜泊羊遗传性很稳定，无论纯繁后代或改良后代，都表现出极好的生产性能与适应能力，特别是产肉性能。其肉中脂肪分布均匀，为高品质胴体，是中国引进和国产的肉用绵羊品种都不可比拟的。生长良好的羔羊，其胴体品质无论在形状或脂肪分布方面均能达到优秀的标准。年龄为A级（年轻、肉嫩、多汁）、脂肪2～3级（肉味道好）、形状为3～5级（中等到圆形胴体）的杜泊羊胴体称为最优级胴体，销售时冠为钻石级杜泊羊。该品种羊皮质优良，也是理想的制革原料。目前杜泊羊国内引进品种以白头为主，黑头很少有纯种引进，主要用于和蒙古羊等地方品种杂交。

杜泊羊可用于杂交改良利用。山东省是全国养羊大省，绵羊品种资源丰富，如小尾寒羊、大尾寒羊和洼地绵羊等，这些品种存在一个共同的缺点，即生长发育慢和出肉率低。虽然小尾寒羊相对生长速度较快，但出肉率低却是其明显的不足之处。因此，引进杜泊羊对上述品种进行杂交改良，可以迅速提高其产肉性能，增加经济效益和社会效益。

6.德国肉用美利奴羊

德国肉用美利奴羊能把产肉和生产细毛性能比较好地结合在一起，是发展肉毛兼用型养羊模式的好品种。

德国肉用美利奴羊原产于德国，是世界上著名的肉毛兼用品种，简称德美羊。德美羊既产肉又产毛，肉毛双优。它是由法国的泊列考斯羊和英国的莱斯特羊，与德国原美利奴母羊杂交培育而成的肉用绵羊品种。我国在20世纪50年代末、60年代初以及90年代中期引入德美羊。

德国肉用美利奴羊具有典型的肉用体型。其体格大,体质结实,结构匀称,骨骼坚实有力。胸宽深,背腰平直,肌肉丰满,体躯长而深,臀部宽广,后躯肌肉发达,后肢健壮。母羊和母羊都无角。被毛白色,头毛达两眼连线。

虽然说德国肉用美利奴羊是肉毛兼用型品种,但是还是以肉用为主。羔羊出生重4.5千克,4月龄断乳重30～40千克。成年公羊剪毛后活重100千克,成年母羊剪毛后活重60千克,4月龄羔羊胴体重20千克,屠宰率50%,成年羯羊,就是被阉割后的公羊,胴体重35千克,屠宰率50%。羔羊1～4月龄,平均日增重250～350克,育成羊平均日增重200～300克。其肉质细嫩鲜艳,肥而不腻。

成熟早、繁殖力高是德国肉用美利奴羊的又一大特点。德国肉用美利奴羊公羊初配年龄为12月龄,母羊初配年龄也在12月龄左右。母羊可常年发情,但在寒冷地区和放牧条件下表现为季节性发情,以7月下旬到12月上旬为发情旺季。成年母羊产羔率为170%～220%,舍饲条件下,可2年产3胎。成年公羊可利用年限为5～7年,成年母羊可利用年限也是5～7年。

德国肉用美利奴羊对气候适应性强,耐干旱、耐严寒,对夏季干旱地区和冬季寒冷地区表现出较强的适应性,适合在－35～35℃的半干旱地区生长。

德国肉用美利奴羊耐粗饲,饲草料利用率高,采食、消化能力强,对于放牧和舍饲都有较强的适应力。放牧条件下,采食速度快,抓膘复壮迅速;舍饲条件下,对干草和秸秆有较高的采食和消化能力。

德国肉用美利奴羊属肉毛皆优的肉羊品种,具有双向发展的优势。同时该品种遗传基因稳定,具有杂交后代不退化的特点,不但可以利用它做父本生产杂种肥羔,还可以用它对其他品种进行改良。实践证明,用它对小尾寒羊、蒙古羊以及当地细毛羊进行杂交改良,能显著提高羊的产毛率、产羔率和产肉率。

7.罗姆尼羊

罗姆尼羊原产于英国南部肯特郡,故又有肯特羊之称。该品种以莱斯特公羊为父本,以体格较大而粗糙的当地羊为母本,经长期选择和培育而成,属肉毛兼用型半细毛羊。

罗姆尼羊体质结实,公母羊无角,额颈短,体躯宽、深,背部较长,前驱和胸部丰满,后躯发达,腿短骨细,背腰平直而宽,头型略狭长,肉用体型好。被毛呈毛丛和毛瓣结构,白色,光泽好,羊毛中等弯曲,匀度好。蹄为黑色,鼻和唇为暗色,耳及四肢下部皮肤有色素斑点及小黑点。

罗姆尼羊成年公羊体重100～120千克,剪毛量6～8千克;成年母羊体重60～

80 千克，剪毛量 3～4 千克；净毛率 60%～70%，毛长 13～18 厘米，细度 48～50 支，产羔率 120%。罗姆尼羊肉用性能好，4 月龄肥羔胴体为公羔 22.4 千克、母羔 20.6 千克，屠宰率 55%左右。

我国自 1966 年起从英国、新西兰、澳大利亚分别引入千余只罗姆尼羊，分布于甘肃、山东、江苏等 10 余个省(区)。罗姆尼羊在东部沿海及四川等地适应性较好，特别是在沿海地带表现较好，在良好的饲养条件下能发挥其优良特征。用罗姆尼羊改良地方羊种，后代的肉用体型表现良好，羊毛品质也得到改善。

8. 引入绵羊品种间的比较

以上介绍的这些品种都是好品种，它们之间的区别在哪儿呢？究竟哪个品种是最适合我们家乡养殖的呢？

作为纯肉用品种，夏洛来羊的肉用性能在以上几个品种当中是最好，而且屠宰率高，繁殖率也高。夏洛来羊的缺点是适应性比以上其他羊品种要稍差一些，夏洛来羊适合在比较干燥的气候中生长，特别不适合在湿冷和湿热的地区饲养。

而杜泊羊属于肉皮兼用品种，适应能力较强，抗逆性好，耐粗饲，屠宰率高。与其他品种相比，杜泊羊更适合在以羊皮和羊腔子为主要屠宰产品的地区饲养。但是杜泊羊也有缺点，就是个体相对比较小，繁殖率相对较低。另外，白头杜泊羊遗传基因不稳定。

对于白头萨福克羊来说，它的优点在于它个体大，屠宰率高，繁殖率高，肉质好，是国际公认的终端父本。白头萨福克羊的缺点是遗传基因不稳，后代有分化。

特克赛尔羊的优点是体型紧凑，屠宰率高，但适应性能一般；缺点是繁殖率比较低，个体偏小。

作为肉毛兼用品种，德国肉用美利奴羊的优点是繁殖率高，屠宰率比较高，肉质好，比较适合寒冷地区饲养。与以上其他羊品种相比，德国肉用美利奴羊的适应性最强。在以上品种中，只有德国肉用美利奴羊能适应海拔 2 800～3 200 米的高海拔地区气候，其他羊品种都不能适应。另外，德国肉用美利奴羊毛质好，净毛率高。德国肉用美利奴羊的缺点是公羊的隐睾相对较多。在杂交利用时，最好作为毛用羊杂交父本，与小尾寒羊等杂交后代肉用性能次于其他肉羊。

(二)我国的绵羊品种

1. 蒙古羊

蒙古羊原产于我国内蒙古和蒙古人民共和国，现在我国东北、华北及西北各省均有分布，可分牧区型和农区型，是我国三大粗毛羊品种之一。蒙古羊耐粗饲，适应性强，具有突出的抓膘能力，冬季可扒雪吃草，抗病力强，和其他羊品种相比饲养成本低，体型和体重因所处的自然生态条件不同而有较大差别。

蒙古羊由于分布地区广，各地的自然条件差异大，体型外貌有很大差别，其基本特点是体质结实，骨骼健壮，头型略显狭长，鼻深隆起，背腰平直。被毛白色居多，头、颈、四肢有黑、黄褐色斑块，公羊多数有角，母羊多无角或有小角，耳大下垂。颈长短适中，胸深，肋骨不够开张。短脂尾，尾的形状不一，尾部脂肪秋冬肥大而春季瘦小。蒙古羊的体重各地差异较大，如分布在内蒙古中部地区的成年蒙古羊，平均体重成年公羊为 69.7 千克，成年母羊为 54.2 千克；而分布在甘肃省河西地区的蒙古羊，成年公羊平均为 47.40 千克，蒙古羊的成年母羊为 35.50 千克。蒙古羊的剪毛量，成年公羊为 1.5～2.2 千克，成年母羊为 1.0～1.8 千克，净毛率 77.3%；屠宰率为 50%左右。蒙古羊的繁殖力不高，每年一般产羔 1 次，双羔率 3%～5%。蒙古羊被毛属异质毛。一年可剪毛 2 次，春毛毛丛长度 6.5～7.5 厘米，净毛率平均 77.3%。

2. 哈萨克羊

哈萨克羊是我国三大粗毛羊品种之一，具有较高的肉脂生产性能。哈萨克羊原产于天水北麓和阿尔泰山南麓，分布于新疆各地，以哈密地区及准格尔盆地边缘数量较多，在新疆、甘肃和青海交界处亦有分布。据有关资料报道，在新疆境内有哈萨克羊 150 万只左右。

哈萨克羊头中等大，耳大下垂。公羊大多具有粗大的螺旋形角，鼻梁隆起。母羊有小角或无角，鼻梁稍隆起。其背平宽，躯干宽深；四肢较大，骨骼粗壮，肌肉发育良好；脂肪沉积于尾根周围而形成呈枕状的脂臀，下缘正中有一浅沟，将其分成对称的两瓣，呈“W”形，所以又称肥臀羊。

哈萨克羊产肉性能较好，肉质细嫩，膻味较轻。成年公羊体重 60～70 千克，成年母羊体重 40～60 千克。成年羯羊宰前体重 49.11 千克，胴体重为 23.39 千克，脂臀尾重 2.32 千克，屠宰率为 47.63%。

3. 滩羊

滩羊主要产于宁夏银川附近各县，是我国独特的裘皮用绵羊品种，以生产滩羊二毛皮著称，分布于宁夏黄河沿岸各地。滩羊是蒙古羊的一个分支。

滩羊体格中等，体质结实。鼻梁稍隆起，耳有大、中、小三种，公羊角呈螺旋形向外伸展，母羊一般无角或有小角。背腰平直，胸较深。四肢端正，蹄质结实。滩羊属脂尾羊，尾根部宽大，尾尖细呈三角形，下垂过飞节。体躯毛色纯白，多数头部有褐、黑、黄色斑块。毛被中有髓毛细长柔软，无髓毛含量适中，无干死毛，毛股明显，呈长毛辫状。

滩羊的毛皮品质良好，每年剪毛 2 次，公羊平均产毛 1.6～2.0 千克，母羊 1.3～1.8千克，净毛率 60%以上。毛的光泽和弹性好。二毛皮为羔羊 1 月龄左右时宰剥的毛皮，是滩羊的主要产品，其特点是：毛色洁白，毛长而呈波浪形弯曲，形成美丽的花案，毛皮轻盈柔软。滩羊羔不论在胎儿期还是出生后，毛被生长速度比较快，为其他品种绵羊所不及。初生时毛股长为5.4厘米左右，出生后30天毛股长度可达8厘米左右。这时，毛股长而紧实，制成的裘皮衣服长期穿着毛股不松散。

滩羊肉质细嫩，脂肪分布均匀，无膻味。在放牧条件下，成年羯羊体重可达51.0～60.0千克，屠宰率为45%；成年母羊体重达41～50千克，屠宰率为40%。二毛羔羊体重为6～8千克，屠宰率为50%。其脂肪含量少，肉质更为细嫩可口。

滩羊公羊到6～7月龄、母羊到7～8月龄时，性已成熟。适宜繁殖年龄，公羊为2.5～6岁，母羊为1.5～7岁。每年于7月份开始发情，8～9月份为发情旺季，发情周期为17～18天，发情持续期为26～32小时。滩羊妊娠期为151～155天，产羔率为101%～103%。

4.小尾寒羊

小尾寒羊是我国优良的地方品种，具有成熟早、生长发育快、多胎高产、遗传性稳定、肉用性能好等突出特点，而且耐粗饲，易管理，抗病力强。它主要分布在河北南部、河南东部、山东济宁和河泽地区，以及皖北、苏北一带，其中以鲁西高腿小尾寒羊最好，被誉为世界超级羊、养殖业的国宝。宁夏从20世纪90年代开始引进该品种羊，现在彭阳县及周边地区大面积推广饲养。

小尾寒羊体格大，四肢较高，鼻梁隆起，耳大下垂，短脂尾，被毛多为白色，公羊有螺旋形角，母羊多有小角。成年公羊体重80～110千克，最大可达182千克，体高可达80～110厘米；成年母羊体重50～70千克，最大可达95千克，体高可达75～85厘米。小尾寒羊繁殖力强，母羊一年四季均可发情，年产2胎或2年3胎，且一胎多羔，多数母羊一胎产2～4羔，多者一胎7羔，且全部成活，产羔率260%左右。它生长发育快，4月龄公羔体重可达55千克，母羔体重可达40千克。平均屠宰率为56.26%。因此，小尾寒羊是发展肉羊产业可供选用的优秀母本品种。此外，小尾寒羊的毛皮品质也较好。

小尾寒羊经良好育肥的羯羊及公、母羔羊的产肉性能见表2.2。

表2.2 鲁西小尾寒羊产肉性能(包括肥尾)

项目	公羔	羯羔			母羔		
	6月龄	4月龄	6月龄	8月龄	4月龄	6月龄	8月龄
屠宰只数	10	18	18	18	18	18	18
胴体重/千克	17.6	13.84	18.29	25.67	11.88	15.79	22.71
屠宰率/%	47.58	56.07	55.59	60.66	56.99	56.60	59.44

5.阿勒泰羊

阿勒泰羊是哈萨克羊的一个优良类群，以体大、生长发育快、产肉脂数量高而著称。其产区在新疆北部阿勒泰地区的福海、富蕴、青河等县。

阿勒泰羊体型外貌与哈萨克羊相似。耳大下垂，公羊鼻梁隆起，具有大的螺旋形角；母羊鼻梁稍隆起，多数有角。胸宽深，背平直，腿高而结实，肌肉发育良好，股部肌肉丰满，臀脂发达。母羊乳房大而发育良好。毛色主要为棕红色，部分个体头部呈黄色或黑色，体躯多有花斑，纯黑或纯白羊较少。

阿勒泰羊3～4岁羯羊秋季宰前体重平均为74.7千克，胴体重为39.5千克，屠宰率为52.88%，其中脂臀重为7.1千克，占胴体重的17.97%。阿勒泰羊具有良好的早熟性，并具有较高的产肉脂能力，是我国产肉脂性能较好的绵羊类群。

6.乌珠穆沁羊

乌珠穆沁羊为优良的肉脂粗毛羊品种，产于内蒙古自治区锡林郭勒东部的乌珠穆沁草原。

乌珠穆沁羊体质结实，体格较大，体躯宽而深，胸围较大，背部宽平，体躯较长，后躯发育良好，肉用体型比较明显，四肢粗壮，额中等长，额稍宽，鼻梁微凸，公羊有角或无角。尾肥大，尾宽稍大于尾长，尾中部有一纵沟，稍向上弯曲。毛色以黑头羊居多，头和颈部黑色着约占62%，全身白色着约占10%。

乌珠穆沁羊在全年放牧条件下，成年羯羊秋季宰前体重为60.13千克，胴体重为32.2千克，净肉重为22.5千克，屠宰率为53.55%，净肉率为37.42%。

7.同羊

同羊原产于山西渭南、咸阳两地区北部各县，延安地区南部和秦岭山区也有少量分布。同羊全身被毛纯白，公、母羊均无角，部分公羊有励状角痕，颈长，部分个体颈下有一对肉垂。体躯略显前低后高，髻甲较窄，胸部较宽而深，肋骨拱张良好。公羊背部稍凹，母羊短直且较宽。腹部圆大。尻斜而短，母羊较公羊稍长而宽。尾的形状不一，但多有尾沟和尾尖，90%以上多为短脂尾。

同羊成年公羊体重39.57千克，成年母羊37.15千克。屠宰率公羊为47.1%，母羊为41.7%。母羊一般为一年1产，一胎1羔。

二、山羊的品种

由于山羊对饲养管理条件要求相对粗放，所以比绵羊更能适应各种生态环境，分布地域非常广泛。山羊产品按照经济用途，可分为奶用、绒用、羔裘皮用、毛用、肉用和普通山羊等类型。

我国肉用山羊品种很多，如陕南白山羊、槐山羊、马头山羊、成都麻羊、福清山羊等，大多分布在长江以南的亚热带地区。目前，农业部推荐的四种肉用山羊新品种为波尔山羊、成都麻羊（四川铜羊）、南江黄羊和马头山羊。

（一）陕南白山羊

陕南白山羊产区南为巴山、北靠秦岭，分布在陕南各地，当地俗称狗头羊。陕南白山羊体格较大，公、母羊多无角，有髯，颈短粗，背腰平直，体躯呈长方形，被毛多为白色，四肢短。成年公羊体重33千克，母羊27千克。羔羊生长发育快，性情温驯，早熟，易肥育。羯羊屠宰率50%以上，净肉率40%，肉质鲜嫩。陕南白山羊的繁殖率高，一胎多羔，产羔率259%。其板皮是制革的好原料。

（二）马头山羊

马头山羊是在全国羊品种资源调查中新发掘的优良肉用型山羊品种。因该羊无角、头似马头，群众称马羊而定名，已被农业部列为“九五”期间国家重点推广的羊良种之一。

马头山羊体型高大，躯体较长，胸部深厚，胸围肥大，行走似马。一般周岁羊体重25～30千克，成年公羊体重40～50千克，重的可达60千克以上；一般成年母羊体重为35～40千克，重的可达55千克。马头山羊繁殖率强，一般在6～7月龄开始配种，产后第一次发情为18～24天，持续2～4天，发情周期为17～21天，平均为18天。马头山羊怀孕期为147～151天；一般2年3胎，或1年2胎，每胎产1～4羔，平均胎羔1.83只。

马头山羊屠宰率高，母羊出肉率为49.3%，羯羊可达53.3%，且脂肪分布均匀，肉质细嫩，味道鲜美，膻气小，蛋白质含量高，脂肪和胆固醇含量很低。马头山羊卷羊肉是我国出口创汇的拳头产品，在国际市场上享有很高声誉，远销伊拉克、叙利亚、黎巴嫩和科威特等国家。马头山羊皮张质地柔软，皮质洁白、韧性强，张幅面积大，用途广，经济价值较高。

马头山羊适应性广，合群性强，易于管理，丘陵山地、河滩湖坡、农家庭院、草地均可牧养，表现良好，经济效益显著。

（三）成都麻羊

成都麻羊分布于四川成都平原及其附近丘陵地区，目前已引入河南、湖南等省，是南方亚热带湿润山地丘陵补饲山羊，为肉乳兼用型。成都麻羊具有生长发育快、早熟、繁殖力高、适应性强、耐湿热、耐粗放饲养、遗传性能稳定等特性，尤以肉质细嫩、味道鲜美、无膻味及板皮面积大、质地优为显著特点。

成都麻羊头中等大小，两耳侧伸，额宽而微突，鼻梁平直，颈长短适中，背腰宽平，尻部倾斜，四肢粗壮，蹄质坚实。其体格较小，被毛深褐，腹下浅褐色，两颊各具一浅灰色条纹，并具黑色背脊线，肩部亦具黑纹沿肩胛两侧下伸。成都麻羊的四肢及腹部毛长。

成都麻羊成年个体体高0.59～0.68米，体长0.63～0.65米，胸围0.70～0.81米，体重29～39千克，屠宰率为46.9%～51.4%。性成熟4～5月龄，12～14月龄初配，常年发情，每年产2胎，妊娠期142～145天，一产的产羔率为215%。母羊泌乳期为5～8个月，共产乳70千克左右。成都麻羊的板皮致密、张幅大、弹性好，板皮薄，深受国际市场欢迎。

(四)南江黄羊

南江黄羊是四川铜羊和含努比羊基因的杂种公羊，与当地母山羊及引入的金堂黑母羊进行复杂育成杂交，经过长期的选育而成的肉用型山羊品种，产于四川省南江县。南江黄羊由四川省南江县畜牧局等7个单位联合培育，1995年10月13日经过南江黄羊新品种审定委员会审定，1996年11月14日通过国家羊遗传资源管理委员会羊品种审定委员会实地复审，1998年4月17日被农业部批准正式命名。南江黄羊不仅具有性成熟早、生长发育快、繁殖力高、产肉性能好、适应性强、耐粗饲、遗传性稳定等特点，而且肉质细嫩、适口性好、板皮品质优。南江黄羊适宜在农区、山区饲养。

南江黄羊被毛黄色，毛短而富有光泽，面部毛色黄黑，鼻梁两侧有一对称的浅色条纹，公羊颈部及前胸着生黑黄色粗长被毛，自枕部沿背脊有一条黑色毛带，十字部后渐浅；头大适中，耳大长直或微垂，鼻微拱，有角或无角；体躯略呈圆桶形，颈长度适中，前胸深广、肋骨开张，背腰平直，四肢粗壮。

南江黄羊成年公羊体重50～70千克，母羊34～50千克。公、母羔平均初生重为2.28千克，2月龄体重公羔为9～13.5千克，母羔为8～11.5千克。

南江黄羊初生至2月龄日增重公羔为120～180克，母羔为100～150克；至6月龄日增重公羔为85～150克，母羔为60～110克；至周岁日增重公羔为35～80克，母羔为21～36克。南江黄羊8月龄羯羊平均胴体重为10.78千克，周岁羯羊平均胴体重15千克，屠宰率为49%，净肉率38%。

南江黄羊性成熟早，3～5月龄初次发情，母羊6～8月龄体重达25千克开始配种，公羊12～18月龄体重达35千克参加配种。成年母羊四季发情，发情周期平均为19.5天，妊娠期148天，产羔率200%左右。

(五)中卫山羊

中卫山羊又名沙毛山羊，是世界上珍贵而独特的裘皮山羊品种，唯我国独有。中卫山羊主要分布于宁夏回族自治区中卫香山地区，毗邻中宁县、同心县、海原县、甘肃省的靖远、景泰等地和内蒙古自治区的阿左旗，其品质以中卫香山地区核心产区为佳。

中卫山羊毛色大部分为白色，体型近似方形。公、母羊均有角和髯，体躯窄短，四肢短小。成年公羊体重 30～40 千克，成年母羊体重 25～35 千克，屠宰率 46.4%，产羔率 106%。

中卫山羊羔羊出生后 35 天左右屠宰，剥取的二毛皮花穗美观，毛股长达 7～8 厘米，洁白美观，光泽悦目，轻便，不黏结，可与滩羊二毛皮媲美。但手摸时较滩羊二毛皮粗糙，故称沙毛皮。

中卫山羊肉质细嫩，味道鲜美，无膻味，具有高蛋白、低脂肪、低胆固醇的特性，口感特别好，是宁夏特色“清真”品牌的重要组成部分。

(六)黑山羊

黑山羊主要分布在海拔 2 500 米以下地区。以中心产区长江以南为例，冬、春多风干旱，夏、秋多雨而潮湿；年平均气温为 15.2℃，最高(7 月份)气温为 39.9℃，最低(1 月份)气温为－5.8℃，年降水量为 1 137.2 毫米，多集中在 6～10 月份，蒸发量为 1 834.2 毫米，年平均相对湿度为 69%～70%，无霜期为 200 天左右。产区幅员辽阔，草山草坡面积大，草场植被覆盖度 40%～50%(高者达 80%)。

黑山羊的品种特征是全为黑色，毛被内层生长有短而稀的绒毛。

公羊 8～10 月龄、母羊 6～7 月龄开始配种繁殖。母羊一般年产 1.7 胎。产羔率初产 193%，2～4 胎 246%。初生及双月重，公羔 2.35 千克及 12.5 千克，母羔 2.22 千克及 12.3 千克。

黑山羊体格中等，体躯匀称，略呈长方形；头呈三角形，鼻梁平直，两耳向前倾立，公、母羊绝大多数有角、有髯，公羊角粗大，呈镰刀状，略向后外侧扭转，母羊角较小，多向后上方弯曲，向外侧扭转；毛被光泽好，大多为黑色，少数为白色、黄色和杂色。

黑山羊成年公羊平均体高、体长、胸围和体重分别为(57.69±4.48)厘米，(60.58±4.61)厘米，(73.62±5.23)厘米和(31.05±6.00)千克，成年母羊分别为(56.01±3.59)厘米，(58.93±3.97)厘米，(70.67±5.01)厘米，(28.91±5.54)千克。黑山羊皮板张幅大，面积为 5 000～6 400 平方厘米。其厚薄均匀，富于弹性。黑山羊具有生长发育快、产肉性能和皮板品质好的特点。黑山羊肌纤维细，肉质细嫩，味道鲜美，膻味极小，营养价值高，被认定为绿色山羊品种。经过养殖发现黑山羊适宜规模圈养或放养。

黑山羊能适应产区 0～40℃的气温环境，繁殖率高，一般可年产 2 胎，每胎可产 2 羔。养殖黑山羊经济效益好，是山区农民发家致富的一个重要的养殖门路。饲草资源丰富的山区农民可大力发展山羊生产。气候温暖、阳光充足、雨量充沛、草场资源丰富、自然生态环境良好的长江以南，培育了黑山羊等草食牲畜的独有的特性，是我国确认的无公害草食类肉用性地方良种羊之一。

黑山羊主要采食于天然牧草和无公害绿色植物，其毛色纯黑，有着体型高健、性情温顺、出生重、生长快、耐潮湿炎热、抗病力强、出肉率高、肉质好等优势特点。幼羊出生重达 5 千克，成年羊最重可达 100 千克左右，出肉率高达 58.9%～60%，为纯绿色最佳肉食品。其毛皮光泽度强，为优质板皮。随着近年来人们生活水平的提高，膳食结构的改变，山羊肉作为高蛋白、低脂肪、低胆固醇的绿色安全食品市场需求日益增大，特别是黑山羊已成为最抢手的绿色肉食品，被国内外市场普遍看好，供不应求。黑山羊容易繁殖生长，经济价值高，市场需求旺，为无公害草食类肉用性动物，其发展前景十分广阔。

（七）白山羊

白山羊遍布山东全省，以鲁北的德州、滨州、东营等地居多，属于皮肉兼用品种。

白山羊体格中等，头大小适中，胸宽背平，四肢粗壮。公、母羊大多有角有髯，公羊角呈三棱形，向后上方生长；母羊角呈镰刀形。据垦利县资料，成年公羊体重 45～63 千克，母羊 25～63 千克。该羊繁殖力强，年产 2 胎或 2 年 3 胎，平均产羔率 231.1%，屠宰率 39.75%，净肉率 31.62%。白山羊所产白猾子皮和板皮质地良好，为传统出口物资。

（八）波尔山羊

波尔山羊原产于南非，是目前世界上最著名的肉用山羊品种。其被毛主体为白色，光泽好，头颈部为棕红色，且头部有条白色毛带；角粗大，耳大下垂；体格较大，头清秀，颈部及前肢较发达，背部结实宽厚，腿、臀部丰满，生长发育快；头、耳、颈部颜色为浅红或褐色，其余为白色；四肢发育良好，肉用体型特征明显，体躯是长方形，各部位连接良好。

波尔山羊具有较高的产肉性能和良好的胴体品质，早熟易肥。良好的饲养条件下羔羊日增重 200 克以上，3～5 月龄羔体重 22.1～36.5 千克。成年公羊体重 90～135 千克，成年母羊 60～90 千克。羊肉脂肪含量适中，胴体品质好。体重平均 41 千克的羊，屠宰率 52.4%，未去势公羊可达 56.2%。波尔山羊四季发情，但多集中在秋季，产羔率 150%～190%，主产群可达 225%甚至更高。波尔山羊泌乳力高，每天约产奶 205 升。

1985 年我国从德国引进波尔山羊，饲养在陕西和江苏省，随后不少省区引进，现在全国已有 20 多个省、市、自治区引入了波尔山羊。波尔山羊与我国地方山羊杂交,杂交后代生长发育明显快于地方山羊品种,产肉量显著提高,效果十分明显。现阶段应充分利用已有的波尔山羊,杂交改良当地山羊品种,提高羊肉产量和质量。

三、杂交改良

多用引入的肉用品种和地方良种进行杂交改良,以提高杂一代的肉用性能。羊的杂交改良不仅是数量的增加,而且还包含质量的提高,也就是品种的杂交改良和品种的选育提高。

(一)杂交方法

杂交改良的用途很广泛。由于杂交的目的不同,采用的方法也有多种。

1.经济杂交

经济杂交主要是利用两个或两个以上品种杂交产生的杂种优势,即利用杂种后代所具有的生活力强、生长速度快、饲料报酬高、生产性能高等优势。应用经济杂交最广泛、效益最好的是肉羊的商业化生产,尤其是大规模肥羔生产常用的杂交方法。如果经济杂交主要目的是生产肥羔,则选择的品种要求母羊繁殖力高,羔羊生长发育快,饲料报酬高和羔羊品质优良。经济杂交的好坏,必须通过不同品种间的杂交组合试验,以获得最大杂种优势的组合为最佳组合。这是最终取得最好经济效益的关键。良种良养、优生优育才能使杂种所具有的遗传潜力得到最大程度的表现。

实践证明,用 2 个以上品种(如 3 个或 4 个)进行多元杂交,比用 2 个单一品种进行经济杂交效果好。

(1)二元杂交:用 2 个不同的绵山羊品种或品系进行杂交产生的杂种后代,全部做经济利用。主要利用杂交一代的杂种优势。这种杂交方法的缺点是需要饲养较大数量的亲本,以用作今后的继续杂交。

(2)三元杂交:在二元杂交的基础上,用第 3 个品种或品系的公羊和第一代杂种母羊交配,产生第二代杂种(三元杂交后代),全部做经济利用。选择的第三个品种或品系(又叫终端父本)应具有生长发育快和较好的产肉性能。例如,进行肥羔生产,应先选择两个繁殖力高的品种或品系进行杂交,杂种后代将在繁殖性能方面产生较大的杂种优势,即杂种后代的产羔率会获得很大的提高;再用具有较高繁殖力的杂种后代作母本与产肉性能好的公羊杂交,就能生产更多产肉性能好、生长发育快的三元杂交后代。三元杂交主要利用杂种一代母羊的杂种优势。

(3)四元杂交:又叫双杂交,即选择 4 个各具有特点的绵山羊品种或品系,如 A、B、C、D,先进行两两杂交,即 A×B 和 C×D,或 A×C 和 B×D,产生的两组杂种

后代为 F_{ab} 和 F_{cd}，然后再用 F_{ab} 和 F_{cd} 进行“双杂交”，后代 $F_{ab\sim cd}$ 全部做经济利用。

2.级进杂交

可根本改变一个品种的生产方向，如将普通山羊改变为肉用型山羊。

引进优良纯种山羊与本品种羊交配，以后再将杂种母羊和同一品种公羊交配，这样一代一代配下去，使其后代的生产性能接近引进品种，这种杂交方法称为级进杂交。必须注意，级进杂交并不是将原来的品种完全变成改良品种的复制品，而是需要创造性应用。例如我国有些地方绵山羊品种繁殖力很强，这种高产性能必须保留下来，因此级进杂交并非代数越高越好。实践证明，过高的杂交代数反而使杂交个体的生活力、繁殖力及适应性下降，效果适得其反。一般以级进杂交二三代为宜。

3.育成杂交

将几个品种羊，通过杂交的方法创造出一个符合生产要求的新品种，即为育成杂交。用2个品种杂交培育新的品种称为简单育成杂交，用3个或3个以上品种育成新品种称为复杂育成杂交。

育成杂交的目的，是要把2个或几个品种的优点保留下来，克服缺点，成为新的品种。当用当地羊品种不能满足生产要求，且不能用级进杂交的方法彻底改变时，即可用育成杂交方法。杂交所用的品种在新品种中所占比例要根据具体情况而定，而且只要选择的亲本合适，不需要杂交代数过高，就能把其优良性状结合起来，达到理想要求时，即可进行自繁自育。再进一步经过严格选择和淘汰，扩大数量，提高产品质量，即可培育出新品种。

4.导入杂交

当一个品种的生产性能基本满足要求，而在某一方面还存在个别不足，而这种不足又难以用本品种选育得到改善时，就可选择一个具有这方面优点的公羊与之交配一两次，以纠正缺点，使品种特性更加完善，这种方法叫导入杂交。采用导入杂交时，可在原来品种内选择少量优秀母羊和导入品种的理想公羊交配，以期获得优秀的理想公羊，再加以广泛应用，以达到提高的目的。

5.轮回杂交

即两个或更多品种轮番杂交，杂交母羊继续繁殖，杂种公羊供经济利用。

轮回杂交每代交配双方都有相当大的差异，因此始终能产生一定的杂种优势。据报道，采用轮回杂交生产肥羔，两代轮回杂交肥羔出售时体重比纯种提高16.6%，三元轮回杂交比纯种提高32.5%。

(二)杂种优势及其在肉羊生产中的利用

1.杂种优势利用的概念

不同品种的羊杂交产生的杂种往往在生活力、生长势和生产性能等方面表现为一定程度上优于其亲本纯繁群体，这种现象称为杂种优势。在国外羊肉生产中杂种优势已广泛应用，其已成为现代化肉羊生产的一个不可短缺的环节。

杂种优势的利用也称经济杂交。杂交是否有优势，优势有多大，在哪些性状上表现优势，主要取决于杂交用的亲本羊群之间的配合力。如果亲本羊群缺乏优良基因，或亲本羊群纯度差，或两亲本羊群在主要经济性状上（如产羔率、生长速度、产肉性能等）差异不大，或杂种缺乏充分发挥优势的饲养管理条件，则都不能表现出理想的杂种优势。因此，杂种优势利用是培育亲本羊群直至为杂种羊群创造适宜饲养管理条件等一套措施，而杂交不过是其中的一个环节。

2. 肉羊生产中的杂交改良

近年来，我国多省（区）先后引进了一批肉用羊品种，并在各地区开展了广泛的经济杂交。从试验结果来看，杂种羊初生重大、生长发育快，产肉性能强，饲料报酬高，降低了生产成本。

河北省畜牧研究所为提高本地绵羊的生产性能，于2000—2003年在河北省唐县和迁西等地用萨福克肉羊、无角陶赛特肉羊对本地小尾寒羊杂交改良。萨本、无本杂交一代羯羊6月龄时，宰前活重分别为41.35千克和39.26千克，胴体重为22.80千克和21.46千克，屠宰率为55.14%和54.66%。杂交羔羊均表现出生长快、产肉多、饲料转化率高等优点。

还有报道通过对萨福克羊—小尾寒羊—滩羊三元杂交改良后代不同月龄产肉性能、饲料报酬和经济效益对比表明：在相同营养水平和饲养管理条件下，0～3月龄内，三元杂交羔羊的日增重288克，比小尾寒羊—滩羊二元杂交羔羊提高77.78%，每增重1千克比小尾寒羊—滩羊二元杂交羔羊节省饲料1.8千克；3～6月龄内，三元杂交羔羊的日增重221克，比小尾寒羊—滩羊二元杂交羔羊提高74.01%，每增重1千克比小尾寒羊—滩羊二元杂交羔羊节省饲料3.6千克。三元杂交羔羊的增重效果和饲料报酬优于小尾寒羊—滩羊二元杂交羔羊，杂交优势明显。舍饲萨福克羊—小尾寒羊—滩羊三元羔羊6月龄出栏屠宰率可达51.01%，能获得最佳的经济效益。

第二节　羊的繁殖技术

一、羊的繁殖规律

要搞好羊的繁殖工作，首先要掌握羊的繁殖规律，以便采用先进的繁殖技术，迅速地发展羊只数量，提高羊的质量。

(一)性成熟和初配年龄

羔羊生长发育到一定年龄,生殖器官发育完全,具备繁殖能力,称为性成熟。此时公羔能产生成熟的精子和雄性激素,开始有性行为;母羔可排出成熟的卵子,分泌雌性激素,并有发情表现。羊性成熟期的早晚,与品种、饲养管理条件等诸多因素有关。绵羊的性成熟期一般为7～8月龄,山羊一般为3～5月龄,山羊比绵羊早一些。某些地方品种如小尾寒羊,性成熟较早,4～5月龄就可性成熟;细毛羊性成熟较晚,一般为8～10月龄。山羊中济宁青山羊甚至在50日龄左右就能发情,而中卫山羊性成熟较晚,为5～6月龄。由于受遗传和环境因素影响,同一品种内的不同个体在性成熟方面也存在差异。一般来说,发育快、个体大的羊性成熟早,反之则晚。

羊的初配年龄一般在其体成熟之后,体重达成年体重的60%～70%。因此,早熟绵羊、山羊品种(如青山羊、小尾寒羊等)在6月龄后就可以配种,晚熟品种需到1.5岁左右初配。公羊一般要求1.5岁后初配。

羊在3～5岁时繁殖力最强,主要表现为繁殖率高、羔羊初生重大、生长发育快。羊的繁殖利用年限,母绵羊8～10岁,母山羊7～8岁,公羊一般只利用到5岁。如果饲养管理条件优越,奶山羊可延至10岁或10岁以上。由于老龄羊繁殖力下降,所以利用年限不可过长,否则会造成繁殖率低、羔羊发育差等不良影响。

(二)发情和发情周期

母羊性成熟后,每到发情季节就会出现周期性的发情现象。母羊发情时,阴唇红肿,阴道黏膜分泌物流出,食欲减退,目光滞钝,行动不安,喜欢接近公羊,在公羊追逐或爬胯时静立不动或随公羊绕圈而行。山羊的发情表现比绵羊明显得多,母山羊往往兴奋不安,连声鸣叫,尾巴频繁摆动,后肢开张,频繁排尿,喜欢爬跨别羊。所以,在养羊业生产中,母绵羊由于发情表现不明显,多用试情公羊来鉴别。

母羊每次的发情持续时间(从发情开始到发情结束)称为发情持续期,一般为30小时左右,范围20～48小时。母羊的排卵时间一般在发情中期,即发情开始后12～40小时。卵子排出后在15～24小时内具有受精能力,所以配种或输精时间应在发情后12～24小时。

母羊在发情季节里未经交配或配后未受胎的,间隔一段时间还会再次发情。从上次发情开始到下次发情开始的间隔时间,称为发情周期。绵羊的发情周期为15～19天,平均17天;山羊一般为19～20天,奶山羊为23～24天。羊的品种不同,发情周期也不一样,如济宁青山羊一般为14～16天,萨能奶山羊为19～21天。营养好的母羊或壮年母羊发情周期短,处女羊、老年母羊或营养差的母羊发情周期长。

（三）妊娠期

母羊配种受孕后，就不再发情。母羊从开始怀孕到分娩（产羔）的这段时间称妊娠期（怀孕期）。妊娠期的长短因品种和个体不同而异。绵羊的妊娠期一般为144～155天，平均为150天。但早熟肉用羊在良好的饲养条件下妊娠期较短，平均为145天；山羊的妊娠期为150天左右。

（四）繁殖季节

母羊大量发情的季节称为羊的繁殖季节。繁殖季节因地区和品种不同而异。例如生长在寒冷地区的羊或比较原始的土种，发情呈明显的季节性，我国大多数绵羊品种和奶山羊属此类。羊的繁殖季节一般是在当年7月至翌年1月，以8～9月份发情最为集中。生长在温暖地区或培育品种没有明显的季节，如湖羊、小尾寒羊、济宁青山羊等，一年四季都可发情配种，可年产2胎或2年3胎，而且繁殖率高。

公羊没有明显的繁殖季节，一年四季都可配种，但在精液品质和性活动方面也有季节性变化的特点。一般秋季较好，春季、夏季较差。总体来看，羊的繁殖时间多在气温适当、营养良好的季节。

二、羊的选种选配

（一）羊的选种

选种的目的是选出优秀的公、母羊个体，利用它们的遗传优点，通过选配，进一步提高羊群的数量和质量。选种时要特别重视对种公羊的选择，因为"母好好一窝，公好好一坡"，一只公羊能配很多只母羊，对后代影响很大。当然，对母羊也要选优去劣。羊的选种方法很多，常用的有个体选择、系谱选择和后裔测验。

1. 个体选择

个体选择是根据个体本身的表现来评定种羊的价值。羊的个体选择主要通过个体品质的鉴定和生产性能的测定来进行全面的综合评定。

个体品质方面，被鉴定的个体应具有该品种的体型外貌及相应特征。选留的种公羊一般要求体格大，体质结实、健壮，头颈结合良好，胸部宽深，背腰平直，后躯丰满，肢势端正，眼大有神，耳大灵敏，嘴大采食快，精力充沛，食欲旺盛。种公羊要有良好的雄性表现，性欲旺盛；两侧睾丸发育匀称，大小适中。凡单睾、隐睾及精液品质差者，都不能留作种用。被淘汰的公羊要及时去势，以免偷配。选留的种母羊一般要求体大结实，腰长腿高，善于行走，采食性能良好；后躯大，后裆宽，乳房发育好，发情明显，母性行为强；毛色要尽量一致，精力旺盛，反应灵敏，健康无病。

生产性能方面包括生长发育、繁殖性能、产毛量及羊毛品质、产肉性能等，具体指标要根据羊的生产方向而定，这是评定个体品质的最主要内容。

2.系谱选择

系谱选择是对准备种用的羊只进行系谱分析，从血统方面考察其祖先的情况。如果祖先优良，本身和亲祖代有共同特点，即证明遗传性稳定，从来源上考察可作种用。考察系谱要查三代，即父母代、祖代和曾祖代，了解其生产性能（如产毛量、羊毛品质、繁殖性能等）和遗传性能。在考察系谱时，要着重了解父母代的品质和性能，因为血缘越近，对后代的影响就越大。一只羊在幼年期，本身的性能没有表现时，通过了解其祖先的成绩，对于其能否选作种用有重要参考价值。

3.后裔测验

后裔测验是通过研究后代的生长发育、生产性能和外貌特征来判断种羊的种用价值的一种方法，这是选种羊的最好方法，因为选留种羊的目的，就是要它把优良性状遗传给后代。如果这头羊的后代都与它酷似，则证明选择正确。但后裔测验也有缺点，就是需要时间太长，要等后代有了成绩以后才能测定。而且要求后裔测验的公、母羊要随机配对，羊群环境条件必须相同，以使后代间对比条件一致，同时后代要有一定数量。因此，后裔测验仅限于选择种公羊。

目前由于冷冻精液技术的提高，在后裔测验的同时可对精液进行冷冻保存，因此后裔测验显得更有价值。

（二）羊的选配

羊的选配是选择适当的公羊与母羊配种，以期获得品质优良的后代。我们通过选种摸清了羊只的品质，再通过选配来巩固选种的效果，所以选配是选种工作的继续，两者缺一不可。

选配分同质选配和异质选配两种。同质选配是选择具有相同特点的公、母羊进行交配，以使这一特点得到巩固和提高。例如长毛公羊与长毛母羊交配，可得到长毛的后代。异质选配是对具有某些缺点的母羊，选择能克服这一缺点的公羊进行交配。例如毛短的母羊与毛长的公羊交配，则后代的毛较长。

选配工作不是公、母羊个体间的简单交配，而是提高羊只后代品质的重要手段。进行选配时应注意以下几点：公羊的品质要高于母羊，最好使用经过鉴定的特级羊、一级羊；缺点相同的公、母羊不能交配；尽量使用遗传力高的壮年种公羊。此外，选配时还要注意血缘关系的远近。如果交配的公、母羊血缘太近，造成近亲繁殖，会产生没有肛门、瞎、呆、弱、小等的后代，所以在养羊业生产中应避免血缘在5代内的近亲繁殖。

三、羊的配种

(一)配种时间的确定

确定配种时间实际上就是确定产羔时间。配种时间的选择既要有利于羔羊的生长发育,又要符合羊的繁殖规律。

配种及产羔时间因羊的年产胎次不同而异。年产一胎的羊,一般在9～10月份配种,第二年2～3月份产羔。年产两胎的羊,可在4月初配种,当年9月初产羔;第二胎在10月初配种,第二年3月初产羔。这就是常说的“桃花开、谷穗黄”两茬羔。2年产出3胎的羊,可在10月初配种,第二年3月初产羔;第二胎在8月初配种,第三年1月初产羔;第三胎在第三年3月初配种,8月初产羔。全群母羊最好集中在1～1.5个月内配种,以便于集中产羔,管理方便。

(二)配种方法

羊的配种方法分为自然交配和人工授精两大类。自然交配(也叫本交)又分为自由交配和人工辅助交配两种。

1.自由交配

此法就是常年或在配种季节将公、母羊混群放牧,任其自由交配。这种方法的优点是省工省事,若公、母羊比例适当,也能获得较高受胎率。但缺点也很多,如果配种期公羊由于经常追逐母羊,影响采食和抓膘;一只公羊只能负担15～20只母羊,因此,对公羊的需要量大,良种公羊的作用不能充分发挥;无法控制产羔时间,羔羊大小不一,给管理造成困难;后代血统不清,不能进行选种选配;易出现早配和近亲交配等。

为了克服自由交配中的这些缺点,很多地方采用人工控制的方法进行集中配种产羔,例如在非配种季节公、母羊分群饲养,在配种季节再将公羊引入母羊群中,时间约1个月,使之自由交配。为避免近亲交配,每隔两三年,村与村之间可对换血缘关系远的种公羊配种。

2.人工辅助交配

此法就是将公、母羊分群饲养,在配种期先用试情公羊选出发情母羊,再用选定的公羊与之交配。这种方法有利于选种、选配工作的进行和控制产羔时间,也节省了种公羊的精力,提高了配种头数。

试情公羊应具有和种公羊一样健壮的体质和旺盛的性欲,以2～6岁的壮龄公羊为佳,每100只母羊配备2～3只试情公羊。试情公羊应在配种前1个月做输精管结扎或阴茎移位手术,并在配种前采精,检查有无活精子。如果无手术条件,可给羊戴试情布，以防交配。在配种期要给予试情公羊和种公羊相同的饲养管理。试情公羊必须每隔7天排精一次，以保持和提高其性欲。

生产中大多采用早晨试情或早晚两次试情。清晨早试的优点一是试情公羊性欲好，二是不影响试后羊群放牧。试情时可将公羊分两批放入母羊群，当第一批疲劳时，再放入第二批。如有人力，也可一次放入羊群。对试出的发情母羊应及时挑出或打上标记。

交配的时间一般是：早晨试出的发情母羊傍晚时进行交配，下午或傍晚时试出的发情母羊在第二天早晨交配。为了保证受胎，最好在第一次交配后，间隔12小时左右再重复交配一次。

3.人工授精技术

人工授精是指用人工方法，借助于一些专门的器械采取公羊精液，在体外经过检查和处理后，输入发情母羊的生殖道内，使其受胎的一种配种方法。人工授精可提高优秀种公羊的利用率。一只种公羊在一个配种期内，若用本交方法配种，只能负担25～30只母羊，而用人工授精方法则能负担300～500只母羊。采用人工授精，公、母羊并不直接接触，所以可避免某些疾病的传染。

人工授精技术，包括采精、精液的量和质的测定与评定以及输精三个基本技术环节。在目前，这是一种既科学又实用的配种方法，有条件的地方都应采用这一方法。

四、羊的妊娠与分娩

(一)羊的妊娠

1.妊娠判断

一般来说，如果母羊在配种后20天不再表现发情，则可初步认为已经怀孕。母山羊如果配准，则在一星期后阴户有白色黏液流出，这些黏液沾上土垢附于阴户和尾根下缘，比较容易判断。母羊怀孕后多表现食欲增加，安静温顺，举止稳重。随着怀孕时间的延长，腹部逐渐膨大。到怀孕中期(2个月后)，可用妊娠检查法确认是否怀孕。

妊娠检查多在早晨空腹时进行。方法是两腿夹住羊颈，将两手放在母羊腹下乳房前方的两侧部位托起腹部，左手将羊的右腹向左下方微推，右手拇指和食指叉开微加压力就能摸到胎儿。60天以后的胎儿可摸到较硬的小块。若只有一块，即怀一羔；若两边各有一硬块，即为双羔。检查时，手法要轻，不能过重，以免造成流产。怀孕后期腹围明显增大，从外观即可判定。

2.早期妊娠诊断

配种后的母羊应尽早进行妊娠诊断，以便及时发现空怀母羊，采取补配措施。早期诊断母羊妊娠的方法很多，如巩膜观察法、超声波探测法、激素测定法、免疫法、触诊法等，但如何既达到极高的准确性，又应用方便，这一直是研究中要解决的问题。这里只介绍巩膜观察法：翻开母羊上眼皮，观察巩膜上的血管，若瞳孔正上方的巩膜表面有3根竖立的较粗大的微血管充血，而且凸起于巩膜表面，呈紫红色，即是怀孕的征兆。这种现象由母羊怀孕起一直持续到产后1周，空怀母羊的巩膜上没有这种现象，且其他微血管很细小，颜色呈淡红色。此法准确率达97%以上。

3.保胎方法

(1)抓好膘：怀孕母羊需要大量而全面的营养物质，故除了喂给怀孕母羊优质青干草外，还要添加适量的蛋白质、维生素和矿物质饲料，并补给一定量的精料。怀孕母羊只有吃饱喝足，才能膘肥体壮，促使胎儿正常发育。

(2)讲卫生：夏季及早秋气温高，草料易腐烂变质，若怀孕母羊采食带病毒、细菌的草料，对胎儿极为不利，最易造成流产，因此要做到料净、草净、水净、圈净、槽净、畜体净，防止病原微生物的侵害，保证胎儿在母体内健康成长。

(3)分群养：怀孕母羊不可与小羊混群饲养，也不可与公羊、羯羊合群饲养，而应单独组群饲养。农户羊少时，最好将怀孕后期母羊拴牧或舍饲。严防急追暗打，突然惊吓、挤、撞、跌、倒、蹿沟、爬陡坡等均会引起流产。

(4)防拉稀：采食含水分过多的青饲草或带露水的青草，常引起怀孕母羊拉稀、腹泻，使其肠蠕动增强，极易导致流产，故应注意干、青搭配。发现孕羊拉稀，可用炒高粱面拌在草中饲喂，每次0.25千克，两次即可见效。

(5)早防病：若怀孕母羊患病，极易引起流产，所以在母羊空怀初期就应做好疾病的预防工作，如注射各种疫苗、驱虫等。对患病的孕羊要严禁打针和驱虫，应查明病因再处理。

(二)羊的分娩

1.产羔与接羔

母羊分娩是养羊业生产中的重要环节，应做好有关工作。

(1)接羔前的准备工作。①制定产羔计划和接羔、育羔的技术操作规程，合理组织劳力，明确分工，责任到人。②贮备饲草、饲料。要准备充足的优质干草、青贮料和精料，为母羊补饲，以保证母羊分泌足量的乳汁。放牧饲养还需在羊圈附近留出草场，专供产羔母羊放牧用。③准备产房，要求阳光充足，通风良好，地面干燥，利于保温。接羔前10～15天对产房进行维修、消毒(用5%纯碱水或2～3%来苏儿液)。冬季产房内铺垫草以保温(舍温10℃为宜)。④准备用具和药品。必要的用具如料槽、水桶、脸盆、毛巾、剪刀等，以及消毒药品如碘酊、酒精、来苏儿、药棉、纱布等，都必须事先备齐。

(2)分娩征状。母羊临产前1周左右腹部下垂，尾根两侧下陷；乳房胀大，乳头直立，并能挤出少量的黄色乳汁；阴门肿胀潮红，流出浓稠黏液，排尿次数增加；行动迟缓，起卧不安，回头顾肢，喜卧墙角；食欲减退，甚至停止反刍。

发现母羊卧地，四肢伸腿努责，肷窝明显下陷，则说明母羊马上就要产羔，应立即送入产房，随时准备接羔。

(3)产羔过程(正产)。母羊正常分娩时，羊膜破裂后数分钟至半小时羔羊即可产出。羔羊两前肢夹着头先产出，其余随之产下。双羔者，产出一只后，间隔5～30分钟，另一只即可产出。产双羔以上时，母羊常常疲倦，要准备人工助产。此时可用手在母羊腹下推举，帮助母羊排出胎儿，能摸触到胎儿的滑动。

羔羊产出后0.5～3小时胎衣排出。排出后的胎衣要及时取走，以免母羊吞食。

(4)接羔。羔羊出生后，应立即将羔羊嘴、鼻、耳中的黏液擦净，以免其将液体吸入气管，引起异物性肺炎。羔羊身上的黏液让母羊舔干，以增强母爱和识别亲生的羔羊。母羊若不舔黏液，可在羔羊体上撒布一点炒香的料面(玉米面掺黄豆面)，诱其舔食。

在严寒的露天产羔时，要立即把羔羊身上的黏液用布或草擦干，但要防止手上的异味感染(如烟味)，引起母羊拒绝羔羊吮奶。

羔羊的脐带可让其自行断裂，最好是人工拧掐断，但不能距羔羊腹部太近，要留7～8厘米长，打上肉结或用线结扎，涂以碘酊消毒。

产下的羔羊有时包被在胎衣内，此时要及时撕破胎衣，使羔羊露出，注意不可误将“肉蛋”扔掉。

母羊分娩完毕，用剪刀剪去乳房周围的毛，用温热的毛巾擦洗乳房，挤出最初几滴乳汁，帮助羔羊吃上初乳。如果要测定初生羔重，可在毛干后吃奶前进行称重。

2.难产及假死羔的急救

母羊难产比较少见。常见引起难产的原因有：初产母羊因骨盆狭窄，阴道狭小，加之胎儿较大，容易引起难产；老年母羊体弱无力；胎位不正。

母羊分娩时，羊膜破水后30分钟，母羊努责无力，羔羊仍未产出，出现难产症状时，助产人员应立即剪短并磨平指甲，手臂用肥皂水洗净，再用来苏儿消毒，涂上润滑剂，然后根据具体情况进行实质性处理。

胎位不正时，可将母羊后躯垫高，将胎儿露出部分送回，手入产道校正胎位，再随母羊努责将胎儿接出。若胎儿过大时，可将羔羊两前肢拉出再送入，这样反复3～4次，然后一手拉前肢，一手扶头，随着母羊的努责，慢慢向后下方拉出。拉时用力不宜过猛，以免拉伤。

羔羊产出后，心脏仍有跳动但不呼吸的现象称假死。引起假死的原因主要有：羔羊过早地呼吸而吸入羊水；子宫内缺氧；分娩时间过长或受冻。处理的方法主要有：提起羔羊两后肢，使羔羊悬空，并用手拍击其背胸部；羔羊平卧，用两手有节律地推压胸部两侧，短时间内假死的羔羊经过处理后，一般即能复苏。因受冻而造成的假死，应将羊羔移入暖室进行温水浴。水温由38℃始，逐渐至45℃，浴时应将羔羊头部露出水面，严防呛水，同时结合腰部按摩，浸20～30分钟，待羔羊复苏后，立即擦干身体。

3. 死胎引产

如果确诊胎儿已在母体子宫内死亡，可将母羊保定(臀部要略高于头部)，再将输精管插入子宫颈，用100毫升注射器将40～50℃的0.1%的高锰酸钾溶液400～500毫米分次注入子宫内，直到溶液从阴道内流出为止。灌后约20小时，死胎及废物即自动流出，8小时后母羊恢复吃食。

(三)产后母羊的护理

母羊在分娩过程中体能消耗大，失去水分多，新陈代谢机能下降，抵抗力减弱。此时如果对母羊的护理不当，不仅会影响母羊的身体健康，还会造成缺奶甚至绝奶，使母羊的生产性能下降。

母羊产羔后，要注意保暖防潮，避免受风感冒。产后1小时左右给母羊饮1～1.5升温水(30～35℃)，忌饮冷水，水中可加少许食盐或麸皮。

产羔后头3天尽量不喂精料(尤其是豆饼)，可喂饲优质干草，然后逐渐增加饲料种类和饲喂量，并注意饲料的适口性与可消化性。

饲喂精饲料时，要先少再逐渐增多。1周后精料可逐渐增至预定量。

(四)初生羔羊的护理

初生羔羊体质弱，抵抗力低，适应能力差，容易生病，因此做好初生羔羊的护理工作，对于提高羔羊成活率具有重要意义。

初生羔羊的护理原则是“三防”、“四勤”，即防冻、防压、防饿，勤检查、勤喂奶、勤治疗、勤消毒，以保证羔羊全产、全活、全壮。

羔羊出生后，一般10分钟左右就能自己站起来寻找乳头吃奶。此时接产人员应协助羔羊找到母羊的乳头，吃上初乳。初乳是母羊产后1周内分泌的乳汁。初乳比较浓稠，含有丰富的营养物质，有免疫和轻泻作用，有利于增强羔羊的抵抗力和排出胎粪。一定要确保羔羊能吃到 3 天以上的初乳,否则羔羊不易成活。

对失去母亲或母亲无奶和奶水不足的羔羊,可找保姆羊代哺或人工补乳。保姆羊一般找产期接近、奶水足、产单羔的母羊或因故羔羊产后死亡的母羊。为使保姆羊接受羔羊,可将保姆羊的尿液或奶汁涂在羔羊身上,气味混淆,使母羊无法辨认,并在人工辅助下训练几次,保姆羊就逐渐接受羔羊吃奶了。若找不到保姆羊,也可用羊奶、牛奶或奶粉等实行人工哺乳,但一定要注意奶的浓度和严格消毒,还要做到定时和定温(以 38～42℃为宜)。产后 7 天内,每小时喂 1 次,以后逐步改为 1 天喂 8 次,到产后 20 天时保持每 4 小时哺乳 1 次,直到羔羊断奶。喂量要先少后多。产后 7 天内实行人工哺乳的羔羊,一般应从每次哺喂 170 克奶起步,以吃饱为原则,并逐渐增加奶的喂量。

羔羊出生后 4～6 小时便开始自行排泻胎粪。胎粪为黄色,黏性很强,若不及时排出,将影响羔羊的正常生活和生长。如果羔羊出生后 24 小时仍然排不出胎粪,就要采取灌肠等办法促使胎粪排出。

产后 1 周左右的羔羊容易感染羔羊痢疾,故要特别注意。引起羔痢的主要原因是冷冻、栏圈潮湿,在天气突变时最易发生。为预防细菌性羔痢,可在羔羊吃过初乳 24 小时内,灌服土霉素或注射羔痢血清疫苗。

五、提高羊繁殖力的基本措施

羊繁殖力高低与养羊效益关系极大,而羊繁殖力的高低受很多因素的影响,其中主要是羊的品种、年龄、饲养管理水平、配种季节和方法的选定以及配种技术水平的高低等。另外,在配种过程中,是否使用外源激素和免疫技术,对羊繁殖力的高低有很大影响。

(一)加强营养,保持良好体况

充足的营养和良好的体况,是保证羊生命力和高繁殖力的物质基础。对于种公羊,在全年均衡合理饲养的条件下,从配种前 30～40 天开始加强饲养管理,对预防不育和繁殖力下降极为重要。应给予种公羊足够的营养(蛋白质、维生素和微量元素等),以保持其良好的体况和旺盛的性欲。注意营养不足、体况过瘦固然不好,但营养过剩、体况过肥也同样不利,所以种公羊的饲养管理要科学、合理。

母羊群在配种前 1～1.5 个月期间,如果能获得丰富的营养,充足的运动(放牧饲养的母羊在最好的放牧地上放牧,并保证每天放牧 10 小时以上),再加上从配种前 20 天起,每天都能补饲一定量含蛋白质、维生素和矿物质丰富的饲料,可使羊群发情整齐、多排卵,从而提高产羔率 10%以上。群众说“羊满膘,多产羔”是很有道理的。

(二)加强对种羊的选留

注意从一胎多羔的公、母羊后代中选留种羊,因为羊的多胎性具有较强的遗传性,选择的作用很大。对于种公羊,注意在不良环境条件下进行抗不育性的选择,因为在不良环境下更容易显示和发现繁殖力低的种羊。经常检查精液品质,及时发现并淘汰不育或不能担任配种任务的公羊,在自然交配情况下更要做到这一点。在组建繁殖母羊群时,不仅要选择有多胎性的品种,还要选择具有多胎遗传性的母羊个体,以最大限度地提高羊群多胎基因的频率。此外,产羔率与母羊年龄有关。因此,组群时,一是母羊的年龄结构要合理,使2～5岁羊在繁殖母羊群中的比例达75%左右,1岁羊比例在25%左右;二是及时淘汰老龄羊和不孕不育羊,就能使繁殖力不断得到提高。

(三)适时配种

首先是选定适宜的配种季节。对季节性发情的母羊,在北方寒冷地区,一般每年多从8月份到12月份为较合适的配种季节。这段时间日照由长变短,羊群膘情好,营养易获得满足,发情集中,排卵数也较多,较容易受胎,且受胎母羊的双羔率较高。对于非季节性发情和使用激素诱导发情,开展2年3次配种和3次产羔的母羊来讲,也要尽量把其中两次配种的时间安排在较为适宜的配种季节里,否则,其两年多产一次羔羊的收效就会因配种季节安排不当而使繁殖力大为下降,其结果往往得不偿失。

其次是选择配种时机。受胎率和配种时机关系很大。母羊多在发情中期排卵,所以在此时配种就容易受胎。但母羊年龄不同,发情持续的时间长短不一样,因而在配种时机的掌握上也不一样。一般经验是"早配老,晚配少,壮配中,最可靠",意思是说,老母羊发情持续时间短,应在发情后提早配种;小母羊发情持续时间长,配种时间稍推后;中年母羊发情持续时间适中,配种时间在两者之间。配种时应采用重复交配或多次输精的方法,可提高受胎率。

此外,对于种公羊,应注意精液品质的季节性变化。精液品质一般秋季最好,夏季较差。故在炎热天气到来之前,应给公羊及时剪毛和在白天进行降温,这对精液生产有积极效果。再者,对优秀种公羊的精液进行恰当处理及体外保存,推广应用精液冷冻技术,并在人工授精的全过程中正确实施操作规程,无疑会取得理想的受胎效果。

(四)利用外源激素和免疫技术控制母羊的发情、配种和诱发其分娩

利用孕激素类药物、前列腺素及其类似物(如氯前列烯醇),配合使用孕马血清促性腺激素或促排卵3号等制剂,控制母羊的发情和排卵,不仅可以使母羊群能够

按照人们的意愿同期发情和排卵，还能使母羊多排卵，受胎率和产羔率都得到提高(一般产羔率可提高 30%～50%)。另外，由于羊群能按人的安排分期、分批集中产羔，故可大大提高接羔、育羔水平，羔羊的成活率也就比较高。

(五)实行羔羊早期配种

近年来许多研究表明，实行羔羊早期配种已是目前世界养羊繁殖进展的成效之一。提早母羊的初配年龄，不仅对其生长发育没有明显坏的影响，而且可使母羊在一生中多产一次羔羊，并可及早地通过其繁殖发现和选定优良的种用个体，缩短世代间隔，加快羊群遗传的进度，对生产和育种十分有利。母羊早配虽然会使其早期生长发育暂时受阻，然而到周岁时与未配种的同龄母羊相比，其体重相差甚微。怀孕和泌乳时对母羊生长发育的影响只是脂肪减缓，对肌肉、骨骼等的生长发育并未产生不利的影响。早配母羊赶上未早配的母羊一般是在 16 月龄之前，发育受阻的损失可在 16～18 月龄期间得到补偿。到 2～2.5 岁时，无论是早配母羊还是未配母羊，都达到了相同的体重。此外，早配母羊难产率低。

公羔体重达成年体重的 50%以上时，也可进行早期配种，年龄多在 7～10 月龄。但公羊早期配种能力和精液品质较差。在利用时，要选择生长发育好、阴茎发育充分、睾丸发育正常的公羊，其配种数量应适当减少。

六、羊的繁殖新技术

现代养羊业的一个突出特点，就是在繁殖周期的各个阶段人为地加以控制，通过采用同期发情、冷冻精液、超数排卵和胚胎移植等先进技术，卓有成效地提高羊的繁殖性能，从而取得最大的养羊效益。

(一)同期发情

同期发情就是利用某些激素人为地控制和调整母羊自然发情的周期性，使母羊群在同一时间内同时发情的一种方法。同期发情的好处是，可以集中配种，可以缩短配种季节，有利于推广人工授精；又因配种同期化，故对以后的分娩产羔、羊群周转及商品羊的成批生产等一系列的管理带来了方便，适应现代化、集约化或工厂化生产的要求。

同期发情的方法有促进黄体退化法和孕激素处理法。

1.促进黄体退化法

应用前列腺素及氯前列烯醇等前列腺类似物，能加速黄体消退而使处理母羊同期发情。目前我国多用氯前列烯醇，它不仅药效较高，价格也较便宜。

每只羊肌肉注射市售氯前列烯醇 0.4～0.5 毫米，隔 9～11 天再注射 0.4～0.5

毫米。在注射完第2针氯前列烯醇后55～57小时，每只羊肌肉注射促排卵3号(LRH-A3)30微克，然后立即给处理母羊输精一次，便能获得较好的同期发情羊同期受胎的效果。也有采用注射完第2针氯前列烯醇后48小时，注射促排卵3号后输精一次，隔8～12小时后再输精一次的办法。此外，在注射第2针氯前列烯醇前1～2天(或注射后4小时)，每只羊皮下注射400～750国际单位孕马血清的方法，效果也较好。

2. 孕激素处理法

使用孕激素类药物处理母羊后，能抑制垂体分泌促卵泡成熟素，使卵泡发育不同的母羊卵泡逐渐都处于同期状态；然后同时停止用药，使所有经过处理的母羊的卵巢都同时恢复正常的机能，便能同期发情和排卵。

常用孕激素类药物及每只羊的用量为：孕酮，150～300毫克；氟孕酮，30～60毫克；甲孕酮，40～60毫克；甲地孕酮，80～150毫克；18-甲基炔诺酮，30～40毫克。孕激素给药处理的方法有口服、肌肉注射、皮下埋植和阴道栓塞等。在此仅介绍阴道栓塞法。

用海绵或泡沫塑料做成长、宽、厚均为2～3厘米的方块，将孕激素溶于植物油中，吸附于海绵或泡沫块中，每个海绵或泡沫块中间拴一细绳，再用长镊子和开膣器将它塞进羊的子宫颈口处，放置14～16天。细绳的另一端留在阴户外，以便停药时拉出阴道栓。阴道栓取出后，立即注射孕马血清400～750国际单位，过2～3天，母羊便可发情。采用此法的母羊，在取出阴道栓后48小时输精一次，隔8～12小时再输精一次；或者在取出阴道栓后的55～57小时输精一次，受胎效果与两次输精相同。如果在第一次输精前能再注射促排卵3号30微克，受胎效果就更好。

(二)诱发分娩

尽管实行同期发情配种已能使羊的分娩相对集中和使羔羊大小较为整齐，但是前列腺素及其类似物(如氯前列烯醇)有激发子宫和输卵管收缩的特性，起催产的作用。因此，在妊娠达140天后的傍晚，给妊娠母羊肌肉注射前列腺素15毫克(15毫米)或注射氯前列烯醇15毫克(15毫米)，40小时内至少有50%的处理母羊成功地分娩；而注射16毫克的糖皮质素，12小时后有70%母羊产羔，从而可使同期受胎母羊的分娩更为集中。这样，就更有利于接产、护羔和育羔。

(三)诱发发情

所谓诱发发情，即在母羊季节性乏情期内，人工使用外源激素，引起母羊正常发情和配种的一项技术。利用这项技术能缩短母羊的繁殖周期，使羊在1年中可产2次羔，或在2年中产3次羔，增加母羊一生中产羔的胎次和数量。对季节性乏情母羊的处理方法是:连续 12～16 天给母羊注射孕酮,每次用量 10～12 毫克,随后在 1～2 天内一次注射孕马血清 750～1 000 国际单位,便可引起母羊发情和排卵。也可用甲孕酮、甲地孕酮等合成孕激素制剂代替孕酮。此外,把注射法改为阴道栓塞法处理将更加方便。

(四)激素免疫法诱产双羔

激素免疫法的原理就是利用卵泡发育和黄体形成过程中某些孕酮和雌激素的抗原性,制成抗原免疫药物,让其诱发母羊产生抗体,以使母羊血液中天然游离的雌激素水平降低,刺激促性腺激素分泌,加速卵巢中卵泡的成熟,使母羊同时有多个成熟卵子排出,从而使羊群产双羔的母羊比例增多。

目前我国已由新疆生产出以雄烯二酮为主体的激素抗原免疫型药物,其商品名称为 XJC-A 型双羔苗。使用方法:在配种前 40 天,每只羊肌肉注射双羔苗 2 毫升,28～30 天后再注射一次,用量与第一次相同,过 10 天左右即可配种。兰州生物药厂生产的油剂只需注射一次即可,用量每只 2 毫升。

影响双羔苗应用效果的因素有以下几个方面:母羊膘情好,产双羔的增多;营养缺乏,矿物质供应不足,双羔苗应用效果不大;繁殖力较低的品种比繁殖力较高的品种应用效果好;母羊配种时体重大的比体重小的应用双羔苗的效果好;初配羊与经产羊应用双羔苗的效果无明显差异。

(五)冷冻精液

将采得的精液用乳糖稀释液(11%乳糖 75 毫升、卵黄 20 毫升、甘油 5 毫升)按 1～3 倍稀释后,放入冰箱中,在 3～5℃经 3～4 小时降温平衡,然后用注射器将精液分装入聚氯己烯细管或安瓿中。细管和注射器使用前也放在同一冰箱内。精液在液氮上部的挥发气中(－18℃左右)冷冻。经冷冻处理的精液在超低温条件下(－196℃)可常年累月保存而不变质。

输精时,将细管取出,经 75℃水浴 10 秒钟解冻后立刻输精。发情的母羊输精 2 次,每次输 0.1～0.15 毫升。

(六)超数排卵和胚胎移植

超数排卵就是使用促性腺激素类似物处理繁殖母羊,使其排卵数增加。其目的在于输精后能获得较多的受精卵,受精卵即可移植,“借腹怀胎”形成新的个体。因此,超数排卵只是胚胎移植的环节之一。

胚胎移植是从一头母羊(供体)的输卵管或子宫内取出早期的胚胎(受精卵),移植到另一头母羊(受体)的输卵管或子宫内,让其“借腹怀胎”继续生长发育。结合超数排卵技术,胚胎移植可迅速繁殖优良品种的后代,扩大纯种数量。

第三节　羊的饲养和管理技术

虽说现在大多数羊由放牧转入舍饲，但了解它的生活习性和消化特点对舍饲饲养和管理有很大的帮助。

一、羊的生活习性和消化特点

(一)生活习性

俗话说“羊性善群”，羊通过视、听、嗅、触等感官活动，传递和接受各种信息，保持和调整群体成员之间的活动，其合群性强于其他家畜。在自然群体中，羊群的头羊多是由年龄较大、子孙较多、体质较强的母羊担任，而尾随或掉队者则多为老、弱、乏羊。一般粗毛羊的合群性较强，细毛羊次之，长毛肉用羊最差。

羊嘴尖唇薄，舌灵齿利，上唇中央有一纵沟，下颚门齿向外有一定的倾斜度，对采食地面低草、小草、花蕾和灌木枝叶很有利，对草籽的咀嚼也很充分，素有“清道夫”之称。羊最喜食多汁、柔嫩、低矮、略有咸味或苦味的各种植物。羊要求草料洁净，对凡被践踏、躺卧或粪尿污染过的草，一般避而不食。

“羊性喜干厌湿，最忌湿热湿寒，利居高燥之地。”这说明羊的栖息环境，都以高燥为宜。久居泥泞潮湿的地方，羊易患寄生虫和传染病，毛质降低，脱毛加重，腐蹄病增多。羊只长期缺盐，易造成口淡异嗜，喜食毛土，食欲不振。“羊性好盐，常以盐啖为妙。”“春不啖盐夏不好，伏天不啖不吃草。”所以，在饲养管理中，应把啖盐或舔碱作为羊调节食欲和防病保健的手段。

羊有很强的适应性，如耐粗、耐渴、耐热、耐寒、抗病、抗灾荒等，同时也具有很强的哺羔能力。

(二)消化机能特点

1. 结构特点

羊是小反刍家畜，有 4 个胃。前三胃总称前胃，胃黏膜无腺体组织。其中，瘤胃呈椭圆形，占据腹腔左半部，容积达 23.4 升，黏膜为棕黑色，表面有无数密集的乳头；靠后的网胃又称蜂巢胃，为球形，容积 2.0 升，内壁分隔成很多网格，除机械消化作用外，还具有广泛的微生物分解消化食物；重瓣胃内壁有无数纵列的褶膜，容积 0.9 升，对食物进行机械的压榨。皱胃又称真胃，为圆锥形，容积 3.3 升，由胃壁的胃腺分泌胃液，主要是盐酸和胃蛋白酶，食物在胃液的作用下进行化学消化。

小肠是羊消化吸收营养物的主要器官，细长而曲折，长度约 17～34 米，是体长的 25～30 倍，各种辅助消化酶（蛋白酶、脂肪酶和转糖酶）也在这里产生。当胃内酸性物（包括菌体蛋白）进入小肠后，经过各种消化酶的化学性消化作用，分解为各种简单的营养物质而被绒毛上皮吸收。尚未完全消化的食物，经蠕动而被推进到大肠。

大肠长 4～10 米，主要功能是吸收水分和形成粪便。凡小肠内消化未尽的营养物质，也可在大肠微生物和小肠液带来的各种酶的作用下继续消化吸收。剩余残渣成为粪便，排出体外。

山羊瘤胃较绵羊小，食物停留时间也略短，但山羊小肠的长度比绵羊稍长。

2. 反刍特点

羊在短时间内能采食大量草料，经瘤胃的浸软、混合和发酵，随即出现反刍活动。先是逆呕一个食团于口中，反复咀嚼后再吞咽入腹，如此逐一进行。一日的逆呕食团数约在 500 个左右。每次反刍时间约 40～60 分钟，长者达 2 小时。反刍的次数与时间的长短，与当日所食草料种类有密切关系。绵羊反刍时间约为放牧时间（8～10 小时）的 3/4，为舍饲采食时间（3～4 小时）的 1.6 倍。

3. 瘤胃消化

瘤胃是羊的一个高效率而又连续接种的供厌氧微生物繁殖的活体发酵罐。在 1 克瘤胃内容物中有 500 亿～1 000 亿个细菌，1 毫米瘤胃液中有 20 万～400 万个纤毛虫，其中起主导作用的是细菌。用干草饲喂羊的试验表明：干物质总量的 60%～63%是在瘤胃中进行消化的，其余 37%～40%在以后的胃肠中完成。对粗纤维的消化率羊为 65%，牛为 55%，马为 30%，猪仅为 18%。

羊依赖瘤胃内的微生物作用，将碳水化合物中的 50%～80%的粗纤维分解消化成乙酸等挥发性脂肪酸，乙酸直接参加三羧酸循环。绵羊一昼夜分解碳水化合物形成乙酸等的数量高达 500 克，可满足羊体对总能量需要的 40%。羊依赖微生物的作用，可将草料中非蛋白氮（尿素、氨化物）合成为高质量的氨基酸成分较完全的菌体蛋白。一般草料中，氨化物含量约占粗蛋白质总量的 1/3～1/2。由瘤胃转移到真胃的蛋白质中，约有 82%属于菌体蛋白质。仅这一个来源，就能满足羊体基础代谢对蛋白质需要量的 30%～40%。另外，依赖微生物可在羊体内合成维生素 B_1、维生素 B_2、维生素 B_{12} 和维生素 K 等维生素，可满足自身的需要还有余。

为了提高羊对粗纤维的消化利用效率和日粮的能量水平，就要设法进一步增强微生物群的活性。为了达到这一目的，应在高粗料日粮中，加入少量粉碎玉米或糖蜜等高能量饲料；在日粮中保证磷、硫、钠、钾、钴等矿物质元素的供应；在饲料中添加少量瘤胃素，可使丙酸水平提高 45%，利用效率提高 10%。

4. 羔羊消化

初生羔羊瘤胃微生物群系尚未形成，还无消化粗纤维的能力，故起主要作用的是第四胃，前三胃的作用很小。羔羊所吮的母乳直接进入真胃，由真胃分泌的凝乳酶进行消化。随着日龄的增长和采食植物性饲料的增加，前三胃的体积逐渐增大，约在 20 日龄左右开始出现反刍活动。此后，真胃凝乳酶的分泌逐渐减少，其他消化酶逐渐增多，从而对草料的消化分解能力开始加强。根据这一特点，对出生后7～10天的羔羊应开始补饲容易消化的精料和优质干草，以促进瘤胃发育和增强对饲料的消化能力。如果能在精料中添加 25 毫克抗生素（土霉素、磺胺类药物），可提高羔羊增重 11%。

二、绵羊、山羊的营养需要、饲养标准和日粮配合技术

（一）营养需要

羊的营养需要是指达到期望生产性能时，每天每只羊对能量、蛋白质、矿物质和维生素等各种营养物质的需要量。因羊的种类与品种、生理机能、生产性能、体重和体型、年龄和性别、环境温度、活动量、被毛厚薄以及饲养管理制度等不同，羊对各种营养物质的需要量也是不同的。例如毛用羊对含硫氨基酸（胱氨酸）需要明显较多，肉羊则对碳水化合物及脂肪的需要较多。种公羊配种期、母羊妊娠期、哺乳期，营养需要也比平时要多。以各种羊的主要用途而论，大体按裘皮、羔皮、毛（绒）肉羊的顺序，一个比一个营养水平需求增高。同是细毛羊，肉毛兼用品种对蛋白质的需求比毛肉兼用品种高。

在饲养上，一般以维持饲养为基础，再根据繁殖、胚胎发育、生长、泌乳、育肥、产毛、产绒等不同生理阶段，给予不同的营养，即总营养需要＝维持营养需要＋生产营养需要。

（二）饲养标准

羊的饲养标准是根据饲养试验结果和羊的生产实际，对羊所需要的各种营养物质的定额做出的规定。即经试验研究确定的，羊在不同的状态条件下的能量和各种营养物质需要量或供给量的定额数值。

饲养标准是羊营养需要研究应用于羊饲养实践的最有权威的表述，反映了羊生存和生产对饲料及营养物质的客观需求，高度概括和总结了营养研究和生产实践的最新进展，具有很强的科学性和广泛的指导性。它是羊生产计划中组织饲料供给、设计饲料配方、生产平衡饲粮以及对羊实行标准化饲养的技术指南和科学依据。

肉羊饲养标准(NY/T 81-2004)适用于以产肉为主,产毛、绒为辅而饲养的绵羊品种。该标准规定了肉用绵羊对日粮干物质进食量、消化能、代谢能、粗蛋白质、维生素、矿物质元素的每日需要量值。

(三)日粮配合技术

天然饲料和工农业副产品中可以单独满足羊营养需要的种类几乎没有。在粗放饲养条件下,羊生产水平很低,但羊可以通过寻觅、采食进行营养物质摄取的自我调控,所以,羊的营养问题并不突出。近年来,随着退耕还林、封山禁牧、恢复生态的政策执行,羊饲养必须由以传统放牧为主转为科技含量高、劳动生产率高的集中舍饲为主。羊所需营养物质完全由养殖者所提供的饲料来满足,特别是高产性能的羊种对营养物质的需求更加严格。但是羊只舍饲圈养后饲料种类单一,营养不全价,尤其缺乏青绿多汁饲料和矿物质元素,致使羊只体质差,维生素、矿物质或微量元素缺乏症突出,羊只生产水平和经济效益低下。养羊企业受经济和技术条件限制,仍延用"试差法"设计羊饲料配方,或借鉴典型饲料配方,或凭经验配合羊饲粮。不分品种,不考虑羊生长和生产的不同阶段,只延用一个配方,或一个配方长期使用,这种现象不仅造成很大的饲料资源浪费,而且常造成某些营养性和代谢性疾病的发生,使养羊生产一直处于高资源消耗、低效益的局面。如何科学合理地利用饲料原料资源,生产低成本的全价配合饲料,仍然是制约养羊业发展的瓶颈问题。

日粮配合技术就是依据羊在某种年龄、体重、生理生产状态和环境时对营养物质的需求及羊常用饲料所含各种营养成分的量,通过计算科学地确定日粮中各种饲料原料数量,并按日粮中各种原料所占的组分(百分比),配制成满足一定生产水平类群羊营养要求范围的混合饲料;也就是根据羊营养需要及饲料资源等状况,把若干种饲料按一定比例均匀混合成饲料产品。

现代饲料配方设计就是运用一定的计算方法,根据饲料原料的营养成分含量,饲料价格,可利用饲料资源贮备情况和配方设计要求,羊的营养需求及其对特殊饲料的限制等,产生配方中各原料比例或量的一种运算过程。在生产中,羊的营养需求、饲料原料价格、预期生产水平、经营策略性调整都在不断发生变化,因而配方需要经常性调整,以保持饲料供给符合养殖利益最大化的经营要求。羊产品中的饲料成本一般要占舍饲养殖总成本的70%左右,因此降低养殖成本主要在于降低饲料成本。而降低饲料成本的最有效途径,首先是日粮提供营养的种类、数量及养分间相互影响关系等方面与羊的需求达到供需理想吻合,在确保羊生产潜力充分发挥的同时使饲料养分物尽其用;其次是充分利用廉价饲料,尽可能少地耗用饲料资源,节约饲料开支。这也正是饲料配方设计要解决的问题。

为了节约饲料资源，生产优质、高效饲料，达到规模化健康高效养羊目的，本书重点阐述如何选择饲料原料、评估其营养值和合理搭配以设计最低成本羊饲料配方。

1.选用饲养标准

依据羊种类、性别、体重、生理和生产状况等，参照农业部2004年8月25日最新发布的《肉羊饲养标准》(NY/T 816-2004)，确定羊营养指标。

饲养标准反映了羊对各种营养物质需要的近似值，其内容和数值都是针对某种特定羊群而言，并且具有特定的环境等因素。实际生产中，除了体重和日增重外，育肥绵羊营养需要还与年龄阶段、品种、杂交类型以及季节环境等因素有关，所需营养差异较大。所以，使用饲养标准要灵活变通，根据品种优劣、羊群状况、本场的饲养管理及环境条件、饲料资源及质量等级和加工工艺情况、产品效益等因素予以适量的调整。一般在原饲养标准基础上，调整幅度为10%左右，其中某些维生素的应激添加量为饲养标准的1～2倍，甚至高于饲养标准的数倍，以保证其效力。

2.根据营养指标选择饲料原料，并确定相应成分的营养价值

饲料原料质量是配合优质高效饲粮、健康高效养羊和生产无公害食品的基础。饲料原料质量把关不严或失误，加工的配合饲料质量有问题，会导致饲养失败或重大损失。

(1)合理选用饲料原料。

饲料构成羊产品成本的70%左右。合理选择利用饲料资源对提高养羊生产水平和经济效益起着决定性作用。掌握各类饲料营养特点是科学合理选择饲料原料的基础。

①选用本地资源充足或来源渠道广、营养丰富、便于加工的饲料。例如，固原市的玉米、小麦、麸皮、胡麻饼、葵仁饼、苜蓿、马铃薯及其粉渣、作物秸秆、青贮、微贮等饲料资源来源充足有保障。

②选择符合羊消化生理特点的饲料。羊属于草食动物，发达的瘤胃具有消化粗纤维的功能，故可大量利用青粗饲料。例如，青绿饲料、青干草、落叶、作物秸秆和秕壳及青贮饲料、微贮饲料都为羊的好饲料。

虽然羊的采食面较广，但设计饲粮时也应根据羊的不同用途和生理特点选择原料。例如，生长肥育羊、泌乳羊应选择富含能量和粗蛋白质的饲料，如玉米和饼粕类饲料；母羊产羔初期应供给易消化和具有轻泻作用的饲料，如麦麸、胡麻饼粕等；种公羊配种期应增加适量动物性饲料；产毛羊日粮中应多用富含硫氨基酸饲料。游离棉酚可使种公羊生殖细胞发生障碍，故应禁止采用棉粕，种母羊也应尽量少用。母羊妊娠后，禁止选用棉籽饼、菜籽饼、酒糟、柞树叶等饲料。怀孕母羊产前

15 天停喂青贮饲料。

日粮体积应与羊消化道相适应。日粮体积过大,羊消化道负担过重,影响饲料消化和吸收;反之,日粮体积过小,羊感觉饥饿不利于生产。日粮既要让羊吃得下,又要有饱腹感,并能满足营养需要。青绿多汁饲料、粗饲料体积大,营养浓度低,幼龄羊、妊娠母羊、种公羊不宜多用。

饲料适口性直接影响采食量。例如,高粱含单宁,菜籽饼具有辛辣味,骨粉、血粉有异味,棉籽、芝麻、葵花饼均适口性差,影响采食量,应搭配使用。

所以,应选择适口性好、无异味、易消化利用、生物学效价高、利于生产和健康的饲料。

③保障饲料原料质量。优质饲料原料虽价格较高,但用其加工的全价配合饲料质量有保证,可提高饲养效果,如提高肉羊的增重速度,提高饲料的转化率,缩短育肥期,提早出栏,因此反而会降低饲养成本。

要保障饲料原料质量,应注意以下三点。

一是要保持适宜的饲料含水量。饲料原料水分含量是评价其质量指标之一。如果饲料水分含量太高,不仅降低了饲料原料的营养价值,更重要的是贮藏时易引起配合饲料发霉变质。饲料原料要求水分含量一般北方不高于 14%,南方不高于 12.5%。

二是要确保饲料的安全性。饲料的安全性是指畜禽食后无中毒和疾病发生,也不至于对人类产生潜在危害。饲料级国家《饲料卫生标准》(GB 13078-2001)规定了饲料原料、饲料添加剂产品中有害物质及微生物的容许量。有条件最好进行相关质量指标测定,如玉米中的霉菌总数及黄曲霉毒素 B_1 含量、小麦麸中的霉菌总数、大豆饼中的脲酶活性、棉籽饼中的游离棉酚含量和酶毒总数、菜籽饼中的异硫氰酸酯含量、胡麻饼中的氰化物含量、花生仁饼中的黄曲霉毒素含量等。

羊的矿物质补充饲料以无机盐类为主。石粉为天然的碳酸钙,注意镁、铅、汞、砷、氟含量是否在卫生标准范围内。贝壳粉内夹杂碎石和沙砾,有残次生物尸体发霉发臭的情况。孵化出雏的蛋壳粉含钙极少,蛋壳粉蛋白质易腐败。石膏含钙量范围大(20%~30%),注意含氟量是否超标。应注意饲料级磷酸氢钙的砷、铅、氟是否超标。骨粉成分变化大,来源不稳定,有异臭,适口性差,影响采食量,应少用或不用。脱胶或蒸制骨粉质量较好,生骨粉或其他骨粉往往品质低劣,有异臭,为灰泥色,常携带大量致病菌或敌敌畏等。

糟渣类是羊良好的粗饲料,消化率可高达 80%,但酱渣含盐量高(用量不宜超过 20%),粉渣、豆腐渣饲喂过多易引起羊腹泻。甜菜渣饲喂过多易引起下痢。酒糟若喂量过大易引起孕羊流产或死胎,故禁止饲喂种羊。

青绿多汁饲料是羊的好饲料，可以作为唯一的饲料来源而并不影响其生产力。饲喂青绿多汁饲料时一定要保持新鲜，切忌发霉腐败变质、患有黑斑病、霜冻和被农药污染，以免含有毒有害物质，引起中毒。例如，蔬菜、饲用甜菜、萝卜叶、芥菜叶、油菜叶等发霉腐败，含有大量亚硝酸盐；高粱苗、玉米苗、马铃薯幼芽、木薯、亚麻叶、蓖麻籽饼、三叶草、南瓜蔓、苏丹草等青饲料堆放发霉或霜冻后，含有氢氰酸，特别是玉米、高粱收割后的再生苗，霜冻后危害更大。此外，木薯中含有生氰糖苷，其水解生成氢氰酸而产生毒害；草木犀发霉腐败时，含有双香豆素；甘薯出现黑斑或腐烂后含有黑斑酶酮，不能饲用；马铃薯的表皮变绿或发芽时含龙葵素增多；箭筈豌豆（春巢菜）含有生物碱和氰苷，易引起中毒，饲用前须浸泡、淘洗、磨碎、煮熟，并避免大量、长期、连续使用；银合欢含有含羞草氨酸，在瘤胃微生物作用下转化为DHP，产生毒害。含有雨水或露水的苜蓿大量饲喂羊只易发生鼓胀病，白三叶单独饲喂时羊发生鼓胀病，要搭配禾本科牧草饲喂。有毒植物，如夹竹桃、嫩栎树芽、青枫叶等饲喂羊只会中毒。农田果园刚喷洒过农药后，其邻近的杂草或蔬菜被农药污染，不能饲喂羊只。

另外，被病畜禽或微生物及工业废水等污染的饲草料、未经科学试验验证的非常规饲料原料也不能饲用。

为了防止疯牛病及生产绿色食品，2001 年农业部明文要求在反刍动物饲料中禁止使用以哺乳类动物为原料的动物性饲料产品，如肉骨粉、骨粉、血粉、血浆粉、动物下脚料、动物脂肪、干血浆及其他血液制品、脱水蛋白、蹄粉、角粉、鸡杂碎粉、羽毛粉、油渣、鱼粉、骨胶等动物性饲料；禁止使用转基因方法生产的饲料原料、工业合成的油脂和畜禽粪便。

三是要防止饲料掺假。近年来，饲料掺假问题严重，致使其中的粗蛋白质含量不足。例如，鱼粉、大豆饼粕、骨粉等饲料中掺砂；鱼粉中常见的掺杂物有血粉、骨肉粉、羽毛粉、棉籽粕、棉籽壳、皮革粉、锯末、花生壳粉、粗糠、酱醋渣、贝壳粉、铁屑、泥沙等；大豆饼粕掺有玉米粉、玉米胚芽饼、细沙等；小麦麸掺有木屑、细稻糠等；骨粉中掺有石粉、贝壳粉、细沙等。

掺假会降低或改变饲料原料营养成分的价值，影响饲养效果，严重的会造成羊发生疾病或死亡，带来损失。掌握了各类饲料的理化特性，凭经验通过感官（视觉、味觉和触觉）可轻易识别掺假饲料，进一步还可通过物理、化学方法加以鉴别。

④选择市场价格低廉的饲料。设计饲料配方的目的是要得到一个营养物质既能满足畜禽需要、适合生产要求，同时成本又最低的饲粮。因此，应尽量选用青绿饲草、青干草、作物秸秆及其加工的青贮、微贮、酶贮和氨化饲料来满足羊只的营养需要，减少粮食比重，增加农副产品以及优质青粗饲料的比重。例如，利用玉米胚

芽饼、粮食酒糟等替代部分玉米、稻谷等能量饲料；利用脱毒棉仁饼、菜籽饼、向日葵仁饼、苜蓿粉等替代部分大豆饼、鱼粉等价格昂贵的蛋白质饲料，以降低饲料成本。

⑤合理使用饲料添加剂。饲料添加剂是在饲料加工、贮存和饲喂过程中添加的一类特殊物质。其用量虽小，但对补充或平衡营养、预防疫病、保障饲料和畜产品质量有很大作用，能有效地降低成本，提高产量。

使用添加剂必须遵守《饲料药物添加剂使用规范》(2001.7 农业部公告第 168 号)，饲料中不得添加《禁止在饲料和动物饮用水中使用的药物品种目录》(2002.2 农业部公告第 176 号)中规定的违禁药物。参考《饲料添加剂品种目录》(2008.12 农业部公告第 1126 号)选用需要的添加剂。抗生素和抗寄生虫药的使用要符合《无公害食品 肉羊饲养兽药使用准则》(NY 5148-2002)的规定，禁止使用未经国家批准的兽药和已淘汰的兽药以及《食品动物禁用的兽药及其他化合物清单》中的药物。

目前市场上的添加剂品种繁多，质量参差不齐。根据国家对饲料产品质量监督管理的要求，所用饲料添加剂和添加剂预混合饲料必须来自于有生产许可证的企业，并且应具有企业、行业或国家标准、产品批准文号、进口饲料和饲料添加剂产品登记证及配套的质量检验手段。凡质量合格的产品，一是要有产品标签，标签内容包括产品名称、饲用对象、批准文号、营养成分保证值、用法、用量、净重、生产日期、保质期、厂名、厂址；二是要有产品说明书；三是要有产品合格证；四是要有注册商标。只有掌握了这些基本知识，才能选购到合格的产品。

羊常用的饲料添加剂有：羊预混料、稀土、膨润土、尿素、磷酸脲、碳酸氢钠、瘤胃素、氧化镁、二氢吡啶、中草药添加剂、酶制剂、喹乙醇、杆菌肽锌、埋植增重剂等。其中，羊预混料必须添加，以平衡日粮微量元素和维生素等营养。其他添加剂可根据需要和使用说明添加，要防止过量中毒，且不可同时添加多种。

(2)根据营养指标确定饲料原料成分及营养价值。

饲料成分及营养价值客观地表现了每种饲料的营养成分种类及其含量高低，是制定饲料配方时合理选择饲料原料并确定其适宜配比的重要依据。但是，饲料因品种、产地、加工工艺、质量等级、收获期等因素的影响，其营养价值有差异，生物学效价也不同。因此，在制定饲料配方时，为确保饲料原料营养价值使用的可靠性和有效率，对来路不明或质量有问题的饲料，最好先到有关部门化验分析后再使用(如有条件最好是本单位实测值)。如因条件所限，不能对饲料进行逐一化验分析，则查本地区科研部门的有关饲料分析资料，或与本地区相邻近或自然条件相近地区的同一品种原料的分析资料，最后参考中国农业科学院的《中国饲料数据库》公布的最新数字，确定较低的营养价值或按其平均值进行测算。如固原市养羊生产中，饲料原料一般就地取材，故要首先查阅《宁夏区配合饲料资源调查资料集》中的数据，再参考《中国羊常用饲料成分及营养价值表》或《中国饲料成分及营养价值表》(2008 年第 19 版)。

3. 日粮配方设计

(1)合理搭配各类饲料，保证日粮营养的全面与平衡。

由于各种营养物质在机体中相互促进、相互制约，存在着协同(互补、转化、替代)和拮抗作用，所以在设计饲料配方时，不仅要考虑各营养物质的含量，还要考虑各营养素的全价性和平衡性。营养物质的含量应符合饲养标准。营养素的全价性即各营养物质之间以及同类营养物质之间的相对平衡，否则就影响饲粮的营养性。

能量与蛋白质、氨基酸等应保持适当比例。若饲粮中能量偏低而蛋白质偏高，动物就会将部分蛋白质降解为能量使用，从而造成蛋白质饲料的浪费。注意，蛋氨酸和赖氨酸是羊最主要的限制性氨基酸，缺乏会限制其他氨基酸的利用。此外，赖氨酸对钙和磷、精氨酸对锌、含硫氨基酸对硒的吸收起重要作用；硫能促进瘤胃含硫氨基酸、维生素 B_{12} 的合成；维生素 A、维生素 D、维生素 B_2、维生素 B_6 促进机体对蛋白质的吸收利用；维生素 D 促进 Ca、P 吸收；Co 有助于合成维生素 B_{12}。

羊日粮中 Ca、P 不平衡(比例失调)或含量过高不仅会影响 Ca、P 自身的吸收利用，还会降低 Zn、Mg、Mn、Cu 等矿物质的吸收利用率。同样，饲料中 Zn、Mg、Mn、Cu 等矿物质过高时也会影响 Ca、P 在机体内的吸收与沉积。饲料中 Mn 过多，会降低 S、I 的利用率。饲料中 Zn、Mn、Mo、Se 过多，会降低 Cu 的利用率，而缺 Cu 又会影响对 Fe 的吸收。S 不足，羊吸收 Cu 增加而引起中毒；Cu 不足，又会吸收过量 Zn 而中毒。饲喂尿素时，日粮中必须提供一定量易消化的碳水化合物，同时保证供给微生物生命活动所必需矿物质，如 Co、S、Ca、P、Mg、Fe、Cu、Mn、Zn 和 I 等，最佳 N∶S 为(10～14)∶1，N∶P 为 8∶1。食盐缺乏会影响蛋白质等营养物质的消化吸收。

维生素 A 和维生素 E 不足会影响维生素 C 在体内的合成。维生素 E 保护维生素 A 和胡萝卜素不被氧化破坏，促进维生素 A、维生素 D 的吸收。但维生素 E 摄入过多反而会降低维生素 A 的吸收利用率。

因此，设计饲料配方时要充分考虑各营养物质的全面性和平衡性。必须掌握各种饲料的营养特性，科学搭配，相互补充，不足部分必须用添加剂补足。同时要防止某营养成分过量失衡。

(2)羊饲料的合理配比范围。

多种饲料搭配使用可发挥各种营养物质的互补作用，有效地提高饲料的生物学价值和利用率。饲料之间的配比量适当与否，关系到饲粮的适口性、消化性和经济性。羊常用饲料的配比范围较宽，可根据羊的营养需要、对饲料的消化利用能力和适口性，以及饲料的营养特性、去毒程度、资源贫富、价格高低等方面合理确定。

舍饲羊的日粮，应由青饲料、多汁饲料、青贮饲料(包括微贮)、干草(青干草、秸秆)和精饲料(包括添加剂)等多种饲料搭配组成。以混合精料含量占50%、粗料含量占50%的配比比较合适；或青绿多汁饲料(包括青贮饲料)、青干草、精料各占1/3。精饲料用量一般不超过日采食量的40%，但育肥羊可提高到日采食量的60%以上。过多采食精料，易引起瘤胃酸中毒，会造成死亡。多汁饲料(块根、块茎、瓜类和蔬菜等)不宜超过羊日粮的15，因其喂量过多易引起消化不良性腹泻。青贮饲料比例不宜过大，应掌握在日粮总量的50%以内，否则易引起羊只酸中毒。而且长期大量饲喂青贮饲料时，羊易发生 Mn 缺乏症。精料中能量饲料类占65%～75%，蛋白质饲料类占15%～25%，麦麸占10%～15%，矿物质饲料占1%～1.5%。一般情况下，各类饲料原料在羊日粮精料中的最高限量为：玉米70%，小麦25%，麦麸30%，高粱30%，全脂米糠20%，脱脂米糠30%，葵花饼30%，胡麻饼35%，豆饼40%，普通棉籽饼15%～20%。日粮中有大量的青干草、青绿饲料、青贮料、胡萝卜或含有充足的胡萝卜素和钙质时，可有效防止有毒饼中毒发生。

食盐占羊日粮风干物质的1%，应防止过量中毒。

羊的营养中最显不足的是能量，尤其是处于生长期、肥育期和繁殖期的羊，故必须选择高能量饲料组成饲粮，如玉米、豆饼。羊的蛋白质指标比较低，许多青粗饲料的蛋白质含量均能满足成年羊的需要。当羊瘤胃机能正常时，瘤胃微生物能够合成维生素B族、维生素K和维生素C，故不必另外添加。日粮中应提供足够的维生素A、维生素D和维生素E，可从青绿饲料或添加剂中获得(青绿饲料、胡萝卜、黄色玉米、优质干草和青贮饲料含丰富的胡萝卜素；饲喂晒制干草或日光浴可获得维生素D；小麦胚、优质豆科干草和青绿饲草都含丰富的维生素E，但双香豆素、真菌霉素、抗生素和磺胺类药物拮抗维生素E)。微量元素可用添加剂补充，钙质不足以无机盐类补充。适宜的Ca：P为(1～2)：1。粗纤维控制在10%～20%为宜，若含量高会影响其他饲料营养物质的消化和吸收。

4. 饲料加工贮藏

饲料质量优劣与其合理加工贮藏具有密切的关系。粉碎粒度应从羊消化生理特点出发，配合饲料原料不可加工太细。精料粉碎喂羊一般在2毫米为宜，籽实类饲料以压扁为好。粗饲料以切短为宜。喂羊的秸秆一般切成1.5～2.5厘米，老弱或幼羊要更短。秸秆粉碎直径应在0.8厘米左右为宜。羊用颗粒饲料直径0.8～

1.2厘米。块根块茎类饲料必须先用清水将其洗净，再切成手指粗细的长条为好，以避免整块投饲时羊只争抢发生“噎食”，甚至窒息死亡。混合要均匀，尤其是药物、微量元素、维生素、氨基酸等微量预混料添加剂，饲粮混合均匀度变异系数通常不得大于10%。有条件的要购买搅拌机，搅拌前应对预混料进行稀释，并逐级混合，以保证微量物质在饲料中的均匀度。采用人工搅拌一般均匀度达不到要求，严重影响了预混料的使用效果。注意，维生素与矿物元素能相互作用而失效，故不可将它们预先混合在一起存放。一次配料不能过多，每周或10天配料一次，储藏时间过长易引起成品料霉变、结块、虫蛀，维生素效力下降。要防止鼠鸟污染饲料。饲料库应清洁通风、干燥避光，有防鼠防鸟防水防潮防霉防晒防虫设备。饲料原料合格入库后需要注明品种、数量、规格、生产厂家、经营单位、生产日期和购入日期等，有些原料如维生素、氨基酸、药物等要按说明要求专门保管。

日粮中粗料切短或粉碎，与精料混匀分次饲喂，或利用草架和料槽分别饲喂。应按羊只数量计算精粗料用量，饲槽均匀布料，保证每只羊每次食入应有量。育肥羊最好能将草料配合在一起，加工成颗粒，用饲槽一起喂给。

三、绵羊的饲养管理技术

(一)羔羊的培育

哺乳期是指从出生到断奶这一阶段，一般为2～3个月。哺乳期的羊叫羔羊。羔羊的生理机能处于急剧变化阶段，生长发育最快，可塑性较大，故这一阶段饲养的好坏直接影响羔羊的生长发育以及成年时的体型结构和生产性能。同时，羔羊对外界环境的适应性差，饲养管理不当会导致其体质下降，容易感染疾病甚至死亡。因此，在养羊生产中一定要加强对羔羊的培育工作。

1.初乳期(出生～5天)

母羊产后5天以内的乳叫初乳，它含有丰富的蛋白质、脂肪、维生素、无机盐等营养物质和抗体，具有独特的生物学功能，是出生羔羊不可缺少的保健食品。羔羊出生后及时吃到初乳，对增强体质、抵抗疾病和排出胎便有很重要的作用。因此，应让羔羊尽量早吃、多吃初乳。初乳吃得越早、越多，则羔羊增重越快，体质越强，成活率越高。羔羊吃初乳期一般为5天，不能间断，可以随母羊哺乳或用保姆羊哺乳，自由吸吮，每天4～6次。

2.常乳期(6～60天)

在这一阶段，奶是羔羊的主要食物。常乳是母羊产后第6天至干奶期以前所产的乳汁，它是一种营养完全的食品。羔羊生长快，营养需要多，但却不能大量采食草料，故其食物基本上是以羊乳为主，饲喂为辅。但羔羊要早开食，训练其吃草料,以促进前胃的发育,增加营养的来源。一般从10日龄后开始给草,将幼嫩青绿草捆成把吊于空中,让小羊自由采食。从15日龄后开始教吃料,在饲槽里放上用开水烫过的料,引导小羊去啃,反复数次就会吃料了。从40日龄后要减奶量增草料,若草料吃不进去就会影响其生长发育。

3.奶与草料过渡期(61～90天)

在这一阶段,羔羊食物开始奶与草料并重,并注意日粮的能量、蛋白质营养水平和全价性。后期奶量不断减少,以优质干草与精料为主,奶仅作为蛋白质补充饲料。

羔羊能采食饲料后,要求饲料多样化,最好喂给配合饲料或代乳料。

此外,1个月后的羔羊应适当运动。随着日龄的增加,可把羔羊赶到牧地上吃草,还要定时补给草料。

(二)青年羊的培育

从断奶后到配种前的羊叫青年羊。这一阶段是羊骨骼和器官充分发育的时期,故饲养是否合理,对羊的生长发育速度和体型结构起着决定性的作用。如果饲养不良,就会影响羊一生的生产性能,体狭而浅,体重轻,剪毛量低。若在这一阶段加强培育,则可以使羊增强体质,增大体格,促进器官发育,对将来提高其生产性能有重要作用。

喂给优质的饲草、饲料,保持充足的运动,是培养青年羊的关键。丰富的营养和充足的运动,可使羊胸部宽广,心肺发达,体质强壮。庞大的消化器官、发达的心肺是将来高产的基础。以舍饲为主,辅以系牧或牵牧,是培育青年羊最理想的饲养方式。

(三)种公羊的饲养管理

种公羊应保持较好的膘情,使其具有健壮的体质、旺盛的性欲和良好的精液品质,以便更好地完成配种任务,发挥其种用价值。

种公羊的日粮要求营养全面,蛋白质、维生素A、维生素D及无机盐含量充足,容易消化,适口性好。理想的饲料,粗饲料类有苜蓿、沙打旺、柠条、籽粒苋、串叶松香草、小冠花、花生蔓、三叶草、落叶、秸秆、青贮饲料和微贮饲料等,精料类有玉米、麸皮、燕麦、大麦、豌豆、黑豆、豆粕和麻饼等,多汁饲料有马铃薯、胡萝卜和甜菜等。

种公羊的饲养可分为配种期饲养和非配种期饲养。配种期饲养又可分为配种预备期(配种前1～1.5个月)及配种期(1～1.5个月)饲养。配种预备期应增加精料量,按配种期给量的60%开始补给,逐渐增加到配种期精料应给量。配种期混合精料给量为1千克左右,若配种任务较大,可日补给鸡蛋2～4个。非配种期应补给精料0.5千克。青绿草、青干草、青贮、微贮自由采食。

在管理上应温和待羊，恩威并施，驯治为主，经常运动，每天刷拭，及时修蹄，定期防疫，合理利用。

种公羊舍应远离母羊舍，以减少发情母羊和公羊之间的相互干扰。

小公羊要及时进行生殖器官的检查，对小睾丸、短阴茎、附睾不明显的，以及到7月龄采精检查时发现无精或死精的个体，要予以淘汰。

种公羊舍应通风、干燥、向阳。每只公羊需面积2米^2，并要有较宽广的运动场。

(四)成年母羊的饲养管理

成年母羊担负着配种、妊娠、哺乳等各项繁殖任务，故应保持良好的营养水平，以求实现多胎、多产、多活、多壮的目的。一年中母羊的饲养管理可分为配种前期、妊娠期和哺乳期3个阶段。

1.配种前期的饲养管理

在配种前1.5个月，应对母羊加强饲养，抓膘、复壮，为配种、妊娠贮备足够的营养。对体况不佳的羊，应给予短期优饲，即喂给最好的饲草，并补给最优的精料。

2.妊娠期的饲养管理

羊妊娠期为150天，可分为妊娠前期和妊娠后期。

妊娠前期是妊娠后的前3个月，此期胎儿发育较慢，所需营养较少，但要求能够继续保持良好膘情。如果饲草等粗饲料不能满足时，应补给精饲料。日粮可由50%青绿草或青干草、40%青贮或微贮、10%精料组成。不能喂发霉变质、冰冻有霜的饲料，不饮冰茬水，不让羊受惊，加强管理，以防发生早期流产。

妊娠后期是妊娠后的最后2个月，此期胎儿生长迅速，增重最快，初生重的85%是在此期完成的，所需营养较多，应特别加强饲养。日粮可由35%青绿草或青干草、35%青贮或微贮、30%精料组成。参考精料配方：43%玉米、26%麸皮、15%胡麻饼、10%豆饼、1.5%钙粉、2%预混料、1%食盐、0.5%小苏打、1%微量元素预混添加剂。此期的一切管理措施都应围绕保胎来进行。

3.哺乳期的饲养管理

哺乳期大约3个月，依据羔羊依赖母乳的情况，可将哺乳期划分为哺乳前期和哺乳后期。

哺乳前期即羔羊出生后的1.5～2个月，此期羔羊营养主要依靠母乳。羔羊每增加1千克体重约需母乳5千克。为满足羔羊快速生长的需要，必须特别加强母羊的饲养，提高泌乳量。故应为母羊尽可能多地提供优质饲草、青贮或微贮、多汁饲料，精料要比妊娠后期略有增加，饮水要充足。

母羊泌乳一般在产后40天达到高峰，60天开始下降，这个泌乳规律与羔羊胃肠机能发育相吻合。60天后，随着泌乳量的减少，羔羊瘤胃微生物区系逐渐形成，利用饲料的能力日渐增强，已从以母乳为主的阶段过渡到了以饲料为主的阶段，此时便进入母羊的哺乳后期。

在哺乳后期，羔羊已能采食饲料，对母乳依赖性减少，此时应以饲草、青贮或微贮为主进行母羊饲养，可以少喂精料。

产羔后的1～3天内，如果膘情好，可不喂精料、多汁饲料和青贮料，只喂优质干草，以防消化不良或发生乳房炎和羔羊腹泻。

羔羊吃乳时，要人为控制小羊，以防偏乳。

圈舍应勤换垫草，经常打扫，保持清洁干燥。

(五)几项管理技术

1.去角

去角可以防止羊争斗时致伤，给管理工作带来方便。去角时一人保定羊或用保定箱保定羊，另一人进行去角操作。常用的去角方法有四种。

(1)化学去角法：就是用苛性钾(钠)去角。一般在羔羊生后5～10天内进行。去角时首先将角蕾部分的毛剪掉，角周围涂上凡士林，以防苛性钾(钠)溶液流出，损伤皮肤和眼睛。然后取棒状苛性钾(钠)1支，一端用纸包好，另一端蘸上水在角蕾部位旋转磨擦，由内到外，由小到大，反复进行。磨擦时间不能过长，磨擦的位置要准确，磨擦面要大于角基部。若磨擦面过小或位置不正，往往会出现片状短角；而磨擦面过大则会造成凹痕和眼皮上翻。去角后，要擦净磨擦面上的药水和污染物，随母羔羊半天内不应让其接近母羊，以免烧伤母羊乳房。

(2)烙铁去角法：羔羊生后5～15天可用烙铁去角。用长8～10厘米、直径1.5厘米铁棒，焊上一个把，在火上烧红取出后，略停片刻，待红色变成蓝色时，绕着羔羊角蕾烧烙。其保定方法与化学去角法相同。此法速度快，出血少，值得推广。亦可采用电烙铁去角。

(3)简易烧烙去角法：用8号铁丝一段，一端做成2厘米直径的圆形烙铁头，另一端套上一段木棒或竹竿作为手柄。将烙铁头放入炭火，烧红后套在角芽上，向头部推进并转动，保持10～20秒钟即可。

(4)机械去角法：就是用手术刀从角基切掉角蕾。去角不彻底而又长出的残角，可用钢锯锯掉。

2.刷拭

经常刷拭可使羊体清洁，促进皮肤健康和新陈代谢，有利于人畜亲近，便于管理。刷拭可用鬃刷或草根刷，从上到下，从左到右，从前到后，按照毛丛方向有顺序地进行。

3.修蹄

蹄是皮肤的衍生物，不断生长，必须经常修蹄。长期不修蹄不仅影响羊行走，而且会引起蹄病。修蹄最好在雨后进行，这时蹄质变软，容易修理。修蹄时需要将羊保定好，用修蹄刀切削，当看到微血管时立即停止。一旦出血，可用烧烙法止血。修好的蹄，底部平整，形状方圆，站立端正。一般每3个月修蹄1次。

4.去势

不作种用的公羊可以去势。去势后的羊温顺、易肥、肉美。羔羊去势在1月龄内进行。去势的方法有刀骟法和结扎法。刀骟时，人的手、刀、羊阴囊及皮肤要用来苏儿、碘酒分别消毒，用刀切开阴囊，挤出睾丸，撕断精索（成年公羊要进行结扎），然后给伤口涂上碘酒，撒些消炎粉即可。结扎法适用于羔羊，它是用橡皮筋扎在阴囊基部，以断绝血液循环，约15天后，阴囊连同睾丸就自行脱落。羔羊去势期间应随时检查，防止去势部位发炎。

5.药浴

药浴能防治体外寄生虫，增进皮肤健康，促进羊毛生长。药浴一般在春季剪毛10天后或夏季晴朗无风天进行。药浴可选用0.03%林丹乳油水溶液、0.05%蝇毒磷乳剂水溶液、0.5%敌百虫水溶液、0.2%消虫净水溶液或0.04%蜱螨灵水溶液。药浴前8小时停止喂料，饮足水。药浴的水温在30℃左右。药浴时应先浴健康羊，后浴有皮肤病的羊。病羊或有外伤的羊以及妊娠期的羊，暂不药浴。公羊、母羊和羔羊分别入浴，浴液的深度以浸没羊体为原则，入浴时羊鱼贯而行，药浴出口处，设滴流台，让羊浴后停留片刻，使身上的残余药液流回池内，然后在阴凉处休息1～2小时，并喂一些饲草。药浴后的药液不能随便乱倒，以防羊误食中毒。除药浴池外，也可用淋浴或喷雾设施进行药浴。

6.编号

编号是育种工作中不可缺少的环节。它便于选种选配，便于了解羊的血统、生长发育、生产性能等。常用的编号法是耳标法。耳标用金属或塑料制成，有圆形或长方形两种。在金属耳标上用钢字钉打上羊号，或在塑料耳标上用特制笔写上羊号，用打孔钳将耳标插于左耳基下部。打孔时应避开血管，并用碘酒消毒。编号顺序一般是年份在前，序号在后，如1999年出生的第88只羊，可编为99－88。公母羊可通过单、双数分开编号。

7.运动

运动能增强体质，减少疾病。舍饲羊舍应尽可能大些，并应有宽敞的运动场。每天应将羊适当地驱赶运动或拉出羊圈遛一遛。

8. 称重

体重是衡量羊生长发育的主要指标,也是检查饲养管理工作的重要依据,应及时准确的称重。称重包括初生重、断奶重、周岁重和成年重等。

9. 剪毛

每年剪毛1～2次,春季在5～6月份,秋季在9～10月份。剪毛的场地要清扫干净,最好能铺上席。羊剪毛前12小时要禁食,以防剪毛损伤肠胃。剪毛时先将羊放成侧卧姿势,拴好四蹄(前两蹄拴在一起,后两蹄拴在一起),羊头下边垫草包,消除羊体的杂质异物,剪毛人对羊腹而坐,左腿伸直轻压住羊脖,羊会很舒服地一动不动地让剪毛。由腹部向上剪到背中线,再将其翻到另一侧,照上法剪完。剪毛要紧贴皮肤,只剪一剪毛,严禁剪二次毛。毛要剪成一张皮,将其叠好、捆好、过秤、存放。最好使用专用剪毛剪。

四、肉羊肥育

(一)肉羊的生长发育规律

1. 肉羊的生长发育特点

肉羊在生长发育过程中各部位、组织、器官及脂肪的成熟和积累有先后之别见表2.3。

表2.3 肉羊各部位、组织的发育顺序

发育顺序	1	2	3	4
部位	头	颈、四肢	胸廓	腰
组织	神经	骨骼	肌肉	脂肪
骨骼	管骨	胫骨(排骨)	大腿骨	骨盆
脂肪	肾脏脂肪	肌肉间脂肪	皮下脂肪	肌内脂肪

不难看出,头是羊首先发育的身体最重要的部位。

从组织上看,对羊的生命至关重要的是神经系统(脑、眼等),其发育在胎儿期就已相当旺盛,之后渐慢,发育重点转向骨骼。当骨骼发育最盛期过后,重点又转向肌肉。肌肉的发育期相当长,最后则是脂肪的积累。经过这四个阶段以后,羊体就算发育成熟了。肉羊的饲养主要侧重于满足前两个发育阶段。而肉羊的肥育则主要侧重于满足后两个阶段的发育。

羔羊在生长期间,由于各部位的各种组织在生长发育阶段代谢率的不同,体内主要组织的比例也有不同的变化。通常早熟肉羊品种在生长最初3个月内骨骼发育最快，此后，变慢变粗；4～6 月龄时肌肉组织发育最快，以后几个月主要是脂肪组织的增长；到 1 岁时肌肉和脂肪的增长程度几乎相同。

2. 肉羊的增重特点

肉羊由产出哺乳到 1.5～2 岁开始配种，经过两个显著的生长发育阶段，即哺乳阶段和断乳后的育成阶段。此时新陈代谢的特点是同化作用强于异化作用。

羔羊在哺乳前期（8 周龄以前），主要依靠母乳来生长发育，哺乳后期（8 周龄以后）则靠母乳和补饲。整个哺乳期的特点是羔羊生长迅速，日增重可达到 200～300 克，这一时期要求蛋白质的质量高，以使羔羊加快生长发育。

在适宜的饲养管理条件下，肉羊的增重从出生（包括妊娠期）到成熟持续上升，1～5 之间增重最快。成熟期后，体重相对稳定。最后到老年时体重会有一些减少。绵羊的生长曲线图是绵羊体重变化的正常曲线，绵羊体内任何组成部分的增长也有类似情况，如绵羊的心脏重、睾丸重、头骨重等各个组成部分的重量亦具有同样的曲线。绵羊的生长曲线图是绵羊绝对增重曲线，而生长速度曲线则表示增重速度而不是绝对增重。研究表明，羔羊在 1～5 月龄增重最快，这也是生产肥羔的理论依据所在。

据报道，羔羊由初生到 8 月龄增重的变异原因不仅是营养所致，而且还有其他因素的影响，其中包括公羊的遗传、母羊的遗传、年龄、母体效应、1 胎产羔数、羔羊的性别等。

但是，不论什么性别、品种，羔羊断奶后直到肉羊成年时，体躯蛋白质含量随着体重增加而减少，脂肪和能量随着体重而上升。育成阶段，虽然肉羊主要依靠饲料来生长发育，这一阶段的增重没有哺乳期那样迅速，但在 8 月龄以前，如果饲养好，肉羊的日增重仍可达 150～200 克。

3. 肉羊骨骼的生长发育特点

肉羊全身骨骼在不同时期的生长强度不同，尤以出生前生长为多。羊初生时骨骼可占体重的 18％，之后则生长强度逐渐下降，成年时仅为体重的 7％。

羊出生前，四肢骨明显占优势；出生后不久，体轴骨则强烈生长，四肢骨生长明显转慢；到成年时，肉羊体躯逐渐加长、加深和加宽，四肢也相对变粗变短。例如育成公羊，体轴骨的肋骨（是各种骨中发育最晚的）生长系数，就比四肢骨的管骨生长系数几乎要大 6 倍（30.1∶5.1）。

体轴各骨的发育迟早，明显与头骨距离的远近呈正相关，即生长顺序是由前向后。出生前头骨生长最旺盛，出生后生长强度逐渐移到颈椎和胸椎，最后才是荐椎和骨盘骨的强烈生长。四肢各骨生长顺序是由下而上。母羊初生时股骨的重量为管骨重量的 210％，成年时则达到 311％；骨盘骨在初生时为管骨重量的 142％，而到成年则可达569%(表2.4)。

表2.4 不同年龄母羊后肢重量的变化(以管骨为100)

类别	初生	5月龄	4岁
骨盆骨	142	430	569
股骨	210	289	311
胫骨	197	245	263
管骨	100	100	100

肉羊的荐部和骨盘部是其纵、横两个生长波的汇合部位,它的最高生长强度出现得最迟,是全身最晚熟的部位,也是肉羊出肉最多、肉质最好的地方。因此,如果在强度生长时期营养不足,则将使后躯变得尖窄而斜,影响产肉量。

4.肉羊肌肉的生长发育特点

肉羊肌肉组织的大量增长是出生后发生的。其生长规律符合前述的生长发育规律。肌肉纤维的生长是通过增加其直径和长度两种过程实现的。

研究认为,肌纤维随着个体发育、年龄和体重的增长而不断地变粗、变长。例如,1只羔羊初生时体重4.2千克,其肌纤维直径为11.3微米;成年时体重长到113.5千克,此时肌纤维的直径增粗到50.4微米。另外,不同部位肌纤维的直径也不一样,有最长肌纤维直径为29~30微米,而股二头肌纤维直径为31.5~36.0微米。据报道,羔羊在3~5月龄之前,肌纤维的直径急剧增加,而从6月龄起则开始缓慢增粗,到9~12月龄时,肌纤维的直径基本上停止增加。

就肉羊而言,其肌肉比例高于非肉用羊,未肥育的羊高于肥育过的羊,幼龄羊高于成年羊,公羊高于母羊,臂部、腰部、背部的肌肉比其他部位的多。

肉的品质取决于肌纤维的直径,肌纤维越细,肉就越嫩。因此,提倡当年羔羊当年肥育屠宰,原因就在于生产优质羊肉。实践中,在羔羊出生2个月时改善饲养条件,喂给富含蛋白质的饲料,可使其肌肉充分发育。

5.肉羊脂肪的积累特点

脂肪的积累对肉羊肥育来讲是十分重要的。脂肪积累的顺序是:腹腔脂肪和肾脏脂肪积累最早,接着是粗大肌肉的肌间脂肪,再接着是皮下脂肪,最后才是肌肉纤维内脂肪。皮下脂肪和脂肪分布的大理石状是外观评定肉羊胴体质量的重要指标。

就品种而言,属于脂臀尾型的羊,脂肪主要蓄积在脂臀部;大脂尾羊和小脂尾羊的脂肪主要沉积在尾部,内脏、肌肉较少;短瘦尾羊和长瘦尾羊的脂肪主要沉积在内脏、皮下和肌间。去势羊比不去势羊更易于沉积脂肪,老龄羊的脂肪主要沉积在皮下和内脏器官,肌间较少。幼龄时期羔羊脂肪沉积主要在大腿、腰部和背部,腹部脂肪层很薄。随着年龄的增长，脂肪开始在肾脏和肠道周围沉积。在肥羔生产中，可通过短期肥育，提高日粮中的蛋白质和能量水平，以利于羔羊体重的增加和胴体脂肪的沉积，尽量减少内脏脂肪的沉积。这对提高肉羊屠宰率和提高肌肉品质大有好处。

（二）影响肉羊生长发育的因素

影响肉羊生长发育的因素很多，这里主要介绍品种、性别和营养三种因素的作用。

肉羊在生长发育阶段可塑性很大。营养充足与否，直接影响羊的体型和体重。肉羊体躯的各部位生长发育程度是不一致的，有早期就发育完成的，也有生长比较长久的部分，如胸腔、骨盆、腰部、肌肉组织及其他。若在肉羊育成阶段，营养先好后坏，则会促进早期发育的组织和部位，抑制晚期发育的组织部位。如此，则会导致成年羊四肢很长，但胸腔窄而浅，不利于产肉量的提高，以后再加强营养也补偿不起来。如果肉羊在生长阶段，营养先坏后好，则抑制早熟部位，促进晚熟部位，也非正常体型。只有均匀的饲养条件，才能将肉羊培育成体大、背宽、胸深且各部位匀称的个体，有利于产肉量的提高。

1.品种

优良的肉羊品种不仅耐粗饲，而且生长发育快，产肉性能好。例如我国培育的第一个肉用细毛羊品种“阿勒泰肉用细毛羊”，在全年放牧的情况下，6.5月龄的公羔体重就达35.9千克，胴体重19.07千克，屠宰率53.11%；在舍饲条件下，产肉性能更高。德国肉用美利奴羊曾于20世纪50年代末和60年代初引入我国，除用于纯种繁育外，还与蒙古羊、西藏羊、小尾寒羊和同羊杂交，后代羊毛品质明显改善，生长发育快，产肉性能良好。该羊体重为：公羊100～140千克，母羊为70～80千克，羔羊生长发育快，日增重300～350克，130天可屠宰，活重可达38～45千克，胴体重18～22千克，屠宰率47%～49%。

实践中，应尽可能选用肉羊良种及其杂交改良羊进行肥育，以大幅度提高生产效率。研究表明，杂交改良羊的生长速度可比本地羊提高5%～7%，杂交不仅可以提高羔羊成活率和母羊的繁殖力，而且可使羔羊断奶活重增加30%左右。据研究，以关中奶山羊和马头羊为父本，与浙江本地母羊杂交，其关本杂种一代比本地山羊初生重提高35%～40%，周岁重提高20%～25%；马关本三元杂种比本地山羊初生重提高50%～60%，周岁重提高25%～30%，杂交效果十分明显。

2.性别

研究表明，公羔的生长速度比母羔快，公羔去势后生长速度反而降低，幅度约为10%。去势后的公羔更易沉积脂肪，未去势的公羔易生产精肉。不同性别的肉毛兼用半细毛羊由出生到12月龄体重发育情况(表2.5)。显然,在实际生产中,应改变传统习惯,尽量直接用公羔肥育而不必阉割。

表2.5 肉毛兼用型羊由出生到12月龄体重发育情况 单位:千克

月龄	初生	1	2	3	4	5	6	7	8	9	10	11	12
公羊	4.0	12.8	23.0	29.4	34.7	37.6	40.1	43.1	47.0	51.5	56.3	59.2	60.9
母羊	3.9	11.7	19.5	25.2	28.7	31.4	34.4	36.6	39.8	42.6	46.0	49.8	52.6

3.营养

(1)营养水平对肉羊生长发育的影响。

随着体重的增加,蛋白质含量有减少的趋势,而脂肪和能量呈上升的趋势。另外,包括羊毛与否,对蛋白质含量影响较大。包括羊毛时,每千克空体重要多含蛋白质14克。这也反映了绵羊在哺乳期对上述营养物质的需求趋势。

绵羊在育成阶段,蛋白质不论量与质都要提高。比如哺乳期2～4月龄的母羔每日需可消化蛋白质105～110克,而断奶后直到15月龄仍需要这么多的可消化蛋白质。2～4月龄的公羔每天需可消化蛋白质130～135克,断乳后到15月龄每天需135～160克。

由于绵羊在育成阶段正是骨骼迅速生长之际,故对钙、磷需要很迫切。哺乳期每天约需钙4.2～4.4克,磷3.2克。育成期的母羊,每天约需钙5.0～6.6克,磷3.2～3.6克,钙、磷比例接近于2∶1。

成长中的绵羊,对于维生素A和维生素D的需要十分迫切。缺少维生素A,会出现表皮组织角质化,神经系统退化,性机能破坏,易感染疾病等。维生素D不足,则绵羊生长不良,或出现佝偻病。试验证明,肉羊每10千克体重约需胡萝卜素7毫克;适当晒太阳可以增加维生素D。羔羊还应注意B族维生素的供给,因为幼龄反刍类家畜的胃微生物区系尚未完全建立,还不能合成B族维生素。

(2)营养水平对肉羊肥育的影响。

肉羊肥育有成年羊的肥育和羔羊的肥育两种。我国现在多用淘汰的老羊来肥育,但也有用淘汰的羔羊来肥育。肥育的目的,就是要增加羊体内的肌肉和脂肪,改善肉的品质。增加的肌肉组织,主要是由蛋白质构成的,其中也有少量的脂肪(1%～6%)。增加的脂肪,主要沉积在皮下结缔组织、腹腔(肠网膜)和肌肉组织这三部分内。

无论是肥育羔羊还是肥育成年羊,供给的营养物质都必须超过它本身维持饲养所必需的营养物质,这样方有可能在体内蓄积肌肉和脂肪。肥育羔羊包括生长过程和肥育过程。就羔羊的“增重”而言,来源于生长部分和肥育部分。“生长”是肌肉组织和骨骼的增加,"肥育"是脂肪的增加。肌肉组织主要是蛋白质,骨骼则由钙、磷所构成。对于成年羊来说,体重的增加,则限于脂肪的增加,没有"生长"因素在内。因此,肥育羔羊比肥育成年羊需要更多的蛋白质。就肥育效果而言,肥育羔羊比肥育成年羊更为有利,因为羔羊增重比成年羊快。

肥育同一体重(比如40千克)的幼龄羊和肥育相同体重的成年羊,前者每天需要纯蛋白100～120克,饲料单位1.2～1.4千克;后者需要纯蛋白75～100克,饲料单位1.1～1.5千克。

就肉用山羊而言,有资料表明,按每千克活重计算,则需要干物质约50克,最适宜的纤维含量为日粮量的17%,山羊对钙、磷的需要量高于绵羊;每天每头约需钙7克,磷3.5克,缺磷会降低采食量,影响繁殖率;在缺铜的地区可补充20～40毫克的硫酸铜;在缺碘地区补充含碘食盐。山羊约每天需水2～4千克,其量的多少还取决于采食多汁饲料的数量。

另外,剪毛也是促进羔羊生长的一项有效措施。

(三)肉羊快速育肥

羊的肥育是为了在短时期内,用低廉的成本,获得品质好、数量多的羊肉。

1.育肥前对羊的处理

(1)对羊进行健康检查,无病者方可进行育肥。

(2)把羊按年龄、性别和品种进行分类组群。

(3)对羊进行驱虫、药浴、防疫注射和修蹄。

(4)对8月龄以上的公羊要进行去势,使羊肉不产生膻味和有利于育肥。但是,对8月龄以下的公羊不必去势,因为不去势公羔比阉羔出栏体重高2.3千克左右,且出栏日龄少15天左右,羊肉的味道也没有差别。显然不去势公羔育肥比阉羔更为有利。

(5)对羊进行称重,以便与育肥结束时的称重进行比较,检验育肥的效果和效益。

(6)被毛较长的羔羊在屠宰前2个月,如能剪一次羊毛,不仅不会影响宰后皮张的品质和售价,还能多得2千克左右的羊毛,增加收益,而且也更有利于育肥。

2.育肥方式

育肥方式有三种,即放牧、舍饲和混合育肥,但现在由于环境和条件限制,大多采用舍饲育肥。

(1)舍饲育肥:是根据羊育肥前的状态,按照饲养标准和饲料营养价值配制羊的饲喂日粮,并完全在羊舍内喂、饮的一种育肥方式。此法虽然饲料的投入相对较高,但可按照市场的需要实行大规模、集约化、工厂化养羊。因房舍、设备和劳动力利用合理,劳动生产率较高,故而也能降低一定成本。而且,舍饲羊的增重、出栏活重和屠宰后胴体重均比放牧育肥和混合育肥高10%～20%。另外,育肥羊在30～60天的育肥期内就可迅速达到上市标准,育肥期比其他方式短。

舍饲育肥的日粮,以混合精料的含量占50%、粗饲料的含量占50%的配比较合适。日粮可利用草架和料槽分别饲喂,最好能将草料配合在一起,加工成颗粒料,用饲槽一起喂给。

(2)混合育肥:这种育肥方式大体有两种形式。其一是在秋末草枯后对一些未抓好膘的羊,特别是还有很大肥育潜力的当年羔羊,再延长一段育肥时间,即舍内补饲一些精料,经30～40天后屠宰,这样可进一步提高胴体重、产肉量及肉的品质。其二是草场质量较差,单靠放牧不能满足快速育肥的营养需求,故对羊群采取放牧加补饲的混合育肥方法,这样能缩短羊肉生产周期,增加肉羊的出栏量、出肉量。

第一种混合育肥法耗用时间较长,不符合现代肉羊短期快速育肥的要求,提倡采用第二种混合育肥法。放牧加补饲的育肥羊群由同一牧工管理,每天放牧7～9小时,同时分早、晚2次补饲草料。

混合育肥可使育肥羊在整个育肥期内的增重比单纯依靠放牧育肥提高50%左右,同时,屠宰后羊肉的味道也好。因此,只要有一定条件,还是采用混合育肥的办法来育肥羊。

3.羔羊育肥

我国目前的羊肉生产不仅产量低,而且生产方式和经营方式落后,主要依靠宰杀老羯羊、病残羊和淘汰羊。以这种生产方式生产羊肉,时间长、周转慢、商品率低、饲养成本高。因此,必须改变落后的羊肉传统生产方式和经营方式。近年美国、澳大利亚、新西兰、阿根廷等养羊大国上市的羊肉80%以上是肥羔肉,养羊收入2/3来自肥羔生产,肥羔生产在世界养羊业中越来越起着举足轻重的作用。

(1)肥羔生产的优点。

肥羔生产具有很多优点。①羔羊肉具有鲜嫩、多汁、精肉多、脂肪少、味美、易消化及膻味轻等优点,深受欢迎,国际市场需求量很大。②羔羊生长快,饲料报酬高,成本低,收益高。③在国际市场上羔羊肉的价格高,一般比成年羊肉高30%～50%。④羔羊当年屠宰,加快了羊群周转,缩短了生产周期,提高了出栏率及出肉率。⑤羔羊当年屠宰,减轻了越冬度春的人力和物力的消耗,避免了冬季掉膘、甚至死亡的损失。⑥由于不养或少养羯羊,压缩了羯羊的饲养量,从而改变了羊群的结构,大幅度地增加了母羊的比例,有利于扩大再生产,可获得更高的经济效益。⑦6～9月龄羔羊所产的毛、皮价格高,所以在生产肥羔的同时,又可生产优质毛、皮。

(2)育肥期及育肥强度的确定。

在正常条件下,早熟的肉用和肉毛兼用羔羊,在周岁内,平均日增重以 2～3 月龄最高,可达 300～400 克;1 月龄次之;4 月龄急剧下降;5 月龄以后稳定地维持在 130～150 克。对于这样的羔羊,从达到 2～4 月龄的时候开始,如果能够采取一定措施进行强度育肥,那么在 50 天左右的育肥期内,平均日增重定可达到其原有的水平,甚至比原有水平还要高。这样,这些羔羊在长到 4～6 月龄时,定能达到上市的屠宰标准,即体重达成年体重的 50%以上,胴体重达 17～22 千克,屠宰率达 50%以上,胴体净肉率达 80%以上。可见,2～4 月龄的羔羊,凡平均日增重达 200 克以上者,均可转入育肥;采用放牧加补饲或全舍饲的方式,进行 50 天左右的强度育肥,均可使羔羊预期达到上市肥羔的标准。但是,平均日增重低于 180 克的羔羊,就不适于这样做了,必须等羔羊体重长到 20 千克以上才能转为育肥,而且育肥一般较长(3 个月左右)。在羔羊体重达不到一定程度时,过早进行强度肥育,常会造成羔羊的肥度已达标准,但体重距离出栏要求还相差甚远。

(3)国外肥羔生产技术。

当前,世界各羊肉生产国均集中力量发展集约化的肥羔生产,并着重开展了以下几方面的工作:①培育专门化肉羊品种(系),并选择体大、早熟、多胎和肉用性能好的羊进行经济杂交;②建立健全良种繁育和杂交利用体系;③利用一部分细毛母羊与肉用品种公羊杂交,发展肥羔生产,多方面利用细毛羊资源;④实行草原区繁殖、农区育肥、农牧结合的合理布局;⑤研究集约化肥羔生产所必需的繁殖控制技术、繁殖利用制度、饲养标准、饲料配方、育种技术、饲料加工利用技术,以及工厂化、半工厂化条件下生产肥羔的配置设施、饲养工艺和疫病防治程序等。

在生产肥羔的过程中,很多国家,特别是英国、新西兰、美国、澳大利亚和阿根廷等,非常重视采用经济杂交作为生产羔羊肉的基本手段,其主要原因是为了充分利用杂种优势。经济杂交中,父系品种主要有南丘羊、萨福克羊、边区莱斯特羊、有角陶赛特羊、罗姆尼羊等。母系品种主要有罗姆尼羊、派伦代羊、柯泊华斯羊、考力代羊、美利奴羊等。我国小尾寒羊、湖羊等都具有极高的繁殖率和全年发情的特点,在生产肥羔的经济杂交中,无论是作为父系品种,还是作为母系品种,都会收到良好的经济效果。

(3)肥羔生产的技术措施。

随着科学技术的发展,粗放、原始的经营方式的养羊业已明显落后。养羊业,尤其是肥羔生产应转向大规模、工艺先进的工厂化、专业化生产。为了适应新的技术工艺及工厂化的生产需要和提高经济效益,肥羔生产中广泛采用了一系列的生产技术措施，主要有以下几方面。

①开展经济杂交。国内外多年实践表明，在肥羔生产中开展经济杂交是增加羔羊肉产量的一种有效措施。在相同的饲养管理下，杂种一般都比纯种的经济效益高。它既能提高羔羊的初生重、断奶重、出栏重、成活率、抗病力、生长速度、饲料报酬，又能提高成年羊的繁殖力与产毛量等生产性能。所以在肥羔生产中采用经济杂交，以提高产肉性能，降低饲养成本。在经济杂交中，利用3个或4个品种轮回杂交，或至少用3～4个父本品种进行连续杂交，可以获得最大的杂种优势。

我国曾先后引进了肉用性能良好的世界著名肉用羊品种，如林肯羊、陶赛特羊、罗姆尼羊、夏洛来羊、美利奴羊、萨福克羊、特克赛尔羊和布尔山羊等品种。陕西省农业科学院引进南非布尔山羊后，用其公羊与西北农业大学萨能奶山羊、关中奶山羊、陕南白山羊、当地羊的母羊进行二元或三元经济杂交，其杂种一代羔羊4月龄断奶体重比母本高40%左右，周岁羊体重比母本高50%左右。生产实践证明，选择早熟品种为父本，与繁殖力强、泌乳性能高的母羊杂交，是增加肥羔产量的重要技术措施。

②早期断奶。早期断奶，实质上是控制哺乳期，缩短母羊产羔间隔和控制母羊繁殖周期，达到1年2胎或2年3胎、多胎多产的一项重要技术措施。羔羊早期断奶是工厂化生产的重要环节，是大幅度提高产品率的基本措施，从而被认为是养羊生产环节的一大革新。

羔羊早期断奶一般可采用两种方法：其一，出生后1周断奶，然后用代乳品进行人工育羔；其二，出生后7周左右断奶，断奶后就可以全部饲喂植物性饲料或放牧。早期断奶必须让羔羊吃到初乳后再断奶，否则会影响羔羊的健康和生长发育。从母羊产后泌乳规律来看，产后3周泌乳达到高峰，然后逐渐下降，到羔羊出生后7周龄，母乳已远远不能满足其营养需要，而且这时乳汁形成的饲料消耗也增大，经济上很不合算。从羔羊胃肠功能发育来看，出生后7周龄时，羔羊已能像成年羊一样有效地利用牧草。针对我国目前的经济状况，这时断奶较为适宜。

③培育或引进早熟、高产肉用羊新品种。早熟、多胎、多产是肥羔生产集约化、专业化、工厂化的一个重要条件，因此必须培育或引进具有这些特点的肉用羊新品种。我国目前还没有本国培育的肉用羊品种，但我们有培育肉用羊新品种的优越品种资源。绵羊中有适应中国广大中原地区和太湖流域湿热农区生态条件的成熟早、生长快、四季发情、多胎多产的小尾寒羊和湖羊，适应牧区条件的体格大、生长发育快、耐粗饲的乌珠穆沁羊和阿勒泰羊等。山羊中有适合我国各地生态条件的体格大、繁殖力高、全年发情、多胎多产、屠宰率高的陕南白山羊、马头山羊、宜昌山羊、板角山羊、贵州白山羊、隆林山羊等。同时，我国又先后引进了一些世界著名的

肉羊品种，如南非布尔山羊、德国美利奴羊、林肯羊、边区莱斯特羊、陶赛特羊、夏洛来羊、罗姆尼羊、萨福克羊等。应把这些宝贵的品种资源充分利用起来，通过杂交或本品种选育，培育出适合我国国情的肉用绵羊、山羊新品种。

④同期发情。同期发情是现代羔羊生产中一项重要的繁殖技术，对于肥羔专业化、工厂化整批生产更是不可缺少的一环。利用激素使母羊同期发情，可使配种、产羔时间集中，不仅有利于羊群抓膘、管理，还有利于发挥人工授精的优点，扩大优秀种公羊的利用。

⑤早期配种。世界上大多数养羊生产者的传统做法是在母羊1～1.5岁时开始配种。其实，只要草料充足，营养全价，母羊可在6～8月龄时早期配种。这样使母羊初配年龄提前数月或一年，从而延长了母羊使用年限，缩短了世代间隔，提高了终身繁殖力。研究证明，早期配种不但不会影响母羊自身的发育，而且妊娠后所产生的孕酮还有助于母体自身的生长发育。

⑥诱发分娩。在母羊妊娠末期，一般到144日龄后，用激素诱发提前分娩，使产羔时间集中，有利于大规模批量生产与周转，方便管理。诱发分娩的方法是：傍晚注射糖皮质激素或类固醇激素，12小时后即有70%母羊分娩；或预产前用雌二醇苯甲酸盐、前列腺素等注射，90%母羊在用药后48小时内产羔。

4.大羊育肥

大羊在年龄上应划分为1岁羊和成年羊（多数为老龄羊）两大类。除此之外，还有性别、品种、体重、体况和膘情不同之差别。为能更好地育肥，除公羊必须经过去势之外，还应酌情进行恰当的分群。

大多数投入育肥的大羊，一般都是从繁殖群清理出来的淘汰羊，常常要在6～7月份等剪完毛后才能投入育肥。另外，这部分羊均已长成，主要是为了在短期内增加膘度，使其迅速达到上市的良好肥育状态（背膘厚达0.76厘米左右），以供屠宰产肉。所以应当采用全舍饲的方式和高强度的方法进行育肥。当然还可以采用放牧加补饲的混合育肥方式，经45天左右育肥出栏。补饲混合精料的参考配方为：玉米50%，麸皮27%，豆饼20%，食盐1.5%，矿物质添加剂1.5%。每只羊每天的喂量为0.5千克左右。

5.当前提高羊肉生产的关键技术

当前我国肉羔生产存在的问题是出栏羔羊体重较轻，屠宰率低，胴体品质差，不能满足消费者的需求。因此，如何适应消费者的需求，生产出胴体大、品质好的羔羊，是目前肉羊业一个亟待解决的问题。具体可采取以下关键技术。

(1)推行杂交一代化。我国各地都有适合本地自然条件、抗逆性强、耐粗饲的优良地方品种。这些品种往往同时存在生长速度慢、生产性能低的缺点。推行杂交一代化，利用地方良种和引入良种杂交生产肥羔，当年出栏，既利用了杂种优势，也保存了当地品种的优良特性。引入品种进行二元杂交，主要是为了提高产羔率和肉用性能，同时一些毛用或肉毛兼用品种还要注意羊毛品质。例如，布尔山羊与关中奶山羊杂交、萨能奶山羊与陕南白山羊杂交、边区莱斯特羊与蒙古羊杂交，其杂交一代羔羊均表现出生长发育快、早熟性能好、产肉多等优点。

(2)确定合适的配种时间集中配种。我国大部分地区羊的饱青季节始于5月份，故合适的配种时间应在9月份。9月配种后，翌年2月产羔，羔羊哺乳到5月份断奶时刚好能吃上青草。8月底将公羊放入母羊群中进行诱情，可促进母羊集中发情和配种，从而使翌年产羔集中，便于分群管理。

(3)加强母羊妊娠后期营养。胎儿重量的80%是在妊娠后期2个月增长的，这时若提高母羊营养水平，可保证胎儿正常发育，所生羔羊初生重、断奶重均较高，而且母羊产后乳量充足，羔羊发育健壮。

(4)羔羊的补饲。羔羊在2月龄以内增重最快，其食物以母乳为主，因此，要保证羔羊吃到足够的母乳。羔羊3月龄以后，母羊的泌乳量开始骤减，羔羊的食量则日渐增加，所以应加强对羔羊的补饲。最初给羔羊优质的草料，使前胃受到锻炼，发育日益完善，采食量也随之逐渐增加，这样对羔羊生长发育有利。目前，养羊生产中，提倡早期给羔羊补饲，一般从14日龄起开始训练吃草料。青干草可以不限量供给，精料用量要根据草料的品质及母羊的产奶量灵活掌握。

(5)适时断奶。羔羊断奶的年龄应根据羔羊发育状况及母羊繁殖特性来决定。羔羊发育良好，或母羊1年2产，可适当提早断奶；羔羊发育较差，就应适当延长哺乳时间。一般在羔羊出生后60～90天、体重在15千克以上时断奶比较合适。这时羔羊已可以完全利用草料。

(6)适时屠宰。羔羊生长具有一定的规律性，前期生长较快，饲料转化率较高；后期生长较慢，饲料转化率降低。所以肥育一定时间后应适时屠宰，这样才能获得最佳肥育效益。

(7)防治体内外寄生虫。采用内驱外浴的药物防治方法，使危害羊体正常生长发育的寄生虫得到有效控制。寄生虫可降低羔羊生长速度的15%～30%，甚至可使个别体况欠佳的羊只致死。防治体内外寄生虫是保证肥羔生产的重要措施。

6.肉羊肥育的饲料配方

现将所收集到的饲料配方介绍如下，使用时请根据各地的自然条件、原料种类等具体情况进行选择参考。

(1)羔羊育肥饲料配方(舍饲条件下)：玉米75%，豆饼15%～20%，苜蓿草粉3.5%～8.5%，食盐1.5%，矿物质和生长促进剂适量。

(2)45～60 日龄精饲料配方：玉米 45%，麸皮 22%，豆饼 15%，油饼 6%，苜蓿粉 10%，食盐 1%，微量元素添加剂 1%。

(3)断奶羔羊精饲料配方一：玉米 60%，小麦麸 20%，油饼 10%，豆饼 10%。

(4)断奶羔羊精饲料配方二：玉米 45%，油饼 20%，小麦麸 25%，豆饼 10%。

(5)1.5 月龄断奶后精饲料配方：玉米 83%，豆饼 15%，石灰石粉 1.4%，食盐 0.5%，微量元素和维生素 0.1%。

(6)3 月龄断奶的细毛羔羊精饲料配方：玉米 44%，麸皮 15%，豆饼 8%，苜蓿粉 30%，食盐 1%，微量元素及多种维生素添加剂 2%。

(7)5～6 月龄精饲料配方：玉米 50%，麸皮 25%，豆饼 15%，油饼 10%，骨粉及食盐自由采食。日喂量 0.4～0.6 千克。

(8)6 月龄出栏精饲料配方一：玉米 57.5%，油饼 10%，小麦麸 20%，豆饼 10%，石灰石粉 1%，食盐 1%，微量元素添加剂 0.5%，苜蓿草粉自由采食。

(9)6 月龄出栏精饲料配方二：苜蓿草粉 54%，玉米 24%，麦麸 10%，豆饼 10%，磷酸钠 1%，食盐 1%，抗生素 15～26 毫克/千克，维生素 A 添加剂 550 国际单位/千克。

(10)6 月龄出栏精饲料配方三：苜蓿草粉 35%，玉米 54%，豆饼 10%，食盐 1.0%，抗生素 15～26 毫克/千克。

(11)6 月龄出栏精饲料配方四：玉米 83%，豆饼 15%，石灰石粉 1%，食盐 1%。

(12)7 月龄出栏精饲料配方：玉米 83%，豆饼 15%，石灰石粉 1.4%，食盐 0.5%，微量元素及多种维生素 0.1%。其中每千克饲料中添加硫酸锌 150 毫克，硫酸钴 5 毫克，硫酸钾 1 毫克，氧化镁 200 毫克，硫酸锰 80 毫克，维生素 A 1 000 国际单位。

(13)7～8 月龄精饲料配方：玉米 50%，麸皮 15%，大麦 15%，豆饼 10%，油饼 10%，骨粉及食盐自由采食。日喂量 0.5～0.6 千克。

(14)9～10 月龄精饲料配方：玉米 60%，麸皮 10%，大麦 15%，豆饼 5%，油饼 10%，骨粉及食盐自由采食。日喂量 0.7～0.8 千克。

(15)育肥羔羊日粮组成：青干草粉 1.2 千克，精料(75%玉米，25%油饼)0.6 千克，食盐 10 克，添加剂 10 克。

(16)大羊育肥饲料配方(舍饲条件下)。

①2～3 岁滩羊育肥的日粮组成：青贮 1.70 千克，玉米 0.25 千克，油饼 0.25 千克，杂干草 0.5 千克，添加剂 0.02 千克。

②周岁羊抓膘精饲料配方一：玉米 50%，豌豆 40%，小麦麸 10%。

③周岁羊抓膘精饲料配方二：玉米 50%，油饼 40%，小麦麸 10%。

④周岁羊抓膘精饲料配方三：玉米40%，油饼40%，小麦麸10%，豆饼10%。

⑤周岁羊抓膘精饲料配方四：玉米60%，豆饼20%，小麦麸10%，油饼10%。

(四)饲料添加剂在肉羊育肥中的应用

饲料添加剂是在饲料加工、贮存和饲喂过程中添加的一类特殊物质。其用量虽小，但对补充或平衡营养、预防疫病、保障饲料和畜产品产量有很大作用。使用饲料添加剂，能有效地降低成本，提高产量。因此，在肉羊生产中值得大力应用饲料添加剂。

(1)羊育肥复合饲料添加剂：是由微量元素添加剂、抑菌促生长添加剂和瘤胃代谢控制剂组成，适用于羔羊的生长和育肥，提高其增重速度和饲料转化率。用量用法：每天每只羊3克，与精料拌均匀饲喂。

(2)瘤胃素：又名莫能菌素钠、莫能菌素、孟宁素，属于瘤胃代谢控制剂。它的作用是控制和提高瘤胃发酵效率，从而提高羊的增重速度及饲料转化率。舍饲绵羊饲喂瘤胃素，日增重比对照羊提高35%，饲料转化率提高27%。用量用法：每千克日粮添加25～30毫克，要均匀混和在饲料中，最初喂量可低些，以后逐渐增加。

(3)喹乙醇：又名快育灵、奥拉金、喹酰胺醇、倍育诺，为抑菌促生长添加剂。喹乙醇能影响机体代谢，促进蛋白的同化作用，进食后在24小时内主要通过肾脏全部排出体外。其毒性极低，按有效剂量使用很安全，副作用小，并对肠炎、腹泻等消化道疾病有较好的预防和治疗作用。用量用法：每千克日粮干物质添加喹乙醇50～80毫克，均匀混合于饲料内饲喂。

(4)杆菌肽锌：是抑菌促生长添加剂，具有加强消化吸收、改善饲料利用、促进生长、提高体重的作用。羔用用量为每千克混合料中添加10～20毫克(42万～84万国际单位)。在饲料中混合均匀饲喂。

(5)磷酸脲：商品名为"牛羊乐"，含氮17.7%，磷19.6%，可为羊补充氮和磷，是一种新型非蛋白氮饲料添加剂。该产品能增加瘤胃中乙酸和丙酸的含量及脱氢酶活性，促进羊的生理代谢及其氮、钙、磷的吸收利用。其用量为羔羊每天每只10克，青年羊每天每只20克，成年羊每天每只30～40克。

(6)尿素：是使用年代最久、范围最广、用量最大的一种非蛋白氮。1千克尿素相当于2.88千克粗蛋白质，相当于5.6～6.0千克大豆饼。用量用法：给混合精料中加入1%～2%的尿素，或给青贮饲料中添加0.5%的尿素，或在碱化秸秆时加入3%尿素，混匀，一天分2～3次饲喂。或每天每只青年羊7～10克、成年羊10～15克，均匀拌在日粮中饲喂。

(7)碳酸氢钠(又称小苏打)：是缓冲剂，能调节瘤胃的酸碱度，增进食欲，提高羊对饲料的消化率。用量用法：碳酸氢钠占混合精料的1%～2%或占日粮干物质的0.7%～1%，混匀饲喂。添加时应逐渐加量，使羊有一个适应过程。

(8)常量元素的添加：在育肥羊的日粮中经常加入矿物质饲料来补充矿物质营养的不足。其中补钙的饲料有石灰石粉、贝壳粉、磷酸氢钙，补磷的饲料有骨粉、脱氟磷酸氢钙，补氯和钠的饲料为食盐，补镁和硫的饲料有硫酸镁。矿物质饲料一般占混合精料的0.5%～1.5%。

(9)微量元素的添加：微量元素多以预混剂形式添加。

羔羊代乳料微量元素预混剂(每千克含)：硫酸铜20克，硫酸锌80克，硫酸铁100克，硫酸锰100克，氯化钴1.2克，碘化钾0.3克，亚硒酸钠0.2克。按混合精料(代乳料)量的0.1%添加。

肉羊快速育肥用微量元素预混剂(每千克含)：硫酸亚铁50克，硫酸铜6克，硫酸锌80克，硫酸锰60克，氯化钴0.8克，亚硒酸钠0.1克。每天每只羊10～15克，均匀混于精料中饲喂。

五、山羊的习性及饲养管理

(一)山羊的习性

(1)登高性：山羊喜高燥、恶潮湿，天性胆大，不畏险坡，行动自如。平原地区饲养的山羊经常攀登墙垣及耸立的物体。因此，应在运动场设置木制或土石的高台，供羊只自由攀登，以利运动。特别是羔羊及幼年羊，羊舍应建在高燥地区，如果有条件，可在羊舍修建高出地面的羊床。

(2)活泼好动而勇敢：山羊活泼、机敏，能体会人的意志，经常跳跃且喜角斗。和绵羊混群放牧时，山羊常常被当作头羊使用。

(3)合群性强：群牧的山羊离群时鸣叫不安，因此放牧时不易丢失，好管理。

(4)采食广：在各类家畜中山羊是食性最广泛的一种。和其他家畜比较，山羊更喜食树叶及嫩枝，在山区及灌木林区，山羊比绵羊能更好地适应。山羊抗病力强，山羊群中的病羊不易发觉，所以要求放牧人员必须经常注意观察，及早发现，及时治疗。

(5)嗅觉灵敏：羊对异味、异物很敏感，喜饮用清洁水，采食干净的饲草、饲料，拒绝采食被其他家畜践踏过且有异味的牧草；拒绝饮用不干净或有异味的非清洁水。因此，在饲养管理上，要注意草、料、水的干净和清洁。

母羊主要靠嗅觉鉴别自己的羔羊，视觉和听觉起辅助作用。生产中的羊(尤其是绵羊)，除初产羊外的其他母羊一般不会认错羔羊，不会让其他羔羊吃自己的奶。对要做保姆羊的母羊，只要在需寄养的羔羊身上涂抹保姆羊的羊水或奶，几天后一般都会成功寄养。

(6)毛用山羊和绒山羊一般不怕冷，肉用山羊和奶山羊由于毛稀而短，较为怕冷。毛用山羊和绒山羊喜欢相对干燥、凉爽的气候，怕潮湿、怕炎热，忌讳既湿又热的气候。温带饲养的毛用山羊和绒山羊，在7～8月份毛和绒已经长到一定程度，对羊来讲相当于穿上了裘皮大衣。羊的汗腺不发达，散热能力差，应当在干燥、凉爽的高山牧场放牧。舍饲条件下的羊应有通风良好的的凉棚，否则其呼吸会由胸式变成腹式，呼吸急促，食欲减退，没有性欲或性欲下降，公羊的精液品质变差。羊只在既湿又热的条件下易导致中暑，湿热又是细菌和寄生虫繁衍生息的好条件，羊易患传染病和寄生虫病。

(二)乳山羊的饲养管理

乳山羊有较高的产乳性能，营养需要量多。因此，需要对乳山羊进行良好饲喂。

1.育成羊的饲养和培育

从断奶到第一次配种前的羔羊称为育成羊(4～20月龄)，此阶段是羊骨骼和各组织器官充分发育的时期。优良的青干草和充足的运动是培育育成羊的关键。根据发育情况，每日应喂给精料300克，每天给予1小时以上的运动。育成羊各阶段的增重指标见表2.6，这样育成羊体大健壮，发育良好，成年后生产性能高。

表2.6　西北农业大学畜牧站育成羊增重指标

月龄	5～8	9～12	13～16	17～20
平均增重/克	100	80	60	50
期末体重/千克	32	41.6	48.8	54.8

2.种公羊的饲养

对种公羊的要求是全年都维持良好的繁殖体况，不过肥或过瘦。种公羊要健康活泼，精力充沛，性欲旺盛。为此，应选择含有丰富的蛋白质、能量、矿物质以及胡萝卜素而且体积小、易消化的大麦、麸皮、油饼、青绿多汁饲料、矿物质饲料。

3.母羊的饲养

母羊在不同生理时期和生产时期对营养和管理的要求不同，生产上分为泌乳期和干乳期两个阶段。

(1)干乳期母羊的饲养。干乳期母羊不产奶。这时的母羊经过一个泌乳期的生产，体况较差，加之处于妊娠后期，为了使母羊恢复体况，贮备营养，保障胎儿发育的需要，应停止挤奶。如果在产前不能把体况恢复起来，就不能保证下一个泌乳期的高产及其他任务的完成。

干乳期母羊的饲养标准，可按日产1.0～1.5千克奶、体重50千克产奶羊的标准,每天给青干草1千克,青贮2千克,混合精料0.25～0.3千克。

高产的奶羊需人工停奶。人工干乳时首先降低饲养标准,特别是精料和青绿多汁饲料的给量。其次要减少挤奶次数,打乱挤奶时间,这样很快就会干乳。干乳后再挤一次奶,一定要使乳房滴奶不留。干乳后要及时检查乳房,如发现乳房特别硬时挤出少许奶汁即可。乳山羊的干乳期一般为60天左右。

(2)母羊产乳期的饲养。产乳期是母羊的生产期,这时母羊代谢十分旺盛,一切不利的因素都要排除。在产乳初期,对产乳量的提高不能操之过急,应大量喂给青干草,灵活掌握青绿多汁饲料和精料的给量,直到10～15天后再按饲养标准喂给应有的日粮。乳山羊的泌乳高峰一般在产后30～60天。越高产的羊产乳高峰到来的越晚。进入产乳高峰后,在日粮中除喂给相当于母羊体重2%的青干草和尽可能多的青绿多汁饲料外,还要用精料补充总营养的不足。一只体重50千克、日产乳3.5千克的母羊,可采食1千克的优质干草,4千克青贮料,1千克混合精料。产乳高峰过后,当产乳量下降时,精料减少速度要慢,否则会加速奶量的下降。

4.羔羊培育与饲养

乳用种羔羊一般是由人工培育的。哺乳期是羊只一生中发育最快的时期,羔羊培育的好坏关系到羊只终生的发展和生产水平的高低。乳用山羊的哺乳期一般为3～4个月,可分为初乳期和人工哺乳期两个阶段。

(1)初乳期:一般是出生6～10天以内,是从胎儿转入独立生活的时期。由于环境的突然变化,羔羊适应能力弱,体温调节机能不全,易受冻,生病,因而要加强哺育和护理工作。

母羊的初乳中含有丰富的营养和抗体,因此,使羔羊吃好初乳是本阶段的工作重心。初乳的饲喂时间应在出生后的20～30分钟开始,把母羊奶挤出几滴即让羔羊哺食。在羔羊出生后1周内,宜采用羔羊跟随母羊自由哺乳的方式。如果采用人工哺乳,则必须保证喂给充足的初乳。日饲喂量以0.6～0.7千克开始,每天哺乳4次,一周时日喂量达到0.8～1.0千克,在正常条件下,此期日增重可达200～220克。

(2)人工哺乳期:从7～10天开始,母羊的泌乳量大大增加,为了保证母羊的泌乳生产,应对羔羊施行人工哺乳,直到断奶。此期又可分为前、中、后三期。

①前期:指40日龄以前。此期羔羊主要是吮奶,应有足够的全奶。青干草的饲喂应从15日龄以后开始,青干草应为晒制优良的杂草及豆科牧草。精料的补饲从20日龄开始。混合精料的补饲应和补饲的干草相辅相成,例如青干草中豆科牧草多时,混和精料的蛋白质水平应低些。为了提高蛋白质水平,可在精料中加入动物性饲料。

②中期:生后40～80天。这个时期为以哺乳为主逐渐转向吃草料为主的过渡

时期，从全期来说，是奶、料并重时期。如果体重发育好，可适当提高青草给量，减少精料给量。但不主张用大量多汁饲料和青草，特别是公羊，否则可使腹部增大，影响配种。

③后期：生后 80～120 天。这时羔羊已习惯采食草料，此期应逐渐加大草料的量，减少哺乳量，直至断奶。

在整个哺乳期，应多吃常乳，早吃草料，厚垫褥草。同时注意干燥保温，运动充足。

5.人工哺乳时应注意的几个问题

(1)给羔羊哺乳必须严格执行规定标准，按时哺乳。一般羔羊每隔 3 小时哺乳 1 次，每天 4～5 次。随羔羊日龄的增加可适当减少哺乳次数，而增加每次的哺乳量。

(2)羔羊的每天哺乳量可按哺乳方案执行。从全天总量中求出每次的给量，在正常情况下，要严格执行。但可视每只羔羊的健康和增重酌情调整。

(3)哺乳时乳汁的温度应合适，过高则烫坏羔羊口腔，过低又易造成消化系统疾病。一般应与母羊体温相差不多，以 38～42℃为宜。

(4)喂给羔羊的乳汁必须清洁，新鲜，最好是刚挤的，经过加热消毒后分配给羔羊。羔羊喂奶时的用具(如乳桶、量杯、乳碗、乳瓶、毛巾等)每次用过都应清洗、消毒，并把病羊的用具和健康羊只的用具分开。

(5)哺乳后应对羔羊进行擦拭，这样可防止喂奶后互相舔食。擦嘴用的毛巾，每擦几只后都应清洗消毒。

(6)应尽早训练羔羊采食草、料，一般 15 天即可喂草。其方法是在运动场草架上放入优质青干草，任其自由采食。20 日龄后开始喂精料。精料应磨碎，按羔羊大小分组饲喂，每头每天从 30～50 克开始，随日龄增加而增加。

羔羊除饲喂草料外，还应供给充足清洁的饮水，自由饮用。但刚喝奶后不应给水，因刚吃了奶的羔羊嘴中有奶味，饮水时还误认为是乳汁而大量狂饮。羔羊发育还需要一定数量的矿物质，主要是骨粉和食盐，可按比例加入精料中喂给，也可做成砖块状放在运动场上让其自由舔食。

现介绍西北农业大学畜牧站山羊羔羊的哺育方案，实践中可灵活运用。

(1)一昼夜的最高哺乳量，母羔不多于体重的 20%，公羔为 25%。

(2)在体重达到 8 千克以前，哺乳量随体重增加渐增，体重在 8～13 千克阶段，哺乳量不变。在此期间应尽量促其采食草料。体重达 13 千克以后，哺乳量渐减，草料渐增。体重达 18～24 千克时可以断奶。在整个哺乳期日增重平均不低于：母羔 150 克，公羔 200 克。如达 250 克时即增重太快，羔羊表现过肥，不利于以后产奶。

(3)哺乳期间，如有优良豆科牧草和较好精料，只要能完成增重指标，可减少哺乳量和缩短哺乳期。

第四节 舍饲羊舍建设技术

一、舍址选择

养殖户羊舍地址的选择同第一章牛舍地址的选择。

二、羊舍类型

家庭养殖户可采用单列半开放式塑料暖棚羊舍或双列封闭式羊舍。单列式内径跨度 8 米，双列式内径跨度 14 米，采用散养方式。

1. 单列式半开放暖棚

羊舍跨度 8 米，向阳面半敞开，冬季用塑料薄膜或阳光板覆盖，塑膜与地面形成半弧状 55～65 度的夹角，其他三面有墙体。牛舍屋脊高 3.0 米，后墙高一般 2.0 米，前墙高 1.1 米，前墙外设 6.0 米宽、与暖棚等长的运动场。具体设计示意图见图 2.3。

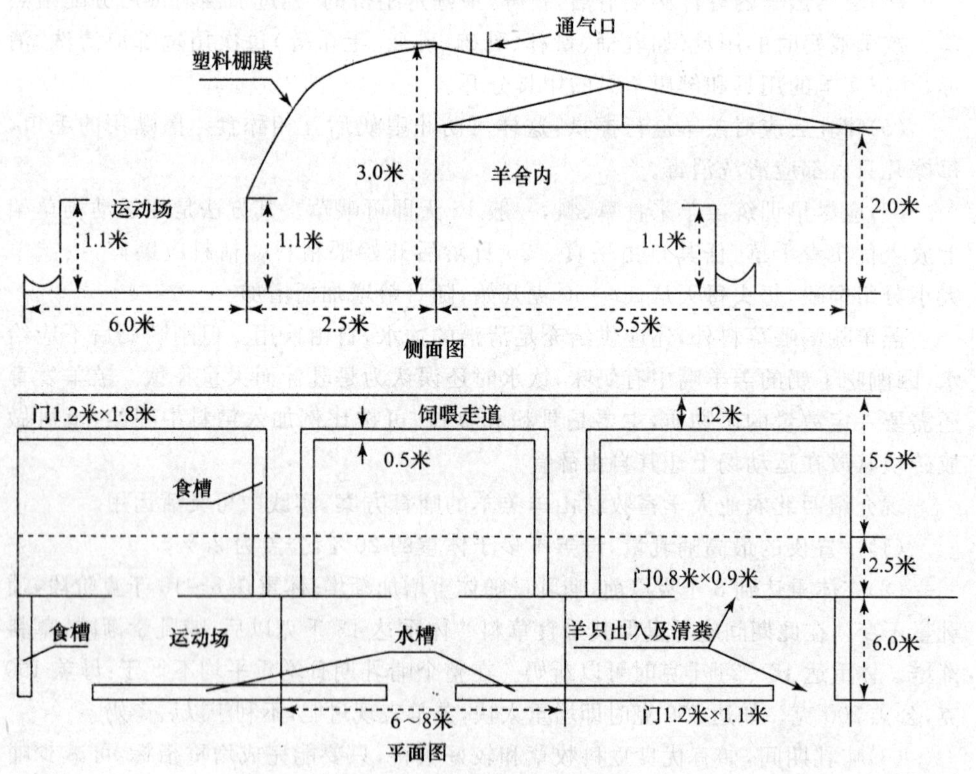

图 2.3 单列式半开放暖棚

2. 双列式封闭羊舍

羊舍跨度 14 米，东西侧墙高 2.4 米，中屋脊高 3.4 米，中屋脊用阳光板覆盖(2.4 米)并留通气口，东西侧墙外设 8.0 米宽、与棚等长的运动场。具体设计示意图见图 2.4。

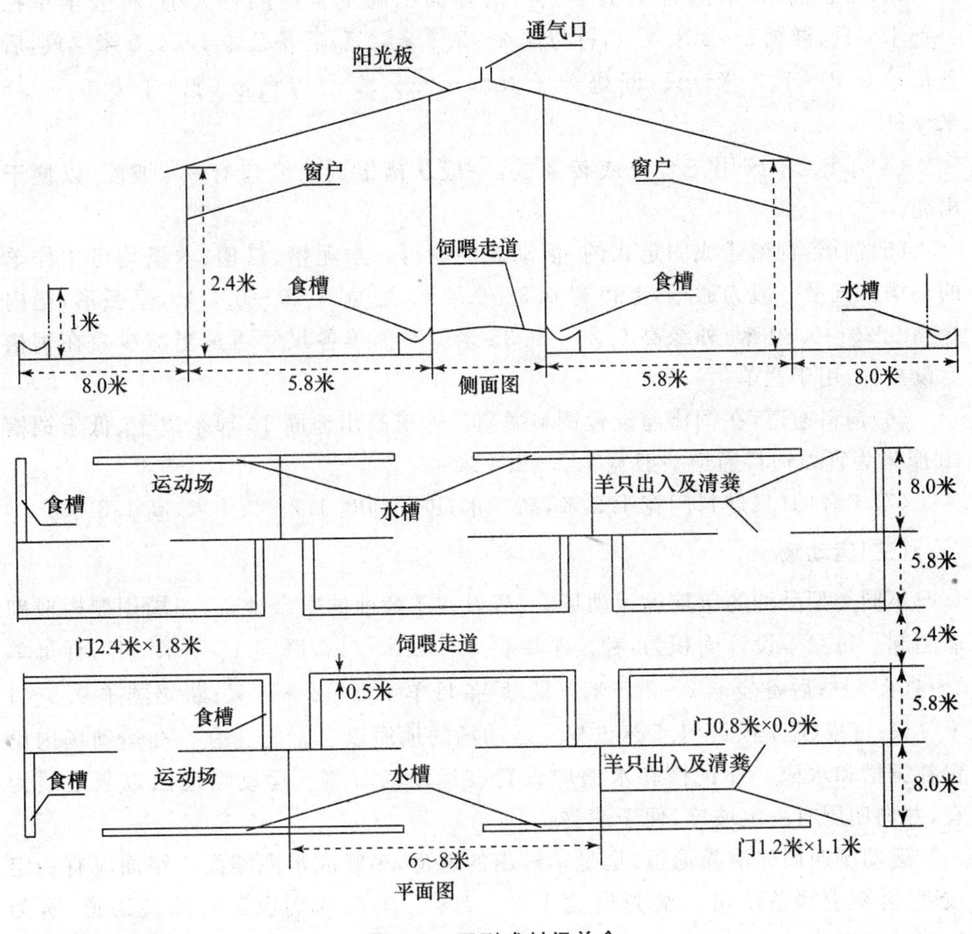

图 2.4　双列式封闭羊舍

三、羊舍的建筑

(一)建筑结构

羊舍应根据当地自然条件尽可能采用廉价材料建造，一般采用砖混结构或土木结构。羊舍要做到冬能保暖，夏能防暑，坚固耐用，且能保持卫生，便于管理。

(二)内部设施

(1)棚顶:要选用隔热保温性能好的材料,可采用单坡式或双坡式。

(2)墙壁:羊舍屋脊高3~3.4米,后墙高一般2~2.4米,前墙高1.1米。

(3)羊舍面积:根据各类型羊只所需要面积确定舍内隔栏大小,种公羊单栏4~6米^2/只、群饲2~3米^2/只,种母羊2~2.5米^2/只,后备公羊1~1.5米^2/只,后备母羊0.8~1.2米^2/只,断奶羔羊0.3~0.5米^2/只,育成(肥)羊0.5~0.8米^2/只。

(4)羊床:羊床用三合土或砖铺成,一般从槽根到出粪口有2%坡度,以便于出粪。

(5)饲槽:饲槽建成固定式的、活动式的均可。水泥槽、铁槽、木槽均可用作羊的饲槽。饲槽一般为通槽,上口宽0.3~0.4米,底宽0.20~0.3米,呈弧形,槽内缘高0.20~0.30米,外缘高0.25~0.35米。对羔羊各尺寸可适当减少。在饲槽后设栏杆,用于拦羊。

(6)饲料通道:在饲槽前设置饲料通道。通道高出地面10厘米以上、低于饲槽10厘米为宜。饲料通道一般宽1.2~2.4米。

(7)羊舍的门:进料门宽1.2米,高2米;进羊门宽1.2~2.4米,高1.8米。

(三)运动场

不同类型品种的羊均设运动场,一般设在羊舍前的空余地带,四周用栅栏或砌墙围起。每只羊设计面积为:种公羊单栏8~12米^2/只,群饲4~6米^2/只;种母羊3~4米^2/只;后备公羊2~2.5米^2/只;后备母羊1.5~2米^2/只;断奶羔羊0.5~1米^2/只;育成(肥)羊1~1.5米^2/只。运动场的地面以三合土为宜。在运动场内设置补饲槽和水槽。补饲槽和水槽应设置在运动场一侧。运动场地面以灰土质为宜,并向四周有一定坡度,便于清粪。

运动场四周建清粪通道,也是羊进出的通道,多修成水泥路面。路面应有一定坡度,并刻上线条防滑。清粪道宽1.2~2米。羊栏两端也留有清粪通道,宽为1.5~2.4米。

四、塑膜暖棚羊舍修建及配置技术要求

(1)羊舍。我县养殖农户主要以暖棚羊舍外配运动场为主,冬暖夏凉。羊舍采用半拱圆形塑膜暖棚,举架脊高3.0米,前墙高1.1米,后墙高2.0米,长度可根据饲养规模而定。靠后墙设饲喂走道,走道前设饲槽,饲槽前设羊床。羊床一般从饲槽一端至排粪沟形成2~5度的夹角。羊床用10厘米"三七"或用机砖铺成。一

般靠南墙设一个门用于饲喂和羊出入，跨度7.5～8米，后坡投影长度5～5.5米。羊舍坐北面南，北面半坡棚，南面开放（冬季搭棚膜）。羊舍的建造应便于饲养管理，便于采光，便于夏季防暑、冬季防寒，便于防疫。

(2)饲料库。建造地位应选在离羊舍的位置都较适中的地点，而且位置稍高，既干燥通风，又利于成品料向各羊舍运输。

(3)干草棚及草库。尽可能地设在下风向地段，与周围房舍至少保持一定的距离。应单独建造，既防止散草影响羊舍环境美观，又要达到防火安全。

(4)青贮池。青贮池应选择地势较高的地点，以防止粪尿等污水入浸污染，同时还要考虑出料时运输方便，减少劳动强度。

(5)兽医室、病羊舍。应设在羊舍下风头，而且相对偏僻一角，便于隔离，减少空气和水的污染传播。

第五节　标准化肉羊场生产技术

标准化规模养殖是现代畜牧业发展的必由之路。为贯彻落实农业部关于加快推进畜禽标准化规模养殖的意见精神，加快畜禽养殖标准化规模化发展，进一步发挥标准化规模化养殖在规范畜牧业生产、保障畜产品有效供给、提升畜产品质量安全水平中的重要作用，推进畜牧业生产方式尽快由粗放型向集约型转变，促进现代畜牧业持续健康平稳发展，彭阳县根据自身发展现状，结合自治区农牧厅关于畜禽养殖标准化示范创建活动工作的方案及自治区标准化肉牛场建设规范，制订了彭阳县“以奖代补”牛羊标准化养殖场建设实施方案。现就彭阳县标准化养羊场建设及相关技术叙述如下。

因标准化肉羊场建设要求、场址选择与规划布局及部分技术内容与标准化肉牛场相关内容相同，故这里不再重复叙述，只对不同的地方加以叙述。

一、养羊场设施建设与设备

(一)羊舍

标准化规模养殖羊牛场要建有单独的母羊舍、羔羊舍、育成羊舍、育肥羊舍并建有运动场，羊舍之间应保持5米以上的间距。

1.羊舍建筑结构

羊舍可因地制宜采用半开放式或封闭式，结构可采用砖木结构或钢架保温板结构。

(1)单列半开放式：跨度7～8米，向阳面半敞开，冬季覆盖塑料膜或阳光板，其他三面有墙；羊舍屋脊高 3 米，前墙高 1.1 米，后墙高 2.0 米，屋脊垂直到地面至前墙间距 2.5～3 米，到后墙间距 4.5～5 米，示意图参见图 2.3。

(2)双列全(半)封闭式牛舍：跨度 12 米，中走道 2.4 米，采用对槽式分散饲养，示意图参见图 2.4。

2. 羊舍坐向及面积

羊舍坐向应满足日照、通风的要求，一般为坐北向南，南偏东角度不超过 15 度。单列式羊舍一般东西走向，双列式羊舍一般南北走向。羊舍面积按饲养羊只类型确定：种公羊单栏 4～6 米^2/只、群饲 2～3 米^2/只；种母羊 2～2.5 米^2/只；后备公羊1～1.5米^2/只；后备母羊 0.8～1.2 米^2/只；断奶羔羊 0.3～0.5 米^2/只；育成(肥)羊0.5～0.8米^2/只。我县拟验收补贴的羊场羊舍建设面积要求分别为：500 只 800 米^2、1 000 只 1 600 米^2、1 500 只 2 400 米^2。

3. 建筑要求

(1)基础：应有足够强度和稳定性，坚固，防止地基下沉、塌陷和建筑物发生裂缝倾斜；具备良好的清粪排污系统。

(2)墙壁：要求坚固结实、抗震、防水、防火，具有良好的保温和隔热性能，便于清洗和消毒，多采用砖墙并用石灰粉刷。

(3)屋顶：能防雨水、风沙侵入，隔绝太阳辐射。要求质轻、坚固耐用、防水、防火、隔热保温；能抵抗雨雪、强风等外力因素的影响。

(4)羊舍：地面要求致密坚实，不打滑，有弹性，可采用砖地面或三合土地面，并从饲槽到羊只出入口有一定坡度，便于清洗消毒，具有良好的清粪排污系统。

(5)饲槽：设在羊床与饲喂走道中间，槽底为圆形，槽内表面应光滑、耐用。饲槽上口宽 0.3～0.4 米，底宽 0.20～0.3 米，前沿高 0.3～0.4 米，后沿高 0.35～0.45米。长槽中间打隔，也可以把饲槽做水槽使用。

(8)羊舍门：高不低于 2 米，宽 1.2～2.4 米，坐北朝南的羊舍，东西门对着中央通道，肉羊舍通到运动场的门不少于 2～3 个。

(9)窗：要能满足良好的通风换气和采光。采光面积成年母羊为 1∶12，育成羊为 1∶(12～14)，羔羊 1∶14。一般窗户宽为 1.5～3 米，高 1.2～2.4 米，窗台距地面 1.2 米。

(10)通道：单列半开放式通道在后墙与羊槽之间 1.2～2.4 米，双列全(半)封闭式羊舍通道在两饲槽之间 2.4 米。通道连接羊舍、运动场，应畅通，地面不打滑，周围栏杆及其他设施无尖锐突出物。净道和污道严格分开。

(11)塑料暖棚：单列半开放式羊舍冬季可覆盖塑料薄膜，应选用聚氯乙烯塑料薄膜，厚度以 80～100 微米为宜，塑料薄膜与地面的夹角以 55～65 度为宜。

(12)通风换气孔:排气口应设在圈舍顶部的背风面,上设防风帽,面积20厘米×20厘米为宜,每隔2米设置一个出气口。

(二)运动场

(1)不同类型品种的羊只均应设一定面积的运动场。种公羊单栏8～12米²/只、群饲4～6米²/只,种母羊3～4米²/只,后备公羊2～2.5米²/只,后备母羊1.5～2米²/只,断奶羔羊0.5～1米²/只,育成(肥)羊1～1.5米²/只。运动场地面以三合土为宜。运动场可按不同的品种、规模大小用围栏分成小的区域。

(2)在运动场边设饮水槽,按每只羊15厘米计算水槽的长度,槽深40厘米,水深不超过30厘米,供水充足,保持饮水新鲜、清洁。

(3)运动场地面平坦、四周稍高,向栏门方向呈一定的坡度(3°～5°),便于清粪。

(4)围栏运动场周围设有高1～1.2米围栏,栏柱间隔1.5米,可用钢管或水泥桩柱建造,要求结实耐用。

(5)运动场四周设排污水设施。

(三)配套设施

(1)电力:羊场电力充足可靠,并自备发电机组。

(2)道路:道路要通畅,与场外运输连接的主干道宽5～6米;通往畜舍、干草库(棚)、饲料库、饲料加工调制车间、青贮窖及化粪池等运输支干道宽3～4米。运输饲料的道路(净道)与粪污道路(污道)要分开。

(3)排水:场内雨水采用明沟净道排放,污水采用暗沟污道排放和三级沉淀排放。在粪污处理区可以建污水处理池或沼气池。

(4)草料库:根据饲草饲料、原料的供应条件,饲草贮存量应满足3～6个月生产需要用量的要求,精饲料的贮存量应满足1～2个月生产用量的要求。

(5)青贮池:青贮池要选择建在排水好、地下水位低、防止倒塌和地下水渗入的地方。一般要求用混凝土建成永久池(每只羊不低于1.2米³),密封性好,防止空气进入。墙壁要平直而光滑,要有一定倾斜度,坚固性好。每次使用青贮池前都要进行清扫、检查、消毒和修补。彭阳县拟验收补贴的羊场青贮池建设面积要求分别为:500头600米²、1 000头1 200米²、1 500头1 800米²。

(6)饲料加工车间:远离饲养区,配套的饲料加工设备应能满足羊场饲养的要求。配备必要的草料粉碎机、铡草机及饲料混合机械。

(7)消防设施:应采用经济合理、安全可靠的消防设施。各羊舍之间,草垛与羊舍及其他建筑物之间,草料库、加工车间之间分别设置消火栓。也可设置专用的消防泵与消防水池及相应的消防设施。消防通道可利用场内道路,应确保场内道路与场外公路畅通。

(8)羊粪堆放和处理设施：粪便的贮存与处理应有专门的场地，必要时用硬化地面。羊粪的堆放和处理位置必须远离各类功能地表水体，并应设在养殖场生产及生活管理区的常年主导风向的下风向或侧风向处。

(9)消毒室、更衣室及人工授精室：应在养羊场大门口处建占地10米^{2}的消毒室(内设消毒药池和紫外线灯)，大门口建与大门口同宽、长度4米、深10～15厘米的消毒池，在生产区门口建占地15米^{2}的更衣消毒室(内设消毒药池和紫外线灯)，在母羊舍附近设羊人工授精室(配种室)占地20米^2。

(10)隔离羊舍及兽医室：在粪污处理区和病畜隔离区设占地10米^{2}兽医室10米^2，同时按生产规模设观察隔离羊舍、污道后大门等专用通道。

(11)装羊台和地磅：在粪污处理区和病畜隔离区上风处设专门的装羊台和地磅。

(12)场区绿化：场区绿化应结合场区与羊场之间的隔离、遮阴及防风需要进行。可根据当地实际种植能美化环境、净化空气的树种和花草，不宜种植有毒、有刺、飞絮的植物。

(13)羊场生活管理区：羊场生活管理区内建办公室、资料室、接待室等建筑面积在100米^{2}左右。

(四)养羊场用地的推算

根据羊场的养殖类型和规模首先计算出羊舍建筑面积，例如出栏500头自繁自育＋适当育肥的羊场，羊群组织和更替一般母羊、羔羊、育肥羊大概比例10∶13∶12(无羊人工授精的羊场公母比例1∶30)，羊舍面积为800米^2，再加附属及其他建筑280米^2，青贮池占地大约100米^2，共计1 180米^2。一般羊场建筑面积占到总面积的20%～40%。500只羊场预算占地5.89亩地，1 000只羊场占地10.4亩地，1 500只羊场占地14.9亩地。

二、外购羊的选择与运输

根据羊场的建设规模，在购羊前首先应要做好羊场羊群组织和更替计划、饲草料轮供计划、消毒防疫计划、场内工作人员数量结构计划等，以及做好各种管理规章制度上墙等工作。

(一)购羊前准备工作

1.选择品种

购羊前应确定好要选购羊的品种，应选购适应性好、生长快的品种。一般母羊以小尾寒羊、滩羊及杂交后代，育肥羊以肉用与本地母羊杂交后代，健康无病且瘦的羊作为育肥首选。

2.羊场准备

购羊前，羊场应做好羊场环境设施、圈舍、饲料、饮水与防疫等相关准备。

3.异地购羊的准备

购羊前，应调查拟购地区的疫病发生情况，禁止从疫区购羊。羊常见传染病有口蹄疫、结核病、病毒性腹泻、黏膜病等。要注意产地的气温、饲草料质量、气候等环境条件，以便相应调整运输与运达后的饲养管理措施。

4.选羊

应选来源清晰的健康羊。拟购羊只应营养与精神状态良好，被毛光亮，无卧地不起、发热、咳嗽、腹泻等临床发病症状。应检查羊的免疫记录，确保拟购羊处于口蹄疫等疫苗的免疫保护期内。应按国家规定对拟购羊只申请检疫，检疫应符合畜禽产地检疫规范和种畜禽调运检疫技术规范。

(二)羊的运输及准备工作

1.运输的准备

(1)运输人员由有经验的选购人员、兽医及押运人员组成。

(2)使用羊专用运输车辆，用1%烧碱消毒，并准备好饲草、饮水工具、铁锹等。

(3)运输前应备齐各种证件，包括准运证、税收证明、兽医卫生健康证明(非疫区证明、防疫证、检疫证)、车辆消毒证件、产权证明等。

(4)加强运输管理，减少掉膘和死亡。

2.运输及卸载

运输以春、秋两季较好，冬季调运要做好防寒工作。运输途中尽量保持车行均速，切忌急转弯和急刹车。运输中每隔4～5小时应检查一次羊群状况。

运输车辆到达目的地后，要在专用台上让羊只自由下车，放入隔离羊舍中，并逐个核对羊只数量。

羊只入舍后休息1.5～2小时，然后给少量饮水或补口服盐溶液2～3升，给少量优质干草。切勿暴饮暴食。

3.隔离与过渡饲养

(1)购回的肉羊集中在单独圈舍中饲养，饲草料过渡期在15天以上。过渡期第1周以粗饲料为主，视采食和消化情况，适当添加精料；第2周开始逐渐加料，每3天增加300克精料，至正常水平。

(2)为新到肉羊提供清洁饮水，如果是夏天长途运输，肉羊还应补充人工盐。

(3)隔离期间进行驱虫与免疫接种，入圈前进行全群检疫，证明肉羊健康无病后并入大群。

(4)并群后对所有隔离的空圈进行彻底消毒处理。

三、养羊场饲料供应与日粮配制

饲料来源应本着经济实惠、就近种植或购买的原则。彭阳县粗饲料主要有玉米秸秆、青贮、苜蓿秸秆、打包青贮、各种农作物秸秆及山草,还有少量的块根类及农副产品;精饲料以玉米、油渣、豆饼、麸皮等为主。

(一)饲料供应计划及储备

根据羊场生产规模、饲草料的种类做出一年或一个生产周期的饲草料供应计划,然后采购储备,以备丰荒年而出现饲草料短缺,影响羊场的正常生产。一般平均干草和秸秆按 0.8~1 千克/(只·日量),青贮饲料按 3 千克/(只·日量),精饲料按 0.6~1 千克/(只·日量),矿物质按 0.03~0.04 千克/(只·日量)。

饲料的贮藏要防雨、防潮、防火、防冻、防霉变、防发酵及防鼠、防虫害。饲料应堆放整齐,标识鲜明,便于先进先出,饲料库有严格的管理制度,有准确的出入库、用料和库存记录。

(二)日粮的配制

(1)配制原则应根据《肉羊饲养标准》和《饲料营养成份表》,结合羊群实际,科学设计日粮配方。日粮配制应精粗料比例合理,营养全面,能够满足羊的营养需要。适当的日粮容积和能量浓度要成本低,经济合理,适口性强,生产效率高;营养物质间搭配合理,确保肉羊的健康和生长发育。

(2)肉羊养殖中禁止使用动物源性饲料,外购混合精料应有检测报告(包括营养成分和是否含有动物源性及其药物成分)。

(3)饲喂全混合日粮。全混合日粮是根据羊的营养需要,把粗饲料、精饲料及辅助饲料等按合理的比例及要求,利用专用饲料搅拌机械进行切割、搅拌,使之成为混合均匀、营养平衡的一种日粮。肉羊饲喂全混合日粮时应注意以下几点:①合理划分饲喂群体(不同类型、品种、大小、肥瘦);②科学设计饲料配方(包括精粗料比例、粗料配方及精料配方);③选择适合一定规模羊场的饲料混合搅拌机,全混合日粮水分应控制在 45~50%;④确定饲喂方法,一般日喂 3~4 次,并随时观察搅匀饲槽中的饲料,根据剩料和吃料情况而调整全混合日粮配方。

四、饲养管理

(一)一般管理技术

(1)去角:去角可以防止羊争斗时致伤,给管理工作带来方便。去角时一人保定羊或用保定箱保定羊,另一人进行去角操作。常用的去角方法有四种,即化学去角法、烙铁去角法、简易烧烙去角法和机械去角法。

(2)刷拭:经常刷拭可使羊体清洁,促进皮肤健康和新陈代谢,有利于人畜亲近,便于管理。

(3)修蹄:蹄是皮肤的衍生物,不断生长,必须经常修蹄,一般每3个月修蹄1次。

(4)去势:不作种用的公羊可以去势。去势后的羊温顺、易肥、肉美。羔羊去势在1月龄内进行。去势的方法有刀骟法和结扎法。

(5)药浴:药浴能防治体外寄生虫,增进皮肤健康,促进羊毛生长。药浴一般在春季剪毛10天后或夏季晴朗无风天进行。羊场必须建设和养殖规模相配套的药浴池。

(6)编号:编号便于选种选配,便于了解羊的血统、生长发育、生产性能等。常用的编号法是耳标法。耳标用金属或塑料制成,有圆形或长方形两种。

(7)运动:运动能增强体质,减少疾病。舍饲羊舍应尽可能大一些,每个舍饲圈舍都应设运动场。

(8)称重:体重是衡量羊生长发育的主要指标,也是检查饲养管理工作的重要依据,应及时准确地称重。称重包括初生重、断奶重、周岁重和成年重等。

(9)剪毛:每年剪毛1～2次,春季在5～6月份,秋季在9～10月份。羊场应设专用剪毛车间。

(10)定时定量饲喂:①喂料次数,一天喂料2次,早晚各1次;②采食时间为每次1.5～2小时,根据采食时间调整喂料数量;③采食数量按羊每天采食饲料为体重的3%～3.5%,上午喂全天采食量的45%～50%,下午喂全天采食量的50%～55%。

(11)保证充足清洁饮水:饮水要充足,最好用自来水保持水槽清洁,如有污染应及时清洗。24小时不间断水。冬天保温效果好的条件下,可以考虑自动饮水嘴、饮水碗。

(12)羊舍的通风保温:通风可降低氨气浓度,保温可防止温差过大。羊容易感冒,要做好通风与保温。

(13)粪便的清理:粪便的清理要及时,冬天羊粪清理容易引起呼吸道疾病。

(14)驱虫、防疫和消毒:每年2次驱虫,按免疫程序做好防疫,定期消毒。

(二)羊各阶段饲草料供应(参照配方)

1.羔羊的培育

哺乳期是指从出生到断奶这一阶段,一般为2～3个月。

(1)初乳期(出生～5天):母羊产后5天以内的乳叫初乳。羔羊吃初乳期一般为5天,不能间断,可以随母羊哺乳或用保姆羊哺乳,自由吸吮,每天4～6次。羊场设产羔母羊舍及保育羔羊间。

(2)常乳期(6～60天):常乳是母羊产后第6天至干奶期以前所产的乳汁。一般从10日龄后开始给草让小羊自由采食,从15日龄后开始教吃料。

(3)奶与草料过渡期(61～90天):在这一阶段,羔羊食物开始奶与草料并重,后期奶量不断减少,以优质干草与精料为主,奶仅作为蛋白质补充饲料。参考配方:玉米75%,豆饼15～20%,苜蓿草粉3.5%～8.5%,食盐1.5%,矿物质和生长促进剂适量。羔羊饲养在专门的羔羊舍内。

2.青年羊的培育

从断奶后到配种前的羊叫青年羊,以优质干草为主,辅以精料。参考配方:玉米50%,麸皮15%,大麦13%,豆饼10%,油饼10%,预混料2%,骨粉及食盐自由采食。日喂量0.5～0.6千克。饲养在专门的后备母羊舍及青年育肥羊舍。

3.种公羊的饲养管理

种公羊应保持较好的膘情,使其具有健壮的体质、旺盛的性欲和良好的精液品质,以便更好地完成配种任务,发挥其种用价值。

种公羊的饲养可分为配种期和非配种期。配种期又可分为配种预备期(配种前1～1.5个月)及配种期(1～1.5个月)饲养。配种预备期应增加精料量,按配种期给量的60%开始补给,并逐渐增加到配种期精料应给量。配种期混合精料给量为1千克左右,若配种任务较大,可日补给鸡蛋2～4个。精料参考配方:玉米63%,麸皮10%,大麦10%,豆饼5%,油饼10%,预混料2%,骨粉及食盐自由采食。非配种期应补给精料0.5千克。青绿草、青干草、青贮、微贮自由采食。

在管理上应温和待羊,恩威并施,驯治为主,经常运动,每天刷拭,及时修蹄,定期防疫,合理利用。

小公羊要及时进行生殖器官的检查,对小睾丸、短阴茎、附睾不明显的,以及到7月龄采精检查时发现无精或死精的个体,要予以淘汰。

种公羊舍应设在远离母羊舍的地方,应通风、干燥、向阳。每只公羊需面积2米^2,并要有较宽广的运动场。

4.成年母羊的饲养管理

(1)配种前期的饲养管理。

在配种前1.5个月的参考配方:玉米52%,麸皮25%,豆饼10%,油饼10%,预混料2%,骨粉及食盐1%。日粮可由青绿草或青干草45%、青贮或微贮40%、精料15%组成。

(2)妊娠期的饲养管理。

羊妊娠期为150天,可分为妊娠前期和妊娠后期。

妊娠前期是妊娠后的前3个月,参考配方:玉米48%,麸皮26%,豆饼11%,油饼12%,预混料2%骨粉及食盐1%。日粮可由青绿草或青干草50%、青贮或微贮40%、精料10%组成。此期不能喂发霉变质、冰冻有霜的饲料,不饮冰茬水,不让羊受惊,加强管理,以防发生早期流产。

妊娠后期是妊娠后的最后2个月,参考精料配方:玉米43%,麸皮26%,胡麻饼15%,豆饼10%,钙粉1.5%,预混料2%,食盐1%,小苏打0.5%,微量元素预混添加剂1%。日粮可由青绿草或青干草35%,青贮或微贮35%,精料30%组成。此期的一切管理措施都应围绕保胎来进行。

(3)哺乳期的饲养管理。

哺乳期大约3个月,哺乳期划分为哺乳前期和哺乳后期。

哺乳前期即羔羊生后的1.5~2个月,参考精料配方:玉米45%,麸皮26%,胡麻饼15%,豆饼10%,钙粉0.5%,预混料2%,食盐1%,微量元素预混添加剂0.5%。日粮可由青绿草或青干草33%、青贮或微贮34%、精料33%组成。此期羔羊营养主要依靠母乳。羔羊每增加1千克体重约需母乳5千克。母羊饮水要充足。

哺乳后期是母羊泌乳60天后,参考精料配方:玉米50%,麸皮22%,豆饼13%,油饼12%,预混料2%,骨粉及食盐1%。日粮可由青绿草或青干草40%、青贮或微贮40%、精料20%组成。

(三)肉羊育肥

育肥前应对羊只进行消毒、驱虫、药浴、防疫注射、修蹄等。

(1)消毒:羊入舍前3天,用菌毒双杀1∶200~300稀释后对整个羊舍及场地进行全面喷洒消毒。平时,每周带羊喷雾消毒1次,特殊情况2天1次。

(2)驱虫:羊入舍后,用伊维菌素针剂进行注射驱虫,伊维菌素针剂按说明书要求使用。羊入舍7~10天,免疫注射“羊三联四防苗”,用法按说明书要求使用。

(3)参考精料配方:玉米66%,豆饼22%,麦麸8%,钙粉1.5%,食盐1.5%、维生素等添加剂1%。育肥期精料和粗料配比可以按1∶1配料。

(4)饲喂方法:①过渡期饲养要点:开始喂麦草和牧草为主,逐渐加大秸秆颗粒料的用量。每天饲喂3次,经15~20天过渡后,全部使用颗粒饲料。在饮水中添加维生素,减少应激。②育肥期饲养要点:每个羊栏放9~10只羊,这样可保证有足够的食位。饲养做到“吃、睡、长”。每天上午6点和下午5点各饲喂1次,七成饱、八成睡、九成十成易伤胃,自由饮水,时时刻刻不脱水。冬保暖,关闭门窗,在中午温度较高时进行通风换气。夏季通风,用负压风扇或水帘通风降温,白天灭蝇,晚上灭蚊，方法是将敌敌畏 1：(300～500)倍稀释后喷到羊床下面，每日晚喷洒 1 次。夏天梅雨季节可在饲料中加入脱霉剂以防饲料霉变。

五、肉羊繁殖

(一)肉羊适宜的初配年龄

公羊以 12～18 月龄开始配种为宜。母羊适宜的初配年龄应以体重为依据，即体重达到正常成年体重的 70%以上时可以开始配种。母羊的适宜初配年龄一般为 6 个月龄以上。

(二)母羊的同期发情

肉羊同期发情就是有计划地使同群母羊在同一时间内发情，以利于羊的人工授精。同时，母羊同期发情、同期配种、同期产羔也便于生产的组织和管理工作。对母羊同期发情的技术处理有以下几种。

1. 阴道海绵栓处理法

在海绵栓上涂抹专用的润滑药膏，用海绵栓放置器将其放入母羊阴道深部。在放置阴道海绵栓的同时，皮下注射苯甲酸雌二醇 2 毫克，可提高诱导发情效果。海绵栓在阴道内放置 9～12 天后取出。撤出阴道海绵栓后 2～3 天内即可发情，有效率达 90%以上。

2. 前列腺素处理法

全群母羊第 1 次全部注射 15-甲基-前列腺素 1.2 毫克，卵巢上有黄体的母羊，在注射后的 72～90 小时内发情，发情后即可输精。对第 1 次注射无反应的母羊，10 天后第 2 次注射。在此期间，这些母羊可能由于自然发情卵巢上形成黄体，从而对第 2 次注射产生反应。

3. 药管埋植法

在繁殖季节，给羊耳皮下埋植孕激素药管 6～9 天，再注射孕马血清促性腺激素 10 国际单位/千克，72 小时内母羊的同期发情率达 80%以上，并可提高产羔率。

4. 口服法

每天将一定数量的激素药物均匀地拌入饲料内，连续饲喂 12～14 天。口服法的药物用量为阴道海绵栓法的 1/10～1/5。最后一次口服药的当天，肌肉注射孕马血清促性腺激素 400～750 国际单位。

(三)肉羊的配种方法

肉羊的配种方法可大体分为自然配种和人工授精两类。

1. 自然配种

自然配种就是在羊只的繁殖季节，将公、母羊混群，实行自然交配。通常采用大群配种，即将一定数量的羊群按公、母 1：(25～35)的比例混群饲养。这种方法节省人力，受胎率也高。

自然配种时，试情公羊的数量一般为参加配种母羊数的 2%～4%。

将试情公羊赶入待配母羊群中进行试情，凡愿意与公羊接近，并接受公羊爬跨的母羊即认为是发情羊。通过试情把发情的母羊挑出来放入配种室与选好的种公羊配种，并要做好母羊配种时间登记，以及配种公羊的登记。

试情的时间为每天早晚各 1 次，每次 1.5 小时左右。

2. 人工授精

羊的人工授精是指通过人为的方法，将公羊的精液输入母羊的生殖器内，使卵子受精以繁殖后代。与自然配种相比，人工授精具有以下优点：扩大优良公羊的利用率；提高母羊的受胎率；节省购买和饲养大量种公羊的费用；减少疾病的传染；克服公、母羊所处地域相距过远的困难；等等。

在羊人工授精的实际工作中，由于母羊发情持续时间短，再者很难准确地掌握发情开始时间，所以当天抓出的发情母羊就在当天配种 1～2 次(若每天只配 1 次则在上午配，配 2 次时则上、下午各配 1 次)；如果第二天继续发情，则可再配。将待配母羊牵到输精室内的输精架上固定好，或将母羊的后腿横跨在一定高度的横杠上进行输精，或者将母羊的后腿由人提起固定，并将其外阴部消毒干净。输精员右手持输精器，左手持开膣器，先将开膣器慢慢插入阴道，再将开膣器轻轻打开，寻找子宫颈。如果在打开开膣器后，发现母羊阴道内黏液过多或有排尿表现，应让母羊先排尿或设法使母羊阴道内的黏液排净，然后将开膣器再插入阴道，细心寻找子宫颈。子宫颈附近黏膜颜色较深，当阴道打开后，向颜色较深的方向寻找子宫颈口即可顺利找到。找到子宫颈后，将输精器前端插入子宫颈口内 0.5～1.0 厘米深处，用拇指轻压活塞，注入原精液 0.05～0.1 毫升或稀释液 0.1～0.2 毫升。如果遇到初配母羊，阴道狭窄，开膣器插不进或打不开，无法寻见子宫颈时，只好进行阴道输精，但每次至少输入原精液 0.2～0.3 毫升。

在输精过程中，如果发现母羊阴道有炎症，而又要使用同一输精器的精液进行连续输精时，在对有炎症的母羊输完精之后，可用 96%的酒精棉球擦拭输精器进行消毒，以防母羊相互传染疾病。但使用酒精棉球擦拭输精器时，要特别注意棉球上的酒精不宜太多，而且只能从后部向尖端方向擦拭，不能倒擦。酒精棉球擦拭后，用 0.9%的生理盐水棉球重新再擦拭一遍，才能对下一只母羊进行输精。

(四)母羊妊娠期及预产期推算

羊妊娠期平均为150天,其中绵羊为146～155天,在配种时间选择上应避免冬季元月产羔。

母羊预产期的推算方法是:配种月份加5,配种日期减2或减4;如果妊娠期通过12月份,则预产日期应减2,其他月份减4。例如,一只母羊在2006年11月3日配种,则该羊的产羔日期为2007年4月1日。

(五)羊的妊娠、分娩及产后母羊、羔羊的护理

羊的妊娠、分娩及产后母羊、羔羊的护理在本章第二节"四、羊妊娠与分娩"中已有叙述,此处不再重复。

六、卫生与防疫

(一) 卫生防疫

1.防疫总则

肉羊场应贯彻"以防为主,防治结合"的方针。肉羊场日常防疫的目的是防止疾病的传入或发生,控制传染病和寄生虫病的传播。

2.防疫措施

肉羊场应建立出入登记制度,非生产人员不得进入生产区,谢绝参观。职工进入生产区,应穿戴工作服经过消毒间,洗手消毒后方可入场。肉羊场员工每年必须进行1次健康检查,如患传染性疾病应及时在场外治疗,痊愈后方可上岗。新招员工必须经健康检查,确认无结核病与其他传染病。肉羊场员工不得互串车间,各车间生产工具不得互用。肉羊场不得饲养其他畜禽,特殊情况需要饲养狗的,应加强管理,并实施防疫和驱虫处理,禁止将畜禽及其产品带入场区。

3.死亡羊只处理

死亡羊只应作无害化处理,尸体接触的器具和环境做好清洁及消毒工作。外来或购入的羊应持有法定单位的健康检疫证明,并经隔离观察和检疫后确认无传染病时方可并群饲养,当场内、外出现传染病时应立即采取隔离封锁和其他应急措施,并及时向上级业务主管部门报告。

4.淘汰及出售羊只处理

淘汰及出售羊只应经检疫并取得检疫合格证明后方可出场。运羊车辆必须经过严格消毒后进入指定区域装车。当肉羊发生疑似传染病或附近牧场出现烈性传染病时,应立即采取隔离封锁和其他应急措施。

(二)消毒

1. 养殖区入口消毒

养殖区入口的地面可用麻袋片或草垫浸4%氢氧化钠溶液或撒生石灰消毒。

2. 养殖区周围环境消毒

羊舍、羊圈、场地及用具应保持清洁、干燥,每天清除污物;清除羊舍周围的垃圾,填平死水坑;认真开展消灭鼠、蚊、蝇等工作。羊舍周围环境定期用2%火碱或撒生石灰消毒。

3. 圈舍消毒

羊舍清扫后消毒。无羊消毒时,可关闭门窗,用福尔马林熏蒸消毒12~24小时,然后开窗通风24小时;也可用10%~20%的石灰乳或10%的漂白粉溶液或2%~4%氢氧化钠溶液消毒,最后开门窗通风,用清水刷洗饲槽、用具,将消毒药味除去。带羊消毒时,可用1∶(1 800~3 000)的百毒杀。羊舍消毒每周1次,每年再进行2次大消毒。产房在产羔前消毒1次,产羔高峰时进行多次,产羔结束后再进行1次。在病羊舍、隔离舍的出入口处放置浸有消毒液的麻袋片或草垫,消毒液可使用2%~4%氢氧化钠、1%菌毒敌(对病毒性疾病)或10%辽林溶液(对其他疾病)。

4. 粪污消毒

粪便消毒最实用的方法是生物热消毒法,即将羊粪堆积起来,上面覆盖10厘米厚的土,堆放发酵30天左右,即可用作肥料。

(三)免疫

肉羊场应根据《中华人民共和国动物防疫法》及其配套法规的要求,结合当地实际情况,对规定疫病和有选择的疫病进行预防接种工作,并注意选择适宜的疫苗、免疫程序和免疫方法。一般注射羊快疫、肠毒血症三联苗和炭疽、布病、大肠杆菌病菌苗等,进行相应的预防接种。

(四)驱虫

1. 内寄生虫

可供选择的驱虫药很多,常用的有驱虫净、丙硫咪唑、虫克星(阿维菌素)等。有针对性地选择驱虫药物,或交叉用2~3种驱虫药,或重复使用2次等都会取得更好的驱虫效果。大群驱虫时,无论选择何种驱虫药,都应先对少数羊驱虫,确定安全有效后再全面实施。

2. 外寄生虫

为驱除羊体外寄生虫,预防疥癣等皮肤病的发生,每年要在春季和秋季进行药浴。药浴时应注意的事项如下：

(1)药浴最好隔一周再进行1次；

(2)药浴前8小时停止放牧或饲喂，入浴前2～3小时给羊饮足水，以免羊吞饮药液中毒；

(3)让健康的羊先浴，有疥癣等皮肤病的羊最后浴；

(4)凡妊娠2个月以上的母羊暂不进行药浴，以免流产；

(5)要注意羊头部的药浴，无论采用何种方法药浴，必须要把羊头浸入药液1～2次；

(6)药浴后的羊应收容在凉棚或宽敞棚舍内，过6～8小时后方可喂草料。

(五) 检疫

羊场应按照国家有关规定和当地畜牧兽医主管部门的具体要求，对结核、布鲁氏菌病等传染性疾病进行定期检疫。

(六) 兽药使用准则

(1)禁止在饲料及饲料产品中添加未经国家兽医行政主管部门批准的兽药品种，特别是影响肉羊生殖的激素类药、具有雌激素类似功能的物质、催眠镇静药和肾上腺素能药等兽药。

(2)慎用作用于神经系统、循环系统、呼吸系统、泌尿系统的兽药及其他兽药。

(3)建立并保存肉羊的免疫程序记录，建立并保存患病肉羊的治疗记录，包括患病肉羊的畜号或其他标志、发病时间及症状、治疗用药的过程、治疗时间、疗程、所用药物商品名称及有效成分等。

七、粪便及废弃物处理

1.处理原则

粪污应遵循减量化、无害化和资源化利用的原则。养殖场(小区)应建立配套的粪污处理设施，并进行无害化处理。养殖场(小区)发生重大疫情时应按动物防疫有关要求对粪便进行处理。

2.处理方法

粪污处理和利用模式有沼气生态模式、种养平衡模式、土地利用模式、达标排放模式等。

3.处理要求

(1)养羊场应尽量采用干清粪工艺，节约水资源，减少污染物排放量。

(2)粪便要日产日清，并将收集的粪便及时运送到贮存或处理场所。粪便收集过程中必须采取防扬散、防流失、防渗透等工艺。

(3)养羊场应实行粪尿干湿分离、雨污分流、污水分质输送,以减少排污量。对雨水可采用专用沟渠、防渗漏材料等进行有组织排水,对污水则应用暗道收集,改明沟排污为暗道排污。

(4)粪便经过无害化处理后既可作为农家肥施用,也可作为商品有机肥或复混肥加工的原料。

(5)固体粪便无害化处理可采用静态通风发酵堆肥技术。粪便堆积保持发酵温度50℃以上,时间应不少于7天;或保持发酵温度45℃以上,时间不少于14天。

4.病畜处理

(1)焚毁:对危险较大的传染病的病羊尸体应采用焚烧炉焚毁。

(2)深埋:进行填埋时,在每次投入尸体后,应覆盖一层厚度大于10厘米的熟石灰,井填满后,须用黏土填埋、压实并封口。或者选择干燥、地势较高,距离住宅、道路、水井、河流及羊场或牧场较远的指定地点,挖深坑掩埋尸体,尸体上覆盖一层石灰,深度应在2米以上。

八、记录与档案管理

根据农业部发布的《畜禽标识与养殖档案管理办法》建立肉羊生产记录制度,配备专门或兼职的记录员,对日常生产、活动等进行记录,以便及时掌握肉羊的生产情况。记录资料包括:出入记录,卫生防疫与保健记录,饲料兽药使用记录,育种与繁殖记录,兽医记录,生产记录等。建立健全档案管理制度。

第三章　饲料生产

常用的饲料可分为粗饲料、精饲料、矿物质饲料、添加剂类饲料和特殊类饲料等类型。

粗饲料一般指天然水分含量在60%以下、体积大、可消化利用养分少、干物质中粗纤维含量大于或等于18%的饲料。本地常见的有玉米秸秆青贮饲料、苜蓿打捆青贮饲料、各种作物秸秆、块根类饲料及干草类饲料等。

精饲料一般指容积小、可消化利用养分含量高、干物质中粗纤维含量小于18%的饲料。精饲料又包括能量饲料和蛋白饲料。所谓能量饲料，是指干物质中粗纤维含量低于18%、粗蛋白质含量低于20%的饲料。常见的能量饲料有谷实类（如玉米、小麦、稻谷、大麦等）和糠麸类（如小麦麸、米糠等）。所谓蛋白质饲料，是指干物质中粗纤维含量低于18%、粗蛋白质含量等于或高于20%的饲料。常见的蛋白质饲料有豆饼、豆粕、胡麻饼、玉米胚芽饼等。

矿物质饲料常见的有食盐和含钙磷类矿物质（如石粉、磷酸钙、磷酸氢钙、轻体碳酸钙等）。

添加剂类饲料包括营养性添加剂和非营养性添加剂。常见的营养性添加剂有维生素、微量元素、氨基酸等。常见的非营养性添加剂有抗生素、促生长添加剂、缓冲剂等。

第一节　饲草种植技术

一、玉米

（一）适宜品种

各地应根据当地的土肥、气象等条件，选择适宜在本地区露地或覆膜种植的不同生育期、不同生产用途（籽粒用、青贮专用等）的高产优质玉米品种。

（二）栽培技术要点

1.选择茬地

选择有灌溉条件、肥力较高的川水地或地势平坦、土层深厚、肥力水平高、底墒充足的旱川地、塬台地和水平梯田，前茬以小麦、豆类、马铃薯及胡麻等茬为宜。

2.科学耕作

前作物收获后及时深耕 20 厘米以上，收耱时结合翻地施农家肥，水地 5 000 千克，旱地 3 000～4 000 千克，普磷 40 千克。

3.播前准备

对没有进行秋施肥的田块，结合浅耕起垄时施足底肥；没有冬灌或缺墒的川水地应及早春灌。地膜以选用 0.005 毫米超微膜为最佳。

4.覆膜播种

(1)起垄：以南北行向为较好，垄高 5 厘米，垄面宽 65 厘米；水地垄面呈圆拱形，旱地垄面与地面平行。要求垄面土细并且光滑，拣净根茬等杂物。结合起垄亩施磷酸二铵 5～10 千克，尿素 10～15 千克。

(2)覆膜：盖膜时要拉紧拉直，铺展、紧贴垄面，保证采光面在 70%以上。

(3)适时早播：播种最佳时间一般在 4 月中旬至 5 月 5 日之间，播种深度为 3～8 厘米，地温稳定达到 10℃。

(4)合理密植：每亩播量 3 千克。留苗，水地 4 000 株/亩，旱地 3 330 株/亩，窄行距 33 厘米，宽行距 67 厘米，水地株距 33 厘米，旱地株距 40 厘米。

(5)播种方法：①先覆膜后打孔点播法。在春旱严重地区，整地施肥后，边起垄边抢墒覆膜，待播期一到，人工打孔点播，每穴点 2 粒种子，播深 4～5 厘米，孔径 2～3厘米，播后用细湿土压平播种孔。②先播种后覆膜法。当春旱轻、墒情好时，可采用此法，边起垄边播种，沿垄面人工挖穴点播，穴深 4～8 厘米，穴播 2 粒种子，播后覆土 3～4 厘米并留穴窝，以备炼苗。

5.田间管理

(1)放苗：先播种后覆膜的田块，出苗后，用小刀及时将地膜划破一小口，先放风炼苗，后放苗出膜，并及时用湿土把苗孔盖平，注意中午高温或大风天不宜放苗。先覆膜后播种的田块，播后至出苗前，遇雨及时松土，以破除苗孔板结，避免窝黄苗。

(2)定苗：4 叶 1 心至 5 叶期，去弱苗留壮苗，去小苗留大苗，每穴只留 1 株，肥力特别高的川水地可隔株留双苗。

(3)清垄打杈：在定苗的同时，将垄面上的土及防风带全部清除干净，当幼苗长至 6～7 片叶出现分蘖时及时打除。

(4)中耕除草：6～7 叶时进行第一次中耕除草，拔节时进行第二次中耕除草，生长后期及时拔除大草。

(5)灌水追肥：小喇叭口前灌一水，亩追施尿素 7.5 千克；大喇叭口期结合第二次灌水进行追肥，亩追施尿素 7.5 千克；抽穗至灌浆期灌三水。旱地在大喇叭口期打孔追肥，亩追施尿素 5～10 千克。

(6)防治虫害：如果 7 月上旬发生黏虫，可用 2.5%敌杀死，每亩 10～15 毫米兑水 20 千克或用 20%速灭杀丁 500 倍液喷雾。

6.适时收获

作为青贮用，可在蜡熟期收取全株。如欲收获果穗，一般在 9 月中下旬玉米苞叶枯黄、籽粒变硬发亮时即可收获，并及时将茎叶刈割青贮。

二、苜蓿

(一)植物特性

苜蓿的再生能力很强，适应性很广，性喜温暖、半干旱气候，适宜温度为 20～25℃；抗寒性强，可耐－20℃的低温；抗旱性强，在年降雨量 250～800 毫米的地区均可种植。苜蓿不耐长期水淹，在地下水位高、排水不良地块不宜种植。苜蓿性喜中性土壤，适宜 pH 为 6.5～7.5，一般一年可收 2～3 茬。

(二)利用价值

苜蓿因产量高、利用年限长、再生性强、耐刈割、富含多种营养成分、适口性好、各类家畜都喜食而被称为“牧草之王”，尤其因富含蛋白质而有“蛋白质饲料”的美称。在旱地条件下一般亩产干草 300～500 千克，川水地上可达 700～1 500 千克。

(三)栽培、利用技术

1.整地

宜选择平坦地和缓坡地，以排水良好、水分充足、土质肥沃的沙土或土层深厚的黑土最为适宜。整地应在前作物收获后立即浅耕灭茬，之后再深耕，消灭杂草，耕地深度应在 20 厘米以上，结合翻耕施入有机肥料为底肥，有机肥的施用量为 1 500～2 500千克/亩，过磷酸钙 20～30 千克。对肥力低下的地块，播种时再施入适量硝酸铵等速效氮肥。

2.播种前的种子处理

(1)在播种前种子要经过精选，去掉杂质、秕籽等。

(2)生物活性物拌种：播前用 5 000 倍天然芸苔素进行拌种，堆闷 24 小时，提高苜蓿的抗逆性，促进种子打破休眠，起到激活作用。

(3)接种根瘤菌：在播种前进行根瘤菌接种处理，每亩种子用“富思德”苜蓿根瘤菌剂 150～200 克。处理方法为：先将该菌剂稀释为糊状后均匀拌入相应的种子内，然后在阴凉处堆闷 2～3 小时即可播种。

3.播种

(1)播量:苜蓿种子细小,播量少,每亩播净种1千克。干旱地、坡地和土壤质地较差的地播量应提高20%～50%。

(2)播期:苜蓿在春、夏、秋均可播种,但以春季晚霜过后1个月(或最低温度5℃以上)和秋季早霜前1.5个月,或者在冬小麦播种之前较好。旱地应选雨季或雨后抢墒播种。

(3)播种深度:根据土壤质地和墒情而定,干土和轻壤土宜深,湿土和黏重土则宜浅,一般1～2.5厘米。

(4)播种方法:按下种方法分条播、撒播和穴播三种;按种子组成又分为单播、混播和覆盖(保护)播种。可条播或撒播,可单播或混播。条播行距30厘米,保护播种的要先播保护作物,后播苜蓿种子,再耙耱。在播种时可适量掺入一些混合物,把苜蓿种子、磷酸二铵、油渣、细沙以1∶1∶1∶2的比例混合。

(5)田间管理:播种后出苗前若遇雨土壤板结,要及时耙、耱解除板结层,以利出苗。苗期如有杂草危害,要及时除草。播种当年可在停止生长前1个月左右刈割利用一次,刈割后要有一定生长和营养物质积累期,以利越冬。2年以上苜蓿地,春季萌发前应清理田间留茬,并进行松耙保墒。每次刈割后要追肥耙地,灌溉地结合灌水施肥,施过磷酸钙10～20千克/亩,或磷酸二氨4～6千克/亩。入冬前应灌好冬水。

(6)病虫害防治:地下虫害主要有地老虎、金龟子、蝼甲等。将拌种子的油渣用“3911”处理,再加入3 000倍多菌灵可有效防治地下虫害。病害主要有苜蓿花叶病、花褐斑病、霜霉病,虫害主要有蚜虫、蓟马、潜叶蝇、草地螟。提前预防即可一劳永逸,且距离收割有较长的时间,使苜蓿产品无药害残留,保证牧草的品质。每茬苜蓿在株高15～20厘米时,无论病虫害是否发生均进行预防。最初用的农药多为菊酯类农药,现转向采用生物农药。为了控制苜蓿产品的农药残留量,喷药时间均掌握在收割前20～25天,以保证良好的防治效果和产品品质。

(7)收获技术:青刈利用以孕蕾至初花期为最佳,或在株高30～40厘米时刈割;留茬以4～5厘米较好,这样既能高产,又能优质。留茬过低不利于再生,留茬过高则会降低产量。收割调制青干草,应选晴好天气刈割,防止雨淋,平晒和扎捆散立风干;不宜在平地上摊晒时间过长过干,以防叶片脱落和营养大量损失;晒至含水量约20%(可折断)堆垛存放。

三、红豆草

(一)植物特性

红豆草喜温凉干燥气候,适宜栽培在年均温度3～8℃,无霜期140天左右,年降水约400毫米的地区。其种子在1～2℃下即开始发芽，或春季气温回升至3～4℃即开始返青，一般4月上旬播种，6月中下旬开花，8月中旬种子成熟。红豆草抗寒性较弱，抗旱性强，对土壤要求不严，在较贫瘠、干旱的砂砾沙壤和白垩土上亦可栽培，在富含石灰质、疏松的碳酸盐土和肥沃的农田土中生长最好，在酸性土、沼泽土和地下水位高的地方不宜栽培。

(二)利用价值

红豆草可用于青饲、青贮、放牧、晒制青干草加工草粉、配合饲料和多种草产品，各类家畜都喜食。与苜蓿相比，红豆草的一个突出的特点是含有单宁，可沉淀在瘤胃中形成大量泡沫性的可溶性蛋白质，故在反刍家畜青饲、放牧时不发生膨胀病。此外，红豆草也是优良的水土保持、轮作倒茬、改土肥田作物。

红豆草的产草量因品种、生长环境、生长年限及栽培利用状况而异。据甘肃农业大学在武威牧草试验站灌溉条件下试验，生长第一年鲜草亩产1 400～1 600千克，3～5年高产期可产3 100～3 600千克，以后逐年下降，一般利用年限以5～6年为好。每亩种子产量第1年10～18千克，第2～7年40～120千克。

红豆草的营养价值高，但营养价值随着生育期不同而有变化。其中，粗蛋白质的含量以分枝期和结荚期为最高，分别为24.75%和18.31%。维生素含量在播种当年苗期每千克叶片中含维生素C 4 640～8 810毫克，开花期为10 540毫克，每千克干物质中含胡萝卜素30～160毫克。因红豆草具有丰富的营养含量、较高产量及良好的适口性等特性，其被誉为“牧草之后”。

(三)栽培利用技术

1.整地与施肥

在前作收获后，应及时浅耕灭茬，以除草保墒。秋季要进行土壤深耕，深度为20～30厘米，这是因为深耕既有利于吸水保墒、清除病虫草害，也为以后根系充分生长创造条件。对干旱、半干旱地区和盐渍地、砂砾沙壤地，一般不宜春耕，以防水分损失。播前耙耱及干旱地区的早春镇压，对平整土地、粉碎土块、减少土壤空隙，以及对播种、出苗和以后生长都十分必要。

2.播种和播期

在干旱、半干旱地区春季解冻后或雨季来临时播种，在湿润及灌溉区春夏秋均可播种，但一般不迟于8月中旬。播种方法多为单播、条播，行距种子田30厘米，收草田20厘米。播量为种子田1.5～2.0千克/亩，收草田2.5～3.0千克/亩。红豆草与无芒雀麦或与苜蓿混播时，更有利于提高牧草产量，还有利于减少病虫害的危害。

3.田间管理

红豆草出苗前因降雨或灌水出现土壤板结时，要用环形镇压器或铁耙将板结打碎，以保证种子出苗。如有杂草要及时除草，尤其不能使杂草种子成熟。生产种子的红豆草，在开花期应进行人工辅助授粉（方法与苜蓿同）或放养蜂群，以提高授粉率。据有关资料报道，利用蜂群使红豆草传粉，可使其种子产量提高 35%～40%。红豆草每次刈割后应结合田间松土，追施磷酸二铵 7.5～10 千克/亩。灌溉地可结合灌水进行施肥，施用磷肥能明显提高种子产量。干旱而有灌溉条件的地方，冬前灌水对红豆草安全越冬和提高翌年产量有重要作用，但注意不能过量而形成冰层，造成地下根和分蘖芽窒息而死。春季萌生前耙集残茬作燃料或堆肥。

4.收获利用

刈割青饲或调制干草，以孕蕾至初花期最好，可使高产与优质兼得。第一茬收后也可每隔 30～40 天再割 1 次，在停止生长前 1 个月停止刈割或放牧。红豆草的耐刈性和耐牧性不如苜蓿，故刈牧次数应从严掌握。留茬高度 5～6 厘米为好。收种时，因种子成熟期不一，落粒性强，一般在 50%～60%的荚果变为黄褐色时收获较好。

四、豌豆

（一）植物特性

豌豆在热带、寒带均可种植，但最适宜于冷凉而湿润的气候。豌豆种子发芽温度 3～4℃，幼苗可耐－4～8℃的低温，一般采用春、秋播种；在生育期中，温度超过 20℃，则产量低；在春末夏初温度较高的地区要提早播种。豌豆需水较多，尤其在现蕾期到开花期需较多的水和养分，在开花期如遇高温低湿则大量花蕾脱落。豌豆最适宜有机质多，排水良好，富含磷、钾、钙肥的土壤，能耐酸性土壤，适宜的 pH 为 5.5～6.7。

（二）利用价值

豌豆是饲料轮作制中一种有很高应用价值的粮饲兼用作物。其种子含蛋白质 22%～24%，草质柔软，适于青饲、青贮、晒干草或制干草粉。豌豆宜与燕麦、大麦等作物混播，能提高产量与饲料品质。在南方，豌豆用于冬闲地种植或与冬作物进行间作，能在早春提供优质青饲料。青刈豌豆在结荚期进行。豌豆籽实可作牛、马的精料。

（三）栽培技术

豌豆忌连作，为了减少倒伏，常与大麦、小麦、燕麦等进行间、混作，可增加饲料的蛋白质，提高饲料品质。为了提高豌豆的发芽率和发芽势，可在播前晒种子2～3

天，或进行温烫处理。对豌豆应施有机肥，增施磷肥，磷能促进豌豆苗期生长，根瘤多固氮能力强。

五、苏丹草

（一）植物特性

苏丹草为喜温作物，不抗寒，怕霜冻，种子发芽最适温度为20～30℃，最低温度为8～10℃。苏丹草苗期不耐低温，气温下降到2～3℃时受冻害，但已经长成的植株具有一定的抗寒能力。苏丹草抗旱能力很强，在降水量很低的地区仍能生长，并可获得高产。在干旱季节如果其地上部分被刈割或放牧，雨季来临时能很快再生。为获得更高的产量，苏丹草生长旺季应及时灌溉。苏丹草抽穗和开花期生长最快，需水也最多，如果水分严重不足会影响其产量。但雨水过多或土壤湿度过大对其生长同样不利。苏丹草耐盐性强，对土壤要求不严，沙壤土、重黏土、微酸土壤或盐碱地均可种植，但过于贫瘠或盐渍化的土壤应注意施肥和改良。

（二）饲用价值

苏丹草是优良的一年生禾本科饲草，生育期120天左右，栽培目的主要是利用其茎叶作饲料。苏丹草营养价值高，适口性好，各类家畜都喜食。抽穗期刈割的苏丹草干物质中粗蛋白含量很高，无氮浸出物含量也高，具有较高的营养价值。

（三）栽培利用

1.整地与施肥

苏丹草根系发达，生长期间需要从土壤中摄取大量的营养元素，因此播种前应深耕土地，施足有机肥料。在饲料轮作制中，应把苏丹草放在豆科牧草和中耕作物之前，谷类作物之后，并且尽可能避免连作，因为苏丹草对地力消耗很大，是很多作物的不良前作。

2.播种

苏丹草的播种期无严格限制，当土壤表层温度达到12～14℃时即可开始播种。为了保证整个生长季都有青绿饲料供应，可采取分期播种方法，每隔20～25天播一期。播种方法多采用条播，行距40～50厘米，播种深度4～6厘米，播种量为2.0千克/亩左右。

3.田间管理

苏丹草需肥量大，在分蘖期、拔节期以及每次刈割后应及时灌溉和追施速效肥。早春播种的苏丹草由于气温低而苗期很长，易受杂草的影响，故应在苗期注意中耕除草。苏丹草出现分蘖后，就不再受杂草的影响。为了提高苏丹草的产量及饲草品质，减少养分消耗，可将之与豆科作物或一年生豆科牧草混播。

4.利用技术

苏丹草生长前期营养价值高，适口性强，但到了后期秸秆变硬，饲料的品质降低，因此利用苏丹草时既要考虑产量，也要考虑营养价值。从产量看，抽穗到乳熟期无大的差别，但营养成分却变化很大。抽穗期的苏丹草粗蛋白质含量最高，粗纤维含量最低。因此，苏丹草以抽穗到盛花期刈割最为适宜。如果与豆科牧草混播，最好在豆科牧草现蕾期刈割，否则过迟会降低豆科牧草的再生能力。苏丹草产量高，茎叶比较柔嫩，适于青饲，也可制作青贮或晒制干草。

苏丹草的幼苗期含有氢氰酸，饲喂时应注意氢氰酸中毒的发生。当植株达到50～60 厘米高度时，割后稍加晾晒，即可避免中毒的发生。

六、燕麦

（一）植物特性

燕麦适合于在凉爽湿润的地区生长，雨量充足的条件下生长良好。燕麦耐寒耐湿，能在少量光线下生长成熟。在阴暗多雨的地区，其他作物难以正常生长，而燕麦仍能完成生长发育；但在干旱地区栽种燕麦常导致失败。燕麦对高温敏感，开花和灌浆期若遇干旱气候，常形成瘦小皱缩的籽粒，或者有颖无实。在黏质壤土上如有充分的水分供应，则燕麦生长旺盛，以富含有机质的黏壤土为最佳。黑色疏松的腐殖质壤土亦适于栽种燕麦。燕麦不适合于在干燥沙土上栽培。

（二）利用价值

燕麦是优良的草、料兼用性作物，一般每亩产籽粒 130～200 千克，鲜草1 000～1 500千克。燕麦籽实中含有大量的易消化和高热量的营养物质，富含蛋白质，是各类家畜（特别是马、牛、羊）的良好精料，营养价值超过大麦。燕麦的青刈茎叶比其他麦类作物更富于营养，嫩而多汁，青饲或调制干草均适宜。燕麦青草适口性好，消化率高，若与豆科饲草混播，则营养更佳。燕麦的秸秆与稃壳的营养价值亦较其他麦类作物为优。

（三）栽培利用技术

1.整地与施肥

春季播种者可于秋季深翻地 1～2 次，冬燕麦在前作收获后即进行翻耕、耙平。耕前施入基肥，可施有机肥 150 千克/亩左右。入冬前冬灌 1 次，未冬灌者可春季视土壤湿度情况灌溉 1 次，到能下种时即可播种。播后耙平镇压，以利于种子与土壤接触，促进出苗。

2. 播种

燕麦在北方宜春播，高寒地区用于收种时应在 4 月上旬开始播种，收获饲草的燕麦可在 5 月份播种。在温暖地区燕麦可以秋播，以 10～11 月份播种为宜，播种量因用途和水肥条件而异。大面积播种时以 15 千克/亩为宜。在水肥条件好的情况下，若用来收获籽实，播量可适当增加；而繁殖良种时应稀播，播量 4 千克/亩左右。用于收获饲草的燕麦地，增加播种可显著提高产草量，通常播量 15～20 千克/亩，播种方式不限，条播或撒播均可。条播行距 15 厘米，覆土 4～5 厘米，干旱地区可稍深，播后镇压利于出苗。燕麦常与一年生豆科作物或牧草混播，适宜混播的豆科作物有箭舌豌豆、豌豆和毛苕子。燕麦与豆科作物混播可提高饲草的产量与品质。

3. 田间管理

燕麦出苗前后如果表土出现板结，可以轻耙一次；如果杂草较多，可人工除杂或用 2,4-D-丁酯（5%浓度）喷洒，剂量约 85 千克/亩。在分蘖期和拔节期结合灌溉、降雨施入追肥。第一次追肥在分蘖期进行，肥料以有机肥为主；第二次追肥在拔节期进行，追施氮肥和钾肥；第三次追肥可根据情况在孕穗和抽穗时施入，以磷、钾肥为主。为更好地发挥肥效，追肥应和灌水同时进行。

4. 利用技术

燕麦的收获期因利用目的不同而异。收获饲草时，应提早刈割，以便获得高质量的饲草；收获籽实的同时又想利用茎叶作饲料，则宜在种子成熟前 1 周收割。若等种子完熟时收割，种子易脱落，而且茎叶粗老，营养价值下降。燕麦有一定的再生力，春播燕麦可收割 2 次，第一次刈割时留茬 4～5 厘米，第二次齐地刈割。

七、饲用甜高粱

（一）植物特征及利用价值

（1）产量高，植株可高达 3～4 米，亩产鲜草 8 000～15 000 千克。

（2）多刈割，每年可割 3～5 次。

（3）含糖高，家畜喜吃，适宜制作青贮。

（4）抗旱性强，耐盐碱、耐涝等性能明显高于饲用玉米。

（二）栽培技术

1. 地块选择

饲用甜高粱具有抗旱、耐涝、耐盐碱这三大适应特性，故具有适应各种土壤的能力，因此对选择地块要求并不十分严格。然而，为了取得高产，选择好的耕地可以明显地提高产量和品质。一般沙壤土、黏壤土或弱酸性土壤均可种植饲用甜高粱,但在肥沃的沙壤土上其产量最高。

2.整地施肥

整地前按1 000～1 500千克/亩农家肥作基肥,也可以施化学肥料,播种时氮肥用量不要超过1千克/亩,且要距离种子5厘米或在种子下面的5厘米,以免烧苗。田间土块打碎耕细即可。

3.播种期

饲用甜高粱喜欢温暖环境,对低温和霜害较为敏感。一般在华北、西北及东北寒冷地区建议在均温达15℃时播种,而在其他地区如华中、华南、华东及西南等地可以在12℃时播种。过早播种,由于地温低,如果湿度大则容易引起种子腐烂,即所谓"粉种"。根据生产需要饲用甜高粱也可以分期播种,以延长利用期。东北各地以内蒙古、甘肃、新疆等地多在4月中旬至5月上旬播种。一般而言播种要比玉米晚1～2周。

4.播种量

通常,较肥沃土壤播种量5～10千克/亩即可。对于较瘦弱的土壤。其播种量应控制在15～25千克/亩以内为好。

5.播种方法

条播行距30～40厘米。也可穴播或点播,其方法是播前深翻土地,打平耙细,施农家肥1 500～2 000千克/亩或施普钙40～50千克/亩作底肥,播深3～5厘米。

6.田间管理

饲用甜高粱幼苗期较脆弱,生长较缓慢,与杂草竞争养分能力相对较弱,因此,当幼苗长至20厘米左右时应及时清除杂草,以确保幼苗生长。由于其根系发达,生长期需要从土壤中吸收大量营养,因此,除施足底肥外,为满足幼苗生长营养需要,应结合除杂,每亩施尿素3千克以促进幼苗生长,以后每刈割一次施尿素3～5千克/亩,并追加适量微肥。饲用甜高粱虽然耐旱,但只有供给足够的水肥才能获得高产,因此,要注意及时灌水。

(三)收获与利用

1.收获

饲用甜高粱前期生长比玉米缓慢,这是因为它强大的根系需要时间培育。为了提高前期生长速度,施足氮肥或农家肥很有帮助。饲用甜高粱分蘖能力很强,第一次分蘖可达5～10株,随着刈割次数的增加,分蘖数也增加,最高的分蘖数可达30株,即越割越密。因为经常刈割有利于植株生长,故一般的刈割标准是当植物长到1.2～1.5米时进行,这时为播种后的45～60天。在冷凉地区,可以降低第一次收割高度(如1米以下),以刺激第二茬高产,以后每隔25～30天可刈割一次。及时刈割是利用的最好方法,植株在1.2～1.5米时粗蛋白质含量最高,粗纤维含量适中,适宜牛采食。饲用甜高粱每次刈割都应施足农家肥或氮肥，以有利于其快速生长。

2.利用

刈割下来的鲜草应铡短饲喂。制作青贮用的饲用甜高粱刈割后应晾晒一定时间，使水分降到65%～70时青贮效果最佳。饲用甜高粱有多种利用方法可供农民选择。首先，其可以适时刈割，作为青饲直接饲喂家畜。俗话说"青草剁三刀，不喂精料也上膘"，因此最好用铡刀或铡草机铡短饲喂。其次，饲用甜高粱可以制作成不同形式的青贮，如裹包青贮、压块青贮或窖贮。再次，饲用甜高粱还可以制成青干草，供冬季饲喂。

第二节　粗饲料的加工调制技术

一、粗饲料的营养特点

(1)粗纤维含量高。干草粗纤维含量约为25%～30%，稿秕类为25%～50%或以上。粗纤维含有较多的木质素，较难消化。

(2)粗蛋白质含量差异大。粗饲料中粗蛋白质含量差异很大。例如，豆科干草和干甘薯蔓含粗蛋白质约10%～19%，禾本科干草约6%～10%，稿秆、秕壳仅有3%～5%。

(3)维生素D含量丰富，其他维生素较少。各种粗饲料都含有丰富的维生素D，除优良的干草含有较多的胡萝卜素外，稿秕类几乎没有胡萝卜素。干草中含有一定量的B族维生素，稿秕则缺乏。

(4)含磷量很低，含钙量高，含钾量较多。各种粗饲料含磷量都很低。干甘薯蔓含钙量较高，达2%以上；豆科干草和秸秆、秕壳含钙量在1.5%左右；禾本科干草和秸秆含量较低约为0.2%～0.4%。各种干草的含磷量约为0.15%～0.3%，而各种秸秆多在0.1%以下。粗饲料含钾量较多。

二、粗饲料的加工调制方法

粗饲料的加工调制方法很多，包括物理处理、化学处理和生物处理三类。

(一)物理处理

粗饲料的物理处理主要是改变粗饲料的某些物理性状，改善粗饲料的适口性，增加采食量，减少浪费。物理处理对粗饲料营养价值的提高作用不大。

1.切碎

切碎是加工调制秸秆最简便而又很重要的方法。各种秸秆和较老的干草，喂前都应切碎。切碎后可以减少饲料的浪费，并且容易和其他饲料配合利用，增加采食量。因此，我国民间有“寸草铡三刀，无料也上膘”的俗语。用于喂牛的秸秆一般切成3～4厘米，喂老弱和幼畜的则应切得更短些。

2.粉碎

粉碎是加工调制秸秆的主要方法之一，其目的是提高秸秆的消化率。粉碎的秸秆在牛日粮中比例适当，可以提高采食量，以补偿秸秆本身所含能量的不足。秸秆碎粉后直径应以不少于3.5毫米为宜。若粉碎过细，则对消化道的刺激降低，唾液不能充分混匀，易引起反刍停止，同时使粗饲料在瘤胃停留时间缩短，发酵不全，以致降低了秸秆的消化率。

3.颗粒饲料

颗粒饲料通常是用家畜的营养平衡饲料制成的，目的是便于机械化饲喂或自动食槽的应用，减少浪费，降低粉尘。颗粒饲料应质地硬脆，颗粒大小适合，有利于咀嚼，提高适口性，增加家畜采食量，提高生产性能。牛用颗粒饲料以直径6～8毫米为宜。

4.浸泡

浸泡法是我区农村广泛采用的粗饲料调制方法。具体做法是将切碎的秸秆或粉碎的秸秆、干草或秕壳加水浸泡数分钟至数小时，然后拌上精料再喂。浸泡后的粗饲料变软，可提高适口性。也可用0.2%的温盐水浸泡24小时后喂牛，喂前加2%～10%的糠麸等。

(二)化学处理

化学处理是用化学方法改变粗饲料的某些理化性质，以改善粗纤维含量高的饲料的适口性，增加采食量，减少浪费，提高营养价值。化学处理有碱化处理和氨化处理两种。

1.碱化处理

碱化处理是秸秆化学处理中最有效的方法。常用的化学试剂有氢氧化钠、石灰水等，以氢氧化钠的处理效果最好。碱化处理的目的是将纤维素和半纤维素与木质素分离，将不易溶解的木质素转变成易溶解的羟基木质素，提高粗饲料消化率和营养价值20%～30%。经碱化处理后的粗饲料，质地软化，适口性改善，能使牛采食量增加20%～45%。

(1)氢氧化钠处理法：将秸秆切成2～3厘米长，每100千克秸秆均匀喷洒1.6%的氢氧化钠溶液6千克；过24小时再用清水冲洗后，即可饲喂或压制成饼后饲喂。处理过的秸秆，其营养价值可提高1倍。也可按4%～5%的比例在秸秆中加入氢氧化钠配成5%～6%的溶液，处理后的秸秆放置8～10小时，然后饲喂。

(2)石灰液处理法:将秸秆切碎,按每 100 千克秸秆加 3 千克生石灰或 4 千克熟石灰,1.1～1.5 千克食盐和 200～250 千克水。先将石灰、食盐和水搅拌均匀,然后把秸秆放入,浸泡 5～10 分钟捞出压实,2～3 小时后可再用溶液浇洒一次,放置 24～36 小时,即可直接饲喂。若为稻草,可切成 9～15 厘米长,在 1%～2%的石灰水中浸泡 12 小时以上,然后取喂。经这种方法处理后的秸秆喂牛,可提高消化率 15%～20%。

2.氨化处理

氨化处理主要有液氨氨化法、氨水氨化法及尿素氨化法等,生产实践中主要应用尿素氨化法。

所谓饲草的尿素氨化,就是在密闭的条件下,把尿素溶液等按一定比例喷洒在农作物秸秆上,在一定温度条件下,经过化学反应调制而成的一种饲料。

(1)建池:应建在背风、向阳、高燥、离圈舍近、取草方便之处,其形状大小应根据地形、贮量、饲养量多少、用量等因素决定。不宜建造大型氨化池,比较适宜的是小型地下长方形氨化池,池深 1.5～2 米,宽 2～2.5 米,长度应根据饲喂牛的多少决定。池壁四周和池底用混凝土打成,池壁厚度为 5 厘米以上,池底厚度为 8 厘米以上,再用砂浆水泥造面,要求四壁光滑,底微凹。离圈舍近的一侧做成斜坡式,以便取草,每米^3 氨化秸秆 200 千克左右。

(2)氨化原料:一般用小麦、玉米秸秆进行氨化。原料要新鲜、干净、无霉变杂物,铡成 1.5～2.0 厘米草节。

(3)尿素用量:尿素的添加量一般占秸秆重量的 3%～5%,秸秆含水量为 30%～40%为宜。

(4)操作技术:饲草的尿素氨化一般选择天气晴朗、无大风的日子进行。将尿素用 40℃温水溶解,按每 100 千克秸秆加尿素 3～5 千克,溶于 40 千克水中,制成尿素溶液;然后将溶液喷洒在铡短的秸秆中拌匀,分层装池踏实,每层装入厚度 20～30厘米,原料装满要高出池面 30 厘米,以防下陷,上面用塑膜封顶,并盖 20 千克厚的土层拍实封严。

(5)管理:氨化时间受季节气温影响,适宜季节为 4～10 月份,以 8～9 月份最好,适宜温度为 0～35℃。气温在 5～15℃时需 28～56 天,15～25℃时需要 14～28 天,25～35℃时需 7～10 天。氨化期间要经常查看,发现破损要及时封堵,切忌进水或漏气。

(6)开池取用:根据季节,氨化一定时间后即可开池取用。开池后要对氨化秸秆感官鉴定,优质氨化秸秆呈棕黄色或红褐色,有强烈氨味,放氨后有糊香味或酸味,柔软蓬松,干后揉搓易碎。若开池时无氨味,且秸秆发黑发黏或有霉味,则说明氨化失败，不能饲用。开池取用要摊开放氨，使氨味挥发后方可使用。

(7)饲喂：饲喂前要充分放氨。刚开窖时氨味强烈，必须通风将氨味全部放掉，呈现糊香味时才能喂牛。放氨一般需6～10小时，千万不要将带氨味的秸秆拿来饲喂。喂时应由少到多，少给勤添。刚开始饲喂时，可与谷草、青干草等搭配，7天后即可全部喂氨化秸秆或与其他粗饲料混合饲喂。使用氨化秸秆也要注意合理搭配日粮，喂氨化秸秆适当搭配些精料、混合料，以提高育肥效果。

(三)青贮

1.青贮的种类

青贮分为一般青贮、半干青贮和添加剂青贮三种。

一般青贮是最普通采用的方法，其实质是在厌氧条件下，使乳酸菌发酵产生乳酸，pH下降到3.8～4.2时，使青贮料中所有微生物都处于被抑制状态，从而达到保存青饲料营养价值的目的。

半干青贮又称低水分青贮，是将青贮原料风干到含水量为40%～55%时，半干植物细胞质的渗透压达到55～60个大气压，这种状况使某些细菌如腐败菌、酪酸菌甚至乳酸菌的生命活动接近于生理干燥状态，其因受水份的限制而被抑制，这样可以提高青贮品质，减少损失，增加家畜的采食量。

添加剂青贮是在青贮原料中外加发酵促进剂(如乳酸菌、葡萄糖、麸皮、甜菜渣等)，发酵抑制剂(如无机酸、甲酸等有机酸和甲醛、硝酸钠等防腐剂等)，好气性腐败菌抑制剂(如丙酸等)及营养性外加剂(如尿素、氨、无机盐等)调制的青贮。

2.青贮饲料的特点

青贮饲料是将青绿多汁青饲料(青绿玉米秸、高粱秸、牧草等)装入青贮容器中，在密闭厌氧条件下，经过乳酸菌发酵，产生乳酸，从而抑制了其他微生物繁殖，使饲料得以长期保存。青贮饲料具有可以最大限度地保持青绿饲料的营养物质，适口性好、消化率高，保存年限长，原料来源广等特点。

3.青贮饲料的原理

青贮是依赖于青贮原料上的乳酸菌等微生物，在厌氧条件下通过发酵，将青贮原料中的糖类等碳水化合物转化为乳酸，从而增加青贮饲料的酸度，使青贮饲料的pH降低到一定水平，抑制了有害菌的生长，加之厌氧的环境又抑制了霉菌的生长活动，故使青贮饲料得以长期保存下来。由于青贮饲料中微生物发酵产生的代谢物使青贮饲料带有芳香的酸味道，从而大大提高了牲畜的适口性。

青贮的发酵过程大体上分为三个阶段。第一阶段，从原料装池到植物细胞停止呼吸，变为厌氧环境状态开始发酵为止，这一阶段大约为3天。本阶段微生物演替大致是：饲料刚入池时，池内还存在空气，植物细胞后续呼吸的同时，酵母菌、霉菌、腐败菌和乳酸菌开始繁殖，但是乳酸菌的数量远不如其他细菌。随着池内空气耗尽，乳酸菌的数量迅速增加并逐渐占优势，开始乳酸发酵，青贮转入第二阶段。第二阶段为乳酸发酵期（约14～18天），厌氧环境的形成使好气性微生物活动很快变弱或停止甚至绝迹，乳酸菌迅速增殖，其活动居主导地位。在乳酸发酵菌发酵的过程中，乳酸菌类型亦发生演变，当酸度达到pH4.2时，乳酸菌的活动受到明显抑制，繁殖终止，青贮进入第三阶段。第三阶段为稳定保存期，酸度达到pH≤4.2时，一切微生物活动受到抑制，各种变化处于动态平衡，因而使青贮饲料得到长期保存。

4.青贮池的建设

建好青贮池是处理好饲草的有力保障。彭阳县要求养殖户、养殖场建永久青贮池，并按照养殖规模（6米^3/头牛）确定建池大小。

（1）养殖户一般选择地势稍高、排水良好、土质密实且距离草场和畜舍较近的地方建池。

（2）青贮池分为地下式、半地上式和地上式三种，主要推广半地上式，见图3.1。

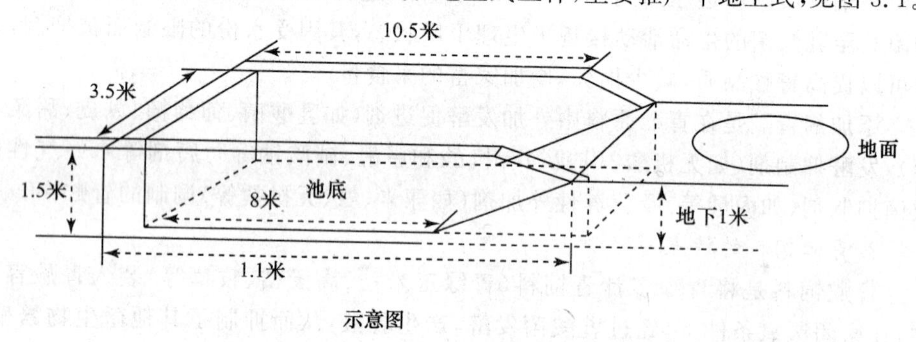

示意图

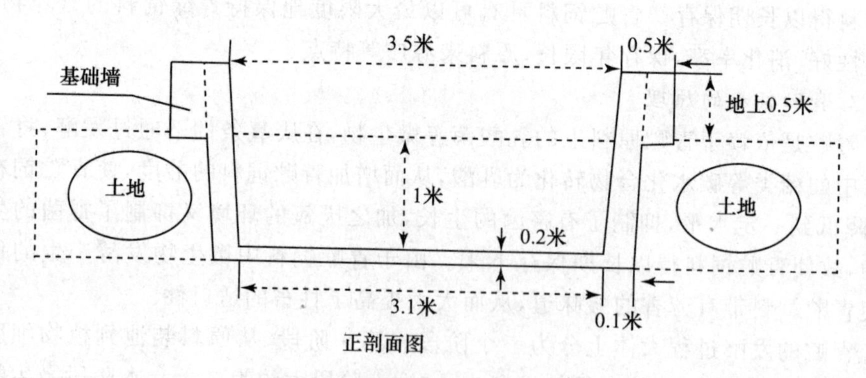

正剖面图

图3.1　半地上式青贮池（50米^3）

(3)建设要求:①青贮池地上部分用毛石砌好基础墙,然后和地下部分一起用0.1米厚的混凝土打成;②青贮池底应从池口到池里留5度夹角的坡度,以使积水流向池口;并在池一侧留小坑,以有利于池内积水的处理;③二连青贮池的中墙体坡度最小设计值应为1∶0.15。

5.青贮饲料制作技术

(1)青贮原料。

①青刈带穗玉米。乳熟期的全株玉米质地柔嫩,是青贮的最好原料。

②玉米秸秆。玉米收获后的秸秆为常用的青贮原料,最好是在秸秆上带有1/2绿色叶片时青贮,若在3/4的叶子干枯时青贮则原料中需加"青宝Ⅱ号"天然乳酸菌饲料添加剂。

③复种玉米。在收获小麦后复种的青玉米,9月底到10月初刈割可调制青贮饲料。

④青草。各种禾本科牧草所含水分、糖分均适宜调制青贮饲料,在孕穗期、抽穗期刈割利用最好。豆科牧草因粗蛋白含量高,一般不宜单贮。青贮原料应新鲜青绿和保持原色,最好随割随贮,避免堆积发热。

(2)制作技术要点。

①选择原料和收割期。饲料玉米制作带棒青贮时,原料一般选择玉米的乳熟期到蜡熟期收割,此时玉米的籽实和茎叶水分充足、营养丰富。玉米秸秆制作青贮时要把握好收割时间,一要看籽实成熟程度,"乳熟早、枯熟迟、蜡熟正适时";二看叶色青黄比例,"黄叶差、青叶好、各占一半就嫌老",一般下部只有1～2片叶枯黄时收割,此时含水量65%左右,正适合青贮。含糖量多的原料青贮品质好,可单独青贮(如禾本科牧草、玉米秸秆、甜菜等);而豆科牧草等饲料则含糖量低,不宜单独青贮,青贮时每100千克可添加玉米面5千克,也可与含糖量较高的禾本科牧草、玉米秸秆等进行混贮(按4∶6或5∶5比例混合)。

②制作过程要做到"六随",即做到随割、随运、随铡、随装、随压、随封。每一池都应尽可能做到当天收割,当天贮完,当天封池,最迟也不应超过2天,以防止氧化产热,保证青贮质量。

③装池要做到"四要",即一要铡短,用于青贮的原料,一般以2～3厘米长为宜;二要踏实,每装15～30厘米厚就要踏实一次,边装边踏实;三要压紧,青贮料一直装到超过池口50～80厘米后用塑料薄膜封顶,四边压严,在塑料薄膜上铺麦秸,然后封土30～50厘米厚,拍平做成屋脊状,以利排水;四要封严,青贮结束后要经常检查,池顶有裂缝时,应及时修补,防止透气漏水。

④制作青贮饲料是一项时间性很强的工作,要求收割、运输、切短、装池、压实、

封池等操作连续，一次完成。

(3)青贮方法和步骤。

①适时收割。优良的青贮原料是调制优质青贮饲料的先决条件。收割一般宁早勿迟，随收随装。玉米秆仅有下部1～2片叶枯黄时，立即收割青贮，或玉米七成熟时，削尖(割头)青贮，但削尖时，果穗上部要保留一张叶片。

②切短。长度为1～3厘米，随割随切随装填。

③调节水分含量。青贮饲料的含水量必须严格控制在60%～70%(在生产中的简便测定方法是：取一把切碎的贮料在手中紧捏，手指缝中有水珠滴但不成串，则贮料水分适中；若捏不出水珠，则水分不足；若水成串流出，则水分过量)。饲料过于干燥，则装料时难以压紧，料间空气多；饲料水分过多，则青贮过程中养分损失较多，且会导致酪酸菌大量繁殖而影响青贮料的品质。对含水量较多的饲料，可通过适当晾晒(阴干最佳)，或适当添加糠麸、与农作物秸秆等混贮的办法降低水分；反之，对水分含量过低的饲料，则可适当洒些水或添加些含水量较高的其他品种青绿饲料混贮进行调节。

④装填。为保证压实，必须分层装填，分层镇压，每30厘米镇压一次。尤其要注意壁边和四角，迅速装填到高出池面30～50厘米。对于一天不能完成的，可先用塑料膜盖严，用木板封顶过夜，第2天再装，但不能超过2天。

⑤封池，装好后的原料高于地面，先用塑料膜盖上，用砖石围好，再压上木板、树枝等；几天后原料下沉，再打开塑料膜，根据情况增装原料，使原料略高于地面，成馒头状，压上塑料膜，再铺上一层30厘米土压实，四周封严，并在距池四周20～30厘米处挖排水沟。

⑥贮后管理。青贮饲料是在厌氧状态下利用发酵作用而保存起来的青绿饲料，若一旦与空气接触，则很快感染霉菌和杂菌，引起青贮饲料的迅速变质。因此，青贮结束后，要有专人经常负责检查青贮池，发现有裂缝时应立即用细土填补好。

(4)饲喂方法。

①开窖：青贮饲料一般封埋40天左右后即可开窖饲喂。过早开窖，饲料酸度不够，香味不浓，适口性差，且在利用过程中容易变质。青贮饲料若颜色呈绿色或黄绿色，有芳香的酒酸味，质地湿润、松散、柔软、不黏手，即为优质饲料。若颜色呈黑色或褐色，有刺鼻的腐败味或霉味，质地腐烂、发黏结块或过干，即为劣质饲料，不可用于饲喂。开窖时应从一头开挖，垂直切取，不可全面打开或掏洞取料，且当天用多少取多少，取后立即盖好。取料后，如果中途停喂，间隔较长，则必须按原来封窖方法将青贮窖盖好封严，不透气，不漏水。

②饲喂：青贮饲料是优质多汁饲料，经过短期训饲，所有牛羊均喜采食。开始

饲喂时，先将青贮饲料放在食槽底部，上面放一些牲畜已吃惯的饲料；对个别牲畜的训饲方法可在空腹时先喂青贮料，最初少喂，逐步增多，然后再喂草料，使其逐渐适应。或将青贮料与精料混拌后先喂，然后再喂其他饲料；或将青贮料与草料拌匀同时饲喂。开始时也要少喂勤舔，以后慢慢加大饲喂量。肉牛一般饲喂青贮饲料量为7.5～15千克，同时需搭配饲喂1/3干草。

③补料：青贮饲料不是全价饲料，因此，在喂青贮饲料时应按照牲畜的营养需求，做到缺什么营养补什么营养。青贮饲料一般可添加玉米粉、米糠、麸皮、大麦面等碳水化合物，含有硫、钴、磷等元素的矿物质（如复合矿物盐、钙粉食盐）和优质的新鲜牧草（最好是豆料牧草）等几种物质。

(5)青贮饲料的品质鉴定。

青贮饲料的品质鉴定中最常用的方法是感观鉴定。感观鉴定主要是根据青贮饲料的颜色、气味、结构等项指标评定。

优良等级的青贮饲料可以喂牛，中等品质的青贮饲料可以喂除妊娠牛及犊牛以外的其他牛，低劣等级的青贮饲料不能喂牛。

(6)黄贮饲料制作。

已经变黄的秸秆（含水量低于40%）或苜蓿等含糖量低的饲草，可溶性糖太少，不具备乳酸菌发酵的条件，必须加入含糖物质，以提供乳酸菌发酵所需的可溶性糖。一般可加入“青宝Ⅱ号”天然乳酸菌饲料添加剂及玉米面粉作为辅助发酵。

①“青宝Ⅱ号”天然乳酸菌饲料添加剂在青贮饲料中的应用。应用“青宝Ⅱ号”天然乳酸菌饲料添加剂发酵的青贮饲料色泽青绿，气味酸香，柔软湿润，不霉变，不腐烂，可有效防止二次发酵；且营养丰富，适口性好，消化利用率高，能显著提高奶、肉产量。“青宝Ⅱ号”乳酸菌5克可处理2吨、100克处理40吨秸秆（饲草）。将菌粉溶入（5克加水100毫升；100克加水2升）30～40℃温水中搅拌溶解，静置2～3小时，以活化菌种；然后再加清水稀释（5克加水4升；100克加水80升；一般青贮料每吨喷2升稀释菌液），具体加水量还可视秸秆（饲草）的干湿程度而定，含水量应控制在65%～75%。对于含水量不足的黄秸秆，不容易压实排出空气，必须补充水到所需的含水量。

②黄贮饲料制作其他操作方法同青贮饲料制作。

(四)微生物处理技术

秸秆的微生物处理技术即秸秆“微贮”技术。制作“微贮”饲料的菌种有秸秆发酵活杆菌和FP4秸秆调制剂。

(1)修建贮存窖池：调制生物制剂发酵饲料使用的窖、池、袋、壕等设施与秸秆青贮饲料的设施相同。

(2)复活菌种:每袋菌种可处理干秸秆1 000千克,应根据拟处理秸秆的数量和当天能使用完的进度,有计划地复活菌种。每袋菌种倒入事先配制好的400毫升浓度为1%的红糖水中,充分溶解后在常温下放置2~3小时,使菌种复活。

(3)配制苗液:将复活好的菌液,倒入0.77%的食盐水(1 000千克水中加8~10千克食盐)中搅匀备用。

(4)秸秆铡(揉)碎:秸秆要新鲜无霉变,处理前先将秸秆铡短,长度为2~3厘米;玉米秸揉碎,如饲喂绵羊,也可粉碎。

(5)装窖:装窖的方法与青贮、氨化饲料操作相似。将秸秆从窖底分层装料,每层装粉碎秸秆30厘米厚,分层撒玉米面(用量为秸秆重量的0.5%),再喷洒菌液,使秸秆含水量达到60%~70%,随之踩实或压实。分层踩实的目的是为了排除秸秆孔隙中的空气,给发酵菌的繁殖造成厌氧环境。尽量争取当天装满窖并封窖。

(6)封窖:秸秆分层压实直到高出窖口30~40厘米并踩实。最上面一层再均匀撒上食盐,食盐用量每米^{2}250克,以防上层饲料发生霉变。上边覆盖塑料薄膜,并把窖口全部盖严实,以防透气。薄膜盖好后,再覆细土20~25厘米厚,要求覆土厚度均匀一致,用铁锹拍打严实。封窖后要经常检查,如有裂缝或塌陷的地方,应随时用细土填平盖好。

(7)开窖与喂用:封窖30天左右即可完成发酵过程。开窖与喂用方法与饲喂青贮和氨化饲料相似。

(五)秸秆"酶贮"技术

"酶贮"饲料是将生物制剂(饲料酶)添加在农作物秸秆中,经过一定时间的发酵,调制成牛羊喜食的秸秆饲料。

1.制作方法

(1)将秸秆充分铡短或粉碎(揉丝),以2~3厘米为宜,放置在平坦的地方(水泥地或铺塑料薄膜)备用。

(2)将1千克饲料酶、6千克食盐和10千克玉米面或麸皮充分混合拌匀(处理1 000千克秸秆的配比)。或者将饲料酶、食盐溶入水中备用。一般1千克饲料酶处理1 000千克秸秆,即一袋(500克)饲料酶处理500千克秸秆。

(3)将混合好的饲料酶、盐和麸皮均匀地撒在秸秆中,喷洒适量的水(秸秆与水的比例一般为1∶(1~1.2),含水率即可达到60%~70%)。或者将饲料酶、食盐的水溶液均匀撒在秸秆上充分拌匀。

(4)将拌好的秸秆装窖(或酶贮袋),充分压紧、踩实。

(5)随时检查含水率是否合适。方法:抓一把秸秆在手中用力捏,能挤出水,但不往下滴,则含水率合适;挤不出水,则含水率不足;挤出水往下滴,则水量过多。

注意含水率不足时要适量补充水，水过多时，应再加入干秸秆。

(6)密封。窖贮时用塑料薄膜封盖上口，然后压土密封。袋贮时用塑料薄膜封盖上口，并压上重物密封。

2.利用方法

酶贮饲料经过2～3周时间即可开窖(袋)饲喂。取料后要将窖(袋)重新压好，不可全部打开，以防止二次发酵发霉。饲喂时要循序渐进，量由少到多，使牛有一个适应的过程。牛一般喂量为4～5千克。

三、苜蓿草的加工调制技术

(一)苜蓿青干草的加工调制

青干草是将牧草和饲用植物在适宜的时期刈割，经自然或人工干燥调制而成的能够长期贮存的饲草。优良青干草具有颜色青绿、叶量丰富、质地柔软、气味芳香、适口性好的特点，并含有较多的蛋白质和矿物质，是家畜维生素的重要来源。

1.加快苜蓿干燥速度的方法

将适时刈割的苜蓿调制成青干草、其品质好坏主要取决于干燥方法。苜蓿干燥方法一般分为自然干燥和人工干燥两大类。苜蓿干燥时间越短，营养损失越少。因此，采用自然干燥时，应采取各种措施来加快干燥速度，并在苜蓿尚未完全干燥前，保护叶片不受损失。但是，要使苜蓿迅速干燥并且干燥均匀，必须创造有利于苜蓿体内水分迅速散失的条件。

(1)压扁：将苜蓿茎秆压扁，可使其各部位的干燥速度趋于一致，从而缩短干燥时间。试验证明，茎秆压扁后，干燥时间可缩短25%～50%。

(2)翻晒通风干燥：苜蓿刈割后，应尽量摊晒均匀，并及时进行翻晒通风1～2次或多次，使苜蓿充分暴露在干燥的空气中，以加快干燥速度。

(3)草架干燥法：可搭制成简易的草架来晾晒苜蓿青干草。这虽然需要部分设备、费用和较多人工，但草架通风干燥效果好，可加快干燥速度，获得优质青干草。用草架干燥时，可先在地面干燥，使苜蓿含水量降至40%～50%，然后在草架上通风干燥。

(4)适时阴干及常温鼓风干燥法：当苜蓿水分降低到35%～40%时，应及时集堆、打捆，在草棚内或废弃窑洞内阴干。打捆青干草堆垛时，必须留有通风道，以便加快干燥。当苜蓿刈割后在田间预干到含水量50%时，小捆置于设有通风道的草棚下进行常温鼓风干燥，可加快后期苜蓿水分的散失。

2.苜蓿干燥过程中含水量的估计

调制青干草的过程中，应随时掌握苜蓿含水量变化，以便及时采取有效措施，减少青干草营养成分的损失。苜蓿青干草含水量的测定,除试验研究等需要进行较准确的测定外,生产实践中一般常用感观法估测苜蓿的含水量。

(1)含水量在50%以下的苜蓿青干草:叶片卷缩,颜色由鲜绿色变成深绿色,叶柄易断。茎秆下半部叶片开始脱落,茎秆颜色基本不变,压迫茎能挤出水分,茎的表皮可用指甲刮下,这时的含水量为50%左右。

(2)含水量25%左右的苜蓿青干草:手摇草束,叶片发出"沙沙"声,易脱落。

(3)含水量18%左右的苜蓿青干草:叶片、嫩枝及花序稍触动易折断,弯曲茎易断裂,不易用指甲刮下表皮。

(4)含水量15%左右的苜蓿青干草:叶片大部分脱落且易破碎,弯曲茎秆极易折断,并发出清脆的断裂声。

3.苜蓿青干草的加工调制方法

紫花苜蓿生长到现蕾期或初花期及时进行刈割,经自然干燥或人工干燥调制而成的能够长期保存的苜蓿就叫苜蓿青干草。经加工调制好的苜蓿青干草青绿、芳香、适口性好,易消化,含有较高的蛋白质,氨基酸齐全,富含胡萝卜素、维生素D、维生素E及矿物质。对于苜蓿青干草而言,其营养价值更主要取决于原料种类和调制方法。目前常用的苜蓿青干草加工调制方法有地面干燥法、草架干燥法和青铡晒干法。

(1)地面干燥法:紫花苜蓿刈割时,就地在草场铺开晾晒,同时适当翻动,加速水分蒸发。一般上午刈割的草,傍晚叶凋萎,大约含水分40%~50%时,用耙子把草搂成松散的草垄或集成1米左右高的小堆,保持草堆松散通风,任其逐渐风干。根据当地气候情况,雨天遮盖,晴好天翻开晾晒。当草晒至抓一把容易拧成绳,不断裂也不出水时,含水量约20%即可运回,堆成大堆继续风干。

(2)草架干燥法:草架根据条件,可用树干、独木架、木制长架和活动式干燥架。一般把割下的苜蓿草先晾晒1天,使其凋萎,含水量约50%;然后将草上架晾晒,堆草时要由下而上诸层堆放,或打成直径15厘米左右的小捆。草的顶端朝里,堆成圆锥形或屋脊形,堆草应蓬松,厚度不超过70~80厘米。草架离地面30厘米,架与架之间留有通道,以利于空气流通。草堆外要有一定坡度,平整便于排水。

(3)青铡晒干法:苜蓿生长到初花期时,应组织人员集中时间收割,收割后马上运输到加工地点,用铡草机将草铡短、晾晒。当草中含水量降到约为15%~16%时进行堆贮,堆贮时有条件的可直接堆贮到草棚内,无条件的可露天堆垛储存。草垛可堆成长方形或正方形,堆垛时从底部逐层往上堆,并压实,顶部堆成圆锥状,上用长草或塑料布覆盖,以防雨淋。

(4)苜蓿的"碾青"晒储。苜蓿生长到初花期,组织人员集中时间收割。先将农作物秸秆(玉米秸秆除外)均匀铺在麦场里,厚度为3～4厘米,然后将收割的紫花苜蓿或其他青草根部朝上呈梯次结构摊在秸秆上面,再用石碾进行碾压,压至苜蓿及其他青草茎干部分劈开撕裂后,及时进行翻晒。只翻晒青草,秸秆不动,大约晾晒1～2小时后,再进行一次碾压(第二次碾压时间不要太长)。碾压结束后将秸秆和青草混匀翻晒,当水分约为16%～17%时进行堆贮。判断水分含量的方法是:将一束青干草紧握时发出沙沙声和破裂声,但细小多叶的青干草在紧握时听不到破裂声,将草束搓拧或弯成两圈时草茎折断,拧成的草瓣松手后迅速或几乎全部散开,像这样,水分含量大约在15%～16%,能够长期堆贮。

(二)苜蓿青贮

苜蓿青贮可以保持青绿饲料的营养特性,养分损失少,适口性好,调制方便。青贮苜蓿消化率高,能长期保存,但是苜蓿由于可溶性糖含量较少,蛋白质含量高,故属于不宜青贮的原料。苜蓿青贮的成败关键在于苜蓿原料的含水量,当苜蓿原料含水量为50%～60%时,苜蓿青贮容易成功,同时采用混合青贮或添加剂青贮可以提高苜蓿青贮料的质量。

1.苜蓿青贮的常用方法

(1)半干青贮的方法:半干青贮就是低水分青贮,它具有青干草和青贮料两者的特点。半干青贮是苜蓿水分达到40%～50%时进行青贮的一种方法。调制半干青贮饲料时,苜蓿应迅速风干,要求在刈割后24～36小时内含水量降至50%左右。原料必须切断,长度3厘米左右。装填后封窖要严密,严防漏气和漏水。

(2)添加剂(加盐)青贮:青贮原料含水量较低,含水量50%的苜蓿青贮时,添加1%的粉状食盐混合均匀,装入塑料袋中压紧密封,经100天的青贮发酵后鉴定,苜蓿未发现腐烂,颜色为茶绿色,具青干草香味,茎叶结构完好。

(3)包膜青贮:苜蓿包膜是将新鲜苜蓿水分降低到50%左右时压制成草捆,用塑料拉伸膜裹包起来,在密封状态下进行贮存。包膜青贮是将新鲜苜蓿等原料切断后,用包膜机高密度压实打捆,然后用塑料拉伸膜裹包起来。经过打捆和塑料裹包的草捆处于密封状态,从而造成了一个最佳的发酵环境,在厌氧条件下,经3～6周,最终完成发酵的过程。

2.苜蓿青贮制作

(1)青贮池苜蓿青贮制作。

第一步,收获。在苜蓿生长到现蕾期至初花期(20%开花)适时进行刈割,刈割后进行晾晒(在天气晴好的情况下,一般在灌区种植的苜蓿晾晒12～24小时,干旱地区晾晒8～12小时,晾晒至叶片发蔫不卷即可,要防止暴晒),使水分调节到45%～55%时,将原料及时运送到青贮制作地点。

第二步，切碎、装池。将原料用铡草机进行切碎，一般切成2～5厘米为宜，切碎后的原料最好当天装入青贮池。边铡碎边装池，边装池边压实，尽量避免切碎的原料在池外暴晒过久。如果要加入添加剂，在装池前应将添加剂与切碎的原料混合均匀然后装池。要逐层进行压实，小规模操作时可采用人工层层踩实，每装30～50厘米踩实一次，特别要注意边角踩踏，最好不留缝隙。大池青贮时，一般采用大型拖拉机或者四轮拖拉机进行压实，池子边角采用人工踏实或者机械压实。原料装满后，应高出青贮池上沿30～40厘米，以保证下沉后不漏气或防止渗进雨水。

第三步，密封。原料填满压实后，覆上一层塑料薄膜封严，再覆土20～30厘米。封顶2～3天后要随时观察，若发现原料下沉，应在下陷处填土，以防止空气与雨水进入。

(2)包膜苜蓿青贮制作。

将现蕾期至初花期的苜蓿(20%开花)适时进行刈割，调节原料水分到45%～55%时运送到包膜青贮制作地点。将原料及时用铡草机进行切碎，切碎长度一般应在2～5厘米(因机械设备不同，苜蓿亦可在田间收割，晾晒后直接机械打捆)。将切碎的原料装入专用饲料打捆机中进行打捆(每捆重量约在50～60千克)。如果需要加添加剂，则在打捆前将添加剂与切碎的原料混合均匀后再进行打捆。打捆结束后，从打捆机中取出草捆，将草捆平稳放到包膜机上，然后启动包膜机用专用拉伸膜进行包裹。设定包膜机的包膜圈数以22～25圈为宜(保证包膜两层以上)。包膜完成后，从包膜机上搬下已经制作完成的包膜草捆，整齐地堆放在远离火源、鼠害少、避光、牲畜触及不到的地方。堆放不应超过三层。搬运时不应扎通、磨破包膜，以免漏气。在堆放过程中如发现包膜破损，应及时用胶布粘贴，防止漏气。

3.保存与使用

青贮苜蓿一般经过50～60天后即可开启使用。包膜青贮苜蓿取用时，取喂量应按照当天喂完为宜。青贮池取喂同一般池料。

4.饲喂方法与饲喂量

青贮苜蓿饲料饲喂时要与其他饲草搭配混合饲喂，也可与配合饲料混合饲喂，不可单独饲喂。青贮苜蓿饲料饲喂应有一个适应过程，递增递减逐渐进行。犊牛2～2.5千克/头，肉牛4～5千克/头，肉羊1.5～2千克/只。

四、柠条青贮技术

1.柠条枝条的选择和铡粉

在拉运来的枝条中挑出霉变、发黑和过于粗硬的枝条，然后用铡粉机进行铡粉。一般要求边铡粉边装填。

2.柠条粉丝的装填

在池底层先铺一层干草，以便吸收柠条粉丝踩压时渗出的多余水分和液汁。对柠条粉丝进行水分估测，如果水分达到55%～65%就可直接进行装填。装填时，将柠条粉丝放入池内，均匀分布20～30厘米，踏实压实，然后均匀撒一层玉米面和食盐水，直至装满为止。如果柠条粉丝水分不够，可按比例加水至含水量达60%～70%。加水柠条粉丝可先补足水分，然后按与不加水柠条粉丝相同的方法处理。也可把玉米面及食盐水与柠条粉丝混和均匀，放入池内20%～30厘米一层。小池子人工踩踏，要多踏几遍，四角与池壁处尤其应注意踩实，越实越好；大型池子用“四轮”拖拉机碾压，也要注意四角与池壁的踩实。装填至高出池口40厘米左右为止。

3.青贮池封口

柠条粉丝装填完毕充分压实后，根据表面大小，每5米^{2}撒盐0.5厘米，然后盖塑料膜。塑料膜上覆盖软麦草3～5厘米，再从一侧开始压土30～40厘米（这样有利于塑料膜下空气的充分排出），然后拍实，做成馒头形，以利于排水。青贮池四周要有排水沟，以防雨水进入池内。青贮结束后，要经常检查，防止漏水、透气，有裂缝时要及时处理。

4.柠条青贮饲料的质量评定

一般情况下，柠条青贮饲料经过30天左右的封存就可以开始取用。柠条青贮饲料质量的好坏、能不能饲用，可以从其气味、颜色、触感三个方面来判定。

(1)一般品质良好的青贮饲料具有醇香、果香、酸香味。若有腐味、霉味，则说明青贮失败，不能饲喂。

(2)优质青贮饲料呈黄绿色或淡黄色。如果呈褐色或黑绿色，则说明质量较差。

(3)优质青贮饲料拿在手上感觉松散，质地柔软，略带湿润。若拿到手里发腻或者粘在一块，则说明质量不佳。

5.饲喂技术

饲用时应注意以下几点。

(1)取料应从一角开始，自上而下，用多少取多少，以保证新鲜，防止二次发酵变质。

(2)开始饲喂时家畜不喜欢吃，要进行调教。可以在喂柠条青贮料时，让牛、羊饿上一顿，等其饥饿时再喂；也可以在柠条青贮料上撒一些牛、羊喜欢吃的草料，让牛、羊慢慢适应其气味。

(3)喂量要由少到多逐渐增加,一般每头牛最多15千克,羊2~4千克。

(4)不可单喂柠条青贮饲料,最好与其他干草搭配饲喂。

(5)冬季如果柠条青贮饲料结冰,应融化后再喂。

第三节　精饲料的加工调制技术

一、精饲料的营养特点

(一)禾本科籽实饲料(又称能量饲料)的营养特点

(1)无氮浸出物主要是淀粉含量高,一般占干物质的70%~80%。

(2)粗纤维含量低,一般在6%以下。

(3)粗蛋白质含量低,约10%左右,蛋白质品质不高;蛋白质所含氨基酸种类不全面,色氨酸、赖氨酸含量少,蛋白质消化吸收后利用率低,一般为50%~70%。

(4)脂肪含量少,一般占2%~5%,大部分在胚与种皮中,主要是不饱和脂肪酸。

(5)有机磷含量多,钙含量少,其中有机磷主要以磷酸盐形式存在,不易被吸收。

(6)维生素 B_1 和维生素E含量丰富,但缺乏维生素D,除黄玉米外,均缺乏胡萝卜素。

(二)豆科籽实饲料(又称蛋白质饲料)的营养特点

(1)粗蛋白质含量高,占干物质的20%~40%,比禾本科籽实饲料高1~3倍,而且品质高。赖氨酸、蛋氨酸等必需氨基酸含量均多于禾本科籽实饲料。

(2)脂肪含量低。除大豆、花生外,其他豆科籽实饲料含量均为2%左右,低于禾本科籽实饲料。

(3)含钙量少,含磷量高。钙、磷含量均较禾本科籽实饲料高,但钙、磷比例不合适,磷多钙少。

(4)缺乏胡萝卜素。

(5)无氮浸出物含量30%~50%,纤维素易消化。

(6)总营养价值和禾本科籽实饲料相似,但所含的可消化蛋白质较多。

二、精饲料的加工调制方法

(一)粉碎

粉碎是最常用、最简单的调制方法。饲料粉碎后可以大大提高饲料的消化率和利用率。一般用粉碎机进行粉碎，粉碎后的颗粒不能过大，也不能过小，牛羊一般1～2毫米为宜。

(二)压扁

将玉米、大麦、高粱等原料加16%的水，用蒸汽加热到120℃左右，用压扁机压成片板后，再配以各种添加剂，制成压扁饲料。压扁饲料消化率可明显提高。

(三)浸泡

将饲料放入池子或缸等容器内加水（一般料和水的比例为1∶(1∶1.5)，以手握加水后的饲料指缝渗出水滴为标准，菜籽饼不能用热水浸泡），拌匀后浸泡。浸泡时间根据天气和饲料种类不同而有差异。经浸泡后的饲料柔软，易咀嚼，适口性好，便于消化；豆科籽实及饼类饲料含毒量降低，异味减轻。

(四)焙炒

焙炒是幼小家畜补料用的一种加工调制方法。禾本科籽实饲料经过130～150℃短时间的高温焙炒后，不仅能提高淀粉的利用率，还能消除有害菌和虫卵，同时饲料香甜可口，适口性强。

(五)发芽

将谷粒清洗除杂后放入缸、盆或桶内，用30～40℃的温水浸泡一昼夜，等谷粒充分膨胀后捞出，摊在能滤水的容器内，厚度不宜超过5厘米，温度保持在15～25℃。其上用纱布或麻袋等透气物品覆盖，每天早晚用15℃清水冲洗各1次，经3～5天即可发芽。一般经过6～7天，芽长3～6厘米时即可饲喂。发芽后的饲料，部分蛋白质分解成氨化物，糖分、维生素、各种酶、纤维素增加。

(六)糖化

将粉碎的谷类精料分次装入木桶内，按1∶(2～2.5)的比例加入80～85℃的水，搅拌成糊状，使木桶内温度保持在60℃左右。在饲料表面撒一层5厘米左右厚的干料面，盖上木板即可。糖化时间一般为3～4小时。为加快糖化过程，可按干料重的2%加入麦芽曲（为大麦或燕麦经过3～4天发芽后干制磨粉而成）。谷类精料糖化后可使含糖量由0.5%～2%提高到8%～12%，香甜可口，适口性强，消化率提高。

(七)制浆

将精饲料粉碎后，用水浸泡发酵即成；也可将谷类饲料洗净，先用15～20℃的温水浸泡2天左右，待软化并有微酸味时磨成浆糊状即成。制浆的饲料适口性好，易消化，可提高饲料利用率。

(八)发酵

每100千克粉碎料加酵母0.5～1千克,温水(30～40℃)150～200千克。先将温水加到发酵容器内,再用少量温水将酵母化开,然后慢慢放入温水中,边搅拌边倒入饲料。注意搅拌要均匀,以后每隔30分钟搅拌一次,经6～9小时发酵完成。发酵后的饲料适口性提高,营养价值增加。蛋白质饲料不宜发酵。

(九)蒸煮

豆类籽实及其饼类宜用蒸煮的方法加工调制。方法是将原料洗净,放入蒸笼中直接蒸或锅内直接煮即可。加热处理时间不宜过长,一般130℃不超过20分钟。经过蒸煮的豆科籽实饲料,消化率和营养价值提高。禾本科籽实饲料不宜蒸煮,因为这会降低其消化率。

(十)菜籽饼的脱毒

菜籽饼含有芥子硫苷等物质,在酶的作用下会分解产生多种有毒物质。因此,菜籽饼喂前必须经脱毒处理。常用的脱毒方法有土埋法,此法可以基本脱去菜籽饼的毒素。其方法是挖1米见方的土坑,上铺草席,把粉碎成末的菜籽饼加水(饼水比例为1∶1)浸泡后装进土坑里,2个月后即可饲用。

三、全混合日粮(TMR)调制饲喂技术

(一)日粮配合有关术语

(1)日粮:指一头动物一昼夜所采食的各种饲料的总称。

(2)饲粮:按日粮中各种饲料的比例配制的配合饲料。

(3)日粮配合:指按照饲料标准设计动物每天各种饲料给量的方法与步骤。

(4)配合饲料:指根据动物的营养需要,将多种饲料原料按一定比例混合后的饲料。根据市场销售形式,配合饲料分为全价配合饲料、浓缩饲料、添加剂预混料等。

(5)全价配合饲料:指按照科学的饲料原理和饲养标准配制,其配合饲料中的营养水平完全符合动物营养需要的饲料。

(6)浓缩饲料:指由蛋白质饲料、矿物质饲料、微量元素、维生素和非营养添加剂等按一定比例配制的均匀混合物。浓缩饲料再加上能量饲料即为配合饲料。浓缩饲料一般占配合饲料的20%～30%,且不能用来直接喂牛。

(7)添加剂预混料:指由一种或多种饲料添加剂与载体或稀释剂(如石粉、麸皮等)按一定比例扩大稀释后配制的混合物。复合预混料则是指由微量元素、维生素、氨基酸和非营养性添加剂中任何两类或两类以上的成分与载体或稀释剂按一定比例配制的预混料。

(8)饲料配方:指根据肉牛营养需要、生理特点、饲料的营养价值、饲料原料的现状及价格等,合理地确定各种饲料的配合比例,这种比例就是饲料配方。

(二)全混合日粮(TMR)饲喂技术

所谓全混合日粮(TMR)饲喂技术,就是指根据反刍家畜不同生长发育阶段的营养需求和饲养目的,按照营养调控技术和多饲料搭配原则而设计出全价日粮配方,并按此配方把每天饲喂反刍动物的各种饲料(粗饲料、青贮饲料、精饲料和各类特殊饲料及饲料添加剂)通过特定的设备和饲料加工工艺均匀地混合在一起,以供反刍动物采食的饲料加工技术。这一技术保证了反刍动物采食的每一口饲料都是营养均衡的。

1. TMR 技术的制作

(1)首先设计日粮配方(后附推荐日粮配方),按照设计的配方计数各种粗饲料、精饲料、特殊饲料和饲料添加剂的每头牛的日用量,再根据不同年龄大小分群后的存栏确定日粮。

(2)把加工好的粗饲料和配合好的精饲料按照分好群后确定的日用量均匀地混合,然后定时定量分次添加到食槽。

2. TMR 技术的优点

(1)简化了饲喂程序,替代了大部分相关的劳动力,并加快了生产速度和加工质量——均匀混合,使反刍动物吃到的每一口饲料的营养都是均衡的。

(2)适于控制反刍动物日粮营养进食比例,特别是精料与粗料的进食比例。

(3)由于将全部日粮切短、粉碎均匀混合,有利于空间互补,使饲料总体积缩小,从而提高了营养密度。

(4)将全日粮中的碱、酸性饲料均匀混合,加上反刍动物大量的碱性唾液,能有效地使瘤胃的 pH 控制在 6.4～6.8,为瘤胃内微生物创造了一个良好的环境,促进微生物的生长、繁殖、发酵,提高微生物的活性蛋白质的合成率,从而提高了饲料营养的转化率和乳脂率。

(5)将干草、秸秆、青贮玉米等粗饲料切短打碎,有利于反刍动物的采食、消化,降低利用粗料的热增耗,减少能量的浪费,有利于提高产量。

(6)能较好地利用适口性差、但价廉而富含营养的饲料,有利于降低成本,可防止挑食、偏食,避免浪费饲料。

(7)由于 TMR 技术可避免瘤胃酸中毒发生,所以可减少由此产生的前胃弛缓、瘤胃炎、肝脓肿等疾病和食欲下降、吐草团和乳蛋白率下降等问题。

3. TMR 的饲喂技术要点

(1)合理的营养供给。根据国标或 NRC 营养需要标准调制 TMR。

(2)合理分群、自由采食。①分群原则:生产能力相近的分为一群;②自由采食:同一群投料充足均匀。

(3)严格控制分料速度(控制数量)。每日投料2次以上,每次投料时料槽要有3%~5%的剩料,以防采食不足,影响生长。

(4)反刍动物TMR日粮中粗饲料的营养价值顺序为优质干草、野生干草、玉米秸、麦草、稻草。

(5)TMR日粮中粗饲料应以豆科、禾本科和秸秆类饲料混合使用效果好。

4.肉牛推荐全混合日粮配方(以下配方适应彭阳县)

(1)育肥牛。

配方一(体重300千克,日增重1 200克):粗饲料:玉米黄贮10千克,玉米秸或小麦秸2千克,干苜蓿1千克;精饲料:4千克,其中玉米占70%,小麦麸皮占20%,胡麻饼占8%,预混料占2%;日粮合计17千克。

配方二(体重300千克,日增重1 200克):粗饲料:玉米黄贮10千克,玉米秸或小麦秸2千克;精饲料:4.5千克,其中玉米占60%,小麦麸皮占30%,胡麻饼占8%,预混料占2%;日粮合计16.5千克。

(2)基础母牛。

配方一(体重350千克,日增重500克):粗饲料:玉米黄贮9千克,玉米秸或小麦秸2千克,干苜蓿1.5千克;精饲料:2.5千克,其中玉米占70%,小麦麸皮占20%,胡麻饼占8%,预混料占2%;日粮合计15千克。

配方二(体重350千克,日增重500克):粗饲料:玉米黄贮8千克,玉米秸或小麦秸2千克;精饲料:3千克,其中玉米占50%,小麦麸皮占40%,胡麻饼占8%,预混料占2%;日粮合计13千克。

四、肉牛精饲料配方实例(仅供参考)

(一)犊牛日粮配方实例

犊牛日粮配方:玉米60%,胡麻饼20%,麸皮16.5%,预混料2%,食盐1%,石粉0.5%。

(二)青年牛日粮配方实例

青年牛日粮配方:玉米65%,麸皮21.5%,胡麻饼10%,预混料2%,食盐1%,石粉0.5%。

(三)成年牛日粮配方实例

配方一:玉米68%,麸皮10%,胡麻饼5%,大麦14%,石粉2%,食盐1%。

配方二：玉米 67%，麸皮 10%，胡麻饼 15%，大麦 5%，石粉 2%，食盐 1%。

配方三：玉米 50%，麸皮 10%，胡麻饼 30%，大麦 7%，石粉 2%，食盐 1%。

配方四：玉米 58%，麸皮 25%，大麦 15%，石粉 1%，食盐 1%。

成年牛各育肥阶段用不同的精料配方，同时搭配不同的饲草。其中，配方一适用于育肥前期，饲草主要搭配玉米和苜蓿等干秸秆及青贮饲料；配方二适用于育肥中前期，饲草主要搭配玉米和苜蓿等干秸秆及青贮饲料，但用量是增加干秸秆，减少青贮饲料；配方三适用于育肥中后期，搭配饲草同配方二，但继续增加干秸秆，减少青贮饲料，停止饲喂苜蓿；配方四适用于育肥后期，饲草以麦草和玉米干秸秆为主，自由采食。

第四节　成型牧草饲料加工技术

成型牧草饲料是指将牧草或秸秆粉碎成草粉、草段后，使用专业的加工设备将其加工成颗粒状、块状、饼状或片状等固型化的牧草饲料，其中以颗粒饲料应用最广泛。近年来，复合型秸秆颗粒饲料在绵羊、山羊的饲料实践中获得了较好的效果，苜蓿草颗粒作为主要的牧草成性饲料已得到推广与应用。成型牧草饲料要求的生产工艺条件较高，生产成本有所增加，但与粉状、散状牧草饲料相比，其优点明显：一是保持了牧草、配合饲料各组成成分的匀质性；二是可提高牧草饲料的采食量、消化率和适口性；三是提高了肉羊的生产性能；四是可减少贮藏和运输的成本，提高贮藏稳定性。

一、颗粒饲料产品的要求

颗粒饲料产品的要求有：形状均一，硬度适宜，表面光滑，碎粒与碎块不多于 5%，产品安全贮藏的含水量低于 12%～14%。用于肉羊的牧草颗粒大小为 6～8 毫米。

二、颗粒牧草饲料的加工工艺

颗粒牧草饲料的加工工艺为：选择原料——粉碎——计量混合——制粒——成品。原料粉碎的粒度应根据原料品种及饲喂的家畜种类而定，分为一次粉碎和循环粉碎两种方法，大型牧草饲料加工厂多采用循环粉碎法。配料时应按照科学饲养配方的要求，对不同种类的牧草饲料进行准确称量配制，并混合均匀。采用调质器对牧草饲料进行调质，软化牧草饲料，使牧草饲料中的淀粉糊化，增加牧草饲料的黏结力，有利于颗粒成型。

三、成型牧草饲料的贮藏及控制含水量

一般成型牧草饲料的安全贮藏含水量应为11%～15%，南方地区应控制在11%～12%，北方地区控制在13%～15%。成型牧草饲料的贮藏应注意添加防腐剂，保持通风，注意防潮。

四、成型牧草饲料的利用

用颗粒牧草饲料喂羊能增加羊的采食量，促进其生长发育，增重快。如果用颗粒牧草饲料喂肥育羊，平均日增重达115克/只。一般绵羊对颗粒牧草饲料的采食率为90%～100%，而对照仅为70%左右。

五、肉羊复合苜蓿草颗粒配方

(1)复合苜蓿草颗粒配方：紫花苜蓿草粉82.2%，胡麻油渣5%，能量蛋白合剂10%，磷酸氢钙1.3%，牛羊用复合饲料添加剂0.5%，人工盐1%。

(2)草颗粒机的选择：草颗粒机一般由搅拌、压粒、传动、机架4个部分组成，其功率为13千瓦，工作转速300～500转/分钟，筛子孔径8毫米，生产率300千克/小时，颗粒规格为直径8毫米，可压草粉细度不低于1毫米，颗粒冷却方式为自然冷却。

(3)紫花苜蓿草粉加工：可选择2毫米筛目、40型或4020型饲料粉碎机加工草粉。

(4)原料混合：按复合苜蓿草颗粒配方设计要求，将配料一一准确称量后，将配料与少量草粉经2～3次预混，再加入全部草粉混匀。

(5)草颗粒成型：将混合均匀的原料送入草颗粒成型机挤压成型，成型颗粒进入散热冷却装置，冷却后的草颗粒含水量不超过13%。草颗粒规格以8毫米为佳。

(6)草颗粒分装、贮藏。

第四章　疾病防治

第一节　家畜的防疫保健措施

一、消毒及驱虫

家畜健康饲养期间、发病期间和病畜痊愈或死亡后都要予以消毒。消毒的目的是为了消灭外界环境中、畜体内外及用具上的病原微生物、寄生虫、幼虫、虫卵和吸血昆虫。

畜舍及运动场内的粪便尿要经常清扫，每年用火碱消毒1次，每季度用白灰粉或来苏儿消毒1次。饲槽及用具更要勤清洗、消毒。粪便进行发酵处理。畜舍的出入门口应设消毒池，池深20厘米，内填锯末屑等，池内定期加5%火碱水或10%来苏儿液，也可放生石灰。

(一)常用消毒药的使用方法

(1)火碱：配置成2%～5%水溶液，用于喷洒畜舍、饲槽和运输工具等，并用于进出口消毒池消毒。畜舍消毒后要用水冲洗后方可让家畜进入畜舍。5%的火碱水溶液用于炭疽芽孢污染场地消毒。

(2)石灰乳：消毒时，取一定量生石灰缓慢加水搅拌，配成10%～20%的石灰乳混悬液，用于涂刷消毒动物圈舍、墙壁和地面。

(3)漂白粉：新制漂白粉含有效氯25%～30%，保存时应将其装入密闭、干燥的容器中。10%～20%乳剂常用于畜舍、环境和排泄物消毒。1米^{3}水中加入漂白粉5～10克可作饮用水消毒，现配现用。

(4)甲醛：污染较轻的空间通常按每米^{3}10克高锰酸钾加入20毫米福尔马林进行熏蒸消毒。如果污染严重，则常将上述两种药品的用量各增加1倍。熏蒸消毒时，可先在容器中加入高锰酸钾，然后再加入福尔马林溶液，密闭门窗7小时以上便可达到消毒目的。最后应敞开门窗通风换气，消除残余的气味。

(5)高锰酸钾：加热、加酸或碱均能放出初生态氧而呈现杀菌、杀毒、除臭和解毒等作用，但高浓度时会出现刺激和腐蚀作用；0.1%水溶液能杀死多数细菌的繁殖体，2%～5%溶液能杀死细菌芽孢，0.01%～0.05%水溶液用于中毒时洗胃，0.1%水溶液外用冲洗黏膜及创伤、溃疡等，需要现用现配。

(6)过氧化氢溶液：1%～3%溶液用于清洗脓创面，0.3%～1%冲洗口腔黏膜。

(7)过氧乙酸：近年常用的一种消毒药液，具有高效、速效和广谱杀菌作用，对细菌、霉菌、病毒均有杀灭作用。以0.5%溶液喷洒消毒畜舍、饲槽、车辆等。3%～5%溶液按每米^{3}空间用2.5毫米喷雾消毒封闭的仓库等房舍。

(8)3%～5%臭药水(煤焦油皂液)：适用于畜舍、排泄物、场地等消毒。

(9)粪便发酵消毒：一般病畜粪便需采用堆积发酵、堆积泥封发酵或投入沼气池中发酵的方法。发酵产生的热量能杀灭病原体及寄生虫卵，达到消毒的目的。

(二)常用驱虫药的使用方法

(1)阿维菌素和伊维菌素：用于畜群普遍性驱虫，剂量为1.2毫克/千克体重，一次混料喂服；也可选用注射剂一次皮下注射。该类药物对体内寄生线虫和体表寄生虫有效。

(2)左旋咪唑：剂量6～8毫克/千克体重，一次混料喂服或溶水灌服；亦可配成5%注射液。一次肌肉注射。左旋咪唑主要用于驱除线虫。

(3)丙硫苯咪唑：剂量10～20毫克/千克体重，粉(片)剂用菜叶或树叶包好，一次投入口腔深部吞服；也可混饲喂服或制成水悬液，一次口服。该药主要用于驱除线虫。

(4)吡喹酮：剂量为30～60毫克/千克体重，粉(片)剂用菜叶或树叶包好，一次投入口腔深部吞服。该药主要对吸虫或绦虫有效。

(5)贝尼尔(血虫净)：剂量3～7毫克/千克体重，极限量为1克，用水溶解后深部肌肉注射。该药主要对血液原虫有效。

对体外寄生虫，可用0.3%的过氧乙酸逐头(只)对畜体喷洒后，再用0.25%的螨净乳剂进行一次普遍擦拭。

二、防疫注射

家畜的疫病，特别是传染病，会严重影响养殖业的发展。养殖园区(场)或畜群一旦发生传染病，会给养殖业造成很大的损失，病畜即使耐过，也发育不良，生长缓慢，拉长肥育时间，增加饲养成本。同时，生过病的家畜还会带菌带毒，留下后患，对以后的生产造成威胁。因此，为了防止传染病的发生，保证畜群健康生长，除坚持自繁自养、引种选择健康家畜、做好畜群的检疫和健康监测、建立良好的饲养环境、定期消毒、隔离饲养及制定严格的管理制度外，让畜群有计划地免疫接种，也是预防和控制传染病的关键性措施之一。

有计划免疫接种，也称免疫程序，目前尚无统一规定。生产实际中确定接种哪些疫苗、接种日龄、次数和间隔时间时，一般应遵循以下原则。一是根据本地区疫病流行情况来决定。如果这一地区未发生某种传染病，且养殖园区（场）较偏僻或各种防疫制度较严格，则不一定接种这一种疫苗。二是要考虑仔畜的母源抗体水平及前一次接种后的残余抗体水平。免疫过的怀孕母畜可通过初乳使仔畜获得母源抗体，给仔畜过早接种疫苗往往不能获得满意效果。三是注意家畜的健康状况、年龄、生理阶段和饲养条件。成年的、体质健壮或饲养管理条件较好的家畜，接种后会产生极强的免疫力；反之，幼年的、体质弱的、有慢性病的，或饲养条件不好的家畜，接种后产生的免疫力差，也可能产生明显的接种反应。怀孕家畜接种时间不当会引起胚胎死亡或流产，所以对年幼体弱的、有慢性病的家畜，母畜怀孕后 8 周内以及临产前，如果不是已受到传染病的威胁，最好暂时不接种。对饲养管理条件不好的家畜，在预防接种的同时，必须改善饲养管理，在接种前亦不要喂抗生素类药品。

防疫注射是在疫病未发生之前，对健康畜以预防发病为目的而进行的疫苗（菌苗）注射。定期进行预防注射可使家畜产生对抗病原体的相应抗体，使家畜对该病原体不再感染发病，从而有效地防止家畜传染病。

各地如何进行防疫注射，需要根据本地区疫病的种类、发病季节、发病规律、疫情动态及饲管状况等制订防疫计划，搞好防疫工作。彭阳县采取以口蹄疫为主，猪瘟、羊痘、魏氏梭菌等相结合的防疫模式；用口蹄疫灭活疫苗一年春秋两次按不同畜种肌肉注射防疫，猪瘟、羊痘、魏氏梭菌联合苗根据本地区发病规律适期进行注射免疫。

第二节　常见传染病的防治

一、口蹄疫

口蹄疫是世界各国防范的重要传染病之一，被国际组织确定为 A 类传染病。

口蹄疫是由口蹄疫病毒引起的牛、羊、猪等偶蹄动物及人共患的一种急性、热性、高度接触性传染病，以口腔黏膜、乳房皮肤、蹄叉等处发生水泡和烂斑为特征。

（一）病原特征

口蹄疫病毒有 A 型、O 型、C 型、亚洲Ⅰ型、南非Ⅰ型、南非Ⅱ型、南非Ⅲ型 7 个主型。各主型又分若干亚型。各型之间不能互相免疫。病毒对外界环境有很强的抵抗力，对热敏感，85℃能很快灭活，低温条件下能长时间存活。口蹄疫病毒在粪便和饲料中能存活数周至数月，2%烧碱溶液可使其很快死亡。

(二)流行特点

口蹄疫以牛最敏感，其易感动物为黄牛、奶牛、水牛、牦牛、猪、羊。幼畜较成畜易感。病畜是主要传染源。病毒存在于水泡液、水泡皮、奶、尿、唾液和粪便中，以水泡液和水泡皮的传染性最强。口蹄疫主要经呼吸道和消化道传染，也可经损伤的破肤和黏膜传染。本病多发生于寒冷的冬春季节，偶尔也有夏季发病。本病的发病率高(新疫区可达100%，老疫区50%)，死亡率低(一般为1%～2%)。本病在《中华人民共和国动物防疫法》中被列为一类传染病。

(三)症状

(1)潜伏期平均2～4天，最长可达1周左右。病初体温升高(40～41℃)，精神沉郁，食欲减退，渴欲增加，反刍停止。

(2)口腔黏膜、齿龈、舌面、鼻镜、蹄冠、乳房皮肤等处红肿，以后发生水泡。水泡破溃后形成边缘整齐近似圆形的浅表烂斑。水泡破溃后体温下降。

(3)口流泡沫性口涎，挂在口角或唇上，病牛采食缓慢。

(4)蹄趾肿痛，发生破行或卧地不起，严重时蹄壳脱落。

(四)剖检病变

心包有弥散性或点状出血，心肌有白色、淡黄色斑点或条纹，俗称“虎斑心”。食管、前胃黏膜可见圆形水泡或溃疡。

(五)诊断

(1)根据流行特点和症状可作出初步诊断。

(2)为了有目的地选用疫苗进行免疫，可对病原进行分型，采集病料做实验室诊断。实验室诊断可选用补体结合反应、琼脂扩散试验、乳鼠中和试验、交叉免疫试验等方法确定毒型。

病料采集方法：采取舌面新鲜的、未破裂、已成熟、没有异味的水泡或水泡皮，连同周围组织一并采出，洗净后，以消毒过的剪刀剪下水泡皮(总量不少于10克)，放入盛有50%甘油生理盐水的玻璃瓶中，密封后用纱布包好，置于填有冰块的冰瓶中送检。

(六)防治措施

1. 预防

(1)不从疫区购买偶蹄畜及其产品。

(2)新购进的牛羊要隔离观察，确认无病时方可合群饲养。

(3)发病时按“早、快、严、小”的原则立即上报,封锁疫区,尽快扑灭疫情。

(4)疫点以2%~5%的烧碱溶液或20%的石灰乳彻底消毒。

(5)发病数量较少时,应就地扑杀病畜,对尸体和污染物作无害化处理,防止疫情扩散。对假定健康畜隔离饲养,认真观察。

(6)对受威胁区或假定健康畜立即进行紧急免疫接种。

2.治疗

治疗的目的是防止继发感染,可用食醋、0.1%高锰酸钾溶液冲洗口腔。用碘甘油或冰硼散涂擦患处,用3%来苏儿洗涤蹄部。用结晶樟脑内服,每次5~8克,每日2次。也可用高免血清治疗,按每千克体重1毫升皮下注射,并注意公共卫生,防止人被感染。

二、牛流行热

牛流行热是由牛流行热病毒引起的一种急性、热性传染病,以高热、流泪和呼吸困难为特征。

(一)病原特征

牛流行热病毒对外界环境的抵抗力差,56℃下,20分钟即可死亡,对酸、碱、紫外线都敏感。该病毒在发热期病牛血液、脾脏、肺脏、淋巴结中含量最高。

(二)流行特点

本病仅传染牛,以壮年牛、高产奶牛最敏感。病牛是主要传染源。通过吸血昆虫传播,以夏秋季节(6~10月)吸血昆虫最活跃时多发,冬季一般不发病。本病传播迅速,发病率高,死亡率低,一般死亡率在1%以下。本病呈良性经过,一般病牛2~3天恢复正常,俗称“三日热”。本病在《中华人民共和国动物防疫法》中被列为三类传染病。

(三)症状

(1)病初体温升高(40~42℃),2~3天后降至常温,病牛精神沉郁,食欲减退或废绝。

(2)病牛寒颤,流泪,结膜充血,呼吸急促(每分钟70次以上)。

(3)病牛大便干燥,下痢,尿少且混浊。

(4)病牛四肢关节肿痛,跛行或卧地不起。

(5)孕牛可发生流产、死胎,泌乳牛泌乳量减少或停止。

(四)剖检病变

间质性肺气肿为特征性病变,也可见到肝、肾肿大,有小坏死灶。肺充血、水肿，淋巴结肿大、充血或出血。

（五）诊断

根据流行季节以及发病率高、死亡率低，短时高热、呼吸急促、间质性肺气肿等症状可作出初步诊断。实验室诊断可采发热期病牛血液，用琼脂扩散试验判定为阳性者确诊。

（六）防治措施

1.预防措施

（1）加强牛舍、牛体卫生管理，牛舍每天清扫、冲洗，牛体经常刷拭。

（2）夏、秋季节注意杀灭血吸昆虫，消灭传播媒介。

（3）如附近有病牛，应将健康牛与其隔离，切不可混饲。

2.治疗

本病无特效药物，主要采取对症治疗。

（1）解热镇痛。用30%安乃近注射液肌肉注射，每次10～20毫米，每日2次。

（2）兴奋呼吸。用尼可刹米注射液肌肉注射，每次10～20毫米，每日2次。

（3）强心利尿，消除肺水肿。用甘露醇注射液500～1 000毫米、10%安钠咖注射液10～20毫米、葡萄糖氯化钠注射液1 500～3 000毫升静脉输液，每日1次。

三、牛病毒性腹泻

牛病毒性腹泻又叫黏膜病，是由牛病毒性腹泻病毒引起的一种传染病，以发热、腹泻和消化管黏膜糜烂为特征。

（一）病原特征

牛病毒性腹泻病毒是一种含核糖核酸囊膜的病毒，为圆形颗粒，能在胎牛皮肤、肌肉细胞或牛肾细胞中生长繁殖。牛感染该病毒后，可获得长期免疫（13～22个月）。

（二）流行特点

各种年龄的牛均可发病，但以犊牛发病较多。本病有明显的季节性，以寒冷的冬春季节多发。病牛是主要传染源，病牛的分泌物、排泄物中含有病毒，通过直接接触或间接接触传播。本病在《中华人民共和国动物防疫法》中被列为三类传染病。

（三）症状

（1）自然感染潜伏期为7～14天，病初体温升高（40～42℃），精神沉郁，食欲减退或废绝。2～3天内可能有口腔黏膜糜烂、流涎、口臭。

(2)腹泻是本病的主要特征。病初粪便稀薄如水、恶臭，以后逐渐黏稠呈糊状，混有黏液和气泡。

(3)流浆液性鼻液，咳嗽，呼吸急促，中后期鼻镜干裂，表皮脱落。

(4)后期跛行，拱背，多卧少立，食欲正常，渐进性消瘦。

(5)孕牛发生流产，泌乳牛乳量减少或停止。

(6)两眼流泪，角膜混浊。

(四)剖检病变

消化管黏膜充血、出血、水肿、糜烂。特征性病变为食管黏膜有纵行排列的小糜烂斑。消化管淋巴结水肿。

(五)诊断

根据发病季节、腹泻和剖检病变作出初步诊断。实验室诊断采用血清中和试验和病毒分离确诊。

(六)防治措施

本病尚无特效治疗方法，主要采取预防措施。

(1)加强饲养管理，增强机体抵抗力。

(2)定期对圈舍消毒，消灭病原，减少感染机会。

(3)按计划进行免疫接种，增强机体免疫力。

(4)对尸体和病畜分泌物、排泄物、污染物进行无害化处理，消灭传染源和病原。

四、布氏杆菌病

布氏杆菌病是由布氏杆菌引起的一种人畜共患慢性传染病，以孕母畜流产、不育、乳房炎和公畜睾丸炎、关节炎为发病特征。

(一)病原特征

布氏杆菌为小球杆菌，革兰氏染色阴性。感染家畜的布氏杆菌，分牛、羊、绵羊、猪、犬共5型，分别对相应的动物毒力强。其中，羊型布氏杆菌对人的致病力最强。布氏杆菌能形成荚膜，不产生芽孢，不运动。布氏杆菌对高温、直射日光、腐败、发酵抵抗力弱，若用巴氏消毒法，10～15分钟内死亡，用一般消毒剂15分钟死亡。布氏杆菌对卡那霉素、庆大霉素和氯霉素敏感。

(二)流行特点

布氏杆菌的最易感动物为牛、羊、猪，人也最易感染。病畜和带菌动物为主要传染源。病原存在于病畜和带菌动物的分泌物和排泄物中。流产母畜的排出物中含有大量病原，是最重要的传染源。布氏杆菌主要经消化道感染，也可经生殖道、皮肤和黏膜感染。本病无明显的季节性。幼畜有一定的抵抗力。母畜较公畜易感。本病在《中华人民共和国动物防疫法》中被列为二类传染病。

（三）症状

本病的临床症状不明显，常为隐性经过。潜伏期 6～30 天，平均为 14 天。发病时的主要表现为：

(1)孕畜流产，牛常发生在孕后 5～7 个月，羊发生在孕后 3～4 个月。

(2)流产前孕畜的阴唇、阴道黏膜潮红肿胀，流出淡黄色黏液。

(3)流产前母畜腹痛不安，产出死胎或弱胎，常伴有胎衣不下。

(4)乳房炎轻重不一，轻则乳糖含量减少，重则乳房硬肿，乳汁变质，甚至失去泌乳能力。

(5)公畜主要的表现为睾丸炎，后肢关节肿胀，跛行或卧地不起。

（四）剖检病变

主要是流产胎儿和胎衣的病变。胎儿皮下、肌肉结缔组织胶样浸润，胸膜腔有微红色积液；真胃中有黄白色黏液和絮状物；脐带浆液性浸润，肥厚；胎衣有出血点，附着有纤维蛋白絮片和脓汁。

（五）诊断

根据流行特点和发病症状可作出初步诊断，确诊可采取流产物作病原检查，也可采用血清凝集试验，判定为阳性者即可确诊。

（六）防治措施

1. 预防

(1)养牛场、养羊场实行自繁自养，实行人工授精，培育无病幼畜和健康畜群。

(2)应从非疫区引进牛、羊。新购入的牛羊隔离观察 2 个月以上，并进行检疫，确认无病时才能合群饲养，防止引入传染源。

(3)对健康畜群要定期检疫，每年检疫 1～2 次。

(4)对畜舍、用具进行定期消毒，用 2%～3%来苏儿、10%石灰乳、0.3%络合碘、0.2%百毒杀喷雾消毒。

(5)对病畜的排泄物、污染物、流产胎儿作无害化处理。

(6)定期免疫接种疫苗，提高畜体免疫力。牛、绵羊和山羊均可用布氏杆菌猪型 2 号弱毒活菌苗及布氏杆菌羊型 5 号弱毒活菌苗饮水、皮下注射和气雾免疫。这两种疫苗对牛的免疫期分别为 1 年和 2 年，对绵羊和山羊的免疫期分别为 1.5

年和2年。剂量按菌苗说明书规定执行。

2.治疗

(1)用0.1%高锰酸钾溶液或0.2%呋喃西林溶液冲洗阴道,每天2次,至无分泌物为止。

(2)用对革兰氏阴性菌敏感的抗生素治疗,可选用卡那霉素、氯霉素肌肉注射,每天2次,牛每次300万~500万国际单位,连续7天为一个疗程。

(3)用中药益母草散治疗,即益母草30克,黄芩20克,川芎、当归、熟地、白术、二花、连翘、白芍各20克,共为细末,开水冲,候温灌服。

五、结核病

结核病是由结核杆菌引起的人畜共患慢性传染病,以渐进消瘦、在组织器官内形成结核结节和干酪样坏死病灶为特征。

(一)病原特征

结核杆菌分为牛型、禽型和人型3类,为分支杆菌、革兰氏染色阳性。结核杆菌对外界环境的抵抗力强,在水中能存活5个月,在土壤中能存活10个月,在干燥的痰中能存活10个月。结核杆菌较能耐受一般消毒剂,在5%来苏儿和石炭酸中能存活24小时,4%甲醛中能存活12小时;对高温、紫外线、日光和酒精较敏感,在65℃时30分钟死亡,70%酒精2分钟可杀死痰中的结核杆菌。结核杆菌对一般抗菌药不敏感,但对链霉素、卡那霉素、庆大霉素、异烟肼、利福平、对氨基水杨酸等药物敏感。

(二)流行特点

结核杆菌的易感动物为牛、猪和禽,以牛最易感,多见于乳牛,黄牛、水牛次之。病畜是主要传染源,特别是开放性结核病畜是最重要的传染源。病原存在于痰、分泌物和排泄物中,通过飞沫和用具传播,经呼吸道、消化道感染。结核病夏秋季节多发,呈慢性经过,在《中华人民共和国动物防疫法》中被列为二类传染病。

(三)症状

(1)潜伏期10~45天,长的可达数月。病畜渐进性消瘦,精神沉郁,行走无力。

(2)肺结核:短干咳嗽、呼吸困难,常流黏液脓性鼻液,肺部听诊有啰音,严重时有摩擦音,体表淋巴结肿大,无热无痛。

(3)肠结核:便秘、腹泻交替出现,食欲减退,迅速消瘦。

(4)乳房结核:在乳房中形成肿块和结节,无热痛。泌乳量减少或停止。

(5)淋巴结核:淋巴结肿大,硬而凹凸不平。

(6)生殖器官结核:性欲亢进,母畜常出现假发情、屡配不孕或孕后流产。

(四)剖检病变

被侵害部位形成结核结节是本病的特征性病变。结节切片中心有干酪样坏死。胸腹腔浆膜结核时,在浆膜上形成密集的“珍珠状”小结节。

(五)诊断

(1)根据渐进性消瘦、咳嗽和肺部听诊啰音,体表淋巴结肿大,剖检发现结核性结节等现象可确诊。

(2)结核菌素变态反应试验是最准确的诊断方法,可对病畜、疑似病畜、隐性病畜确诊。

(六)防治措施

1. 预防

(1)加强饲养管理,培养健康畜群,提高机体抵抗力。

(2)定期检疫,每年1～2次。对检出的阳性病牛隔离治疗或淘汰处理。购买新牛时,要先进行检疫。

(3)对开放性病牛进行扑杀,对病牛圈舍、用具和污染物、病变组织、粪便进行无害化处理。

(4)受威胁的犊牛可试用卡介苗预防接种,在出生1个月后胸垂皮下注射(菌量50～100毫克),20天后产生免疫力,免疫期12～18个月,以后每年免疫接种1次。

2. 治疗

用链霉素500万国际单位肌肉注射,每天2次,连续治疗3个月;或用卡那霉素、异烟肼等敏感药物治疗。

六、牛放线菌病

牛放线菌病是由放线菌引起的家畜共患慢性传染病,以头、颈、颌下发生硬肿和化脓为特征。

(一)病原特征

放线菌分为牛放线菌和林氏放线菌。牛放线菌侵害骨组织,林氏放线菌侵害头颈、皮肤、舌等软组织。放线菌对外界环境的抵抗力很强,在干燥环境中能存活6年,对热较敏感,75～80℃时5分钟死亡;0.1%升汞溶液中5分钟死亡。

(二)流行特点

牛对放线菌最易感,尤其是换牙时期发病多。放线菌存活于土壤、水和草的芒刺上，当牛的口腔黏膜损伤时经创口感染。本病为散发。

(三)症状

(1)在颈部、腮后和下颌骨部发生界限明显的硬肿，很难活动。初有疼痛，后期无痛。硬肿化脓后破溃，流出少量脓汁，脓汁中有黄色或黄褐色的颗粒样物，称硫黄样颗粒。常常形成瘘管，经久不愈。

(2)舌部发病时，舌体变硬，活动困难，常影响采食吞咽，俗称“木舌症”。口腔流涎，间断咳嗽。

(四)诊断

(1)根据临床症状即可作出诊断。

(2)实验室诊断：在临床症状不明显时，可采患部脓汁，经水洗后，取硫黄样颗粒放在载玻片上，滴加1滴15%氢氧化钾溶液，盖上盖玻片，稍加压，置显微镜下观察。若发现特征性辐射状菌丝，即可确诊。

(五)防治措施

1.预防

(1)避免在潮湿地区放牧。喂草前先把草浸饮，防止饲草刺伤口腔黏膜。

(2)口腔黏膜损伤后应及时治疗，促进早愈，减少放线菌感染的机会。

2.治疗

(1)手术疗法：切开皮肤，分离病灶，将病灶切除后按创伤处理。

(2)药物疗法。用青霉素、庆大霉素、碘化钾溶液注射于患部。每日1～2次，5天为1疗程；或用碘化钾内服，成牛每次4～6克，犊牛每次1～2克，每日两次，连用4～5天。

(3)烧烙疗法。用球形烧烙器在火上烧红，在保定确实的情况下进行烧烙。首先在硬肿中心处烧烙一个点，然后在第一点周围烧烙4～6个点。以皮肤烧黄为度，烧烙一次即可。

七、羊产气荚膜梭菌病

羊产气荚膜梭菌病是由产气荚膜梭菌(也称魏氏梭菌)引起的一类急性致死性传染病，以突然发病、腹痛和迅速死亡为特征。此类疾病包括羔羊痢疾、羊肠毒血症、羊猝疽。还有人把羊快疫、羊黑疫也纳入此类传染病，它们的临床症状与产气荚膜梭菌病相似，但病原不同。

(一)病原特征

产气荚膜梭菌为厌氧性粗大杆菌，革兰氏染色阳性。产气荚膜梭菌分为A、B、

C、D、E、F 共 6 型，其中 B 型引起羔羊痢疾，D 型是羊肠毒血症的主要致病菌，C 型引起羊猝疽。本菌对消毒药比较敏感，一般消毒药均能杀死繁殖体，但芽孢的抵抗力较强，在 95℃时，2.5 小时方可杀死。本菌以外毒素致病。

（二）流行特点

绵羊对产气荚膜梭菌最易感，山羊发病较少。本菌广泛存在于土壤、污水、粪便、饲料和饲草中，有些羊平常胃肠中就有产气荚膜梭菌存在，成为条件致病菌。羔羊以 1～3 月份寒冷季节，7 日龄内，2～3 日龄羔羊多发。羊肠毒血症主要侵害 2 岁以下的幼羊，有明显的季节性，以春末夏初或秋末冬初发病较多。羊猝疽主要侵害 1～2 岁的幼羊，以冬春季多发。本病在《中华人民共和国动物防疫法》中被列为二类传染病。

（三）症状

1. 羔羊痢疾

（1）精神沉郁，低头弓背，不愿吃奶。

（2）严重腹泻，有的粪如糊状，有的为水样，恶臭。粪便中含有气泡、黏液和血液，后期肛门失禁。

（3）病羔逐渐虚弱，脱水，卧地不起，1～2 天内死亡。

（4）部分病羔有神经症状，四肢瘫软，口吐白沫，头向后仰。

（5）剖检病变组织，真胃内有未消化的凝乳块；小肠（特别是回肠）充血、出血、溃疡，溃疡周围有出血带环绕；肠腔内容物呈血样；实质器官肿大变性。

2. 羊肠毒血症

（1）表现为突然发病。病羊离群呆立，精神沉郁，食欲废绝，腹痛不安。

（2）部分病羊腹泻，粪便如水样，呈褐色或暗绿色。

（3）死前出现神经症状，全身肌肉颤抖，磨牙呻吟，卧地不起，四肢抽搐，头向后仰，口吐白沫，在几小时或十几小时内死亡。

（4）剖检病变组织，肠黏膜充血、出血，整个肠壁呈黑红色。肾软化如泥样。

3. 羊猝疽

（1）临床症状类似羊肠毒血症。

（2）剖检病变十二指肠，空肠黏膜有糜烂和溃疡，体腔积液。

（四）诊断

1. 初步诊断

根据临床症状和流行特点可作出初步诊断。

2.细菌学检查

(1)病料直接涂片法。肝脏被膜触片、染色、镜检，发现产气荚膜梭菌即可确诊。

(2)毒素检查法。采肠内容物过滤，取滤清液给小白鼠或兔静脉注射(小白鼠0.2毫升，兔2～4毫升)0.5～1小时后，呈昏迷状态，呼吸加快。如果毒素含量高，则10分钟内死亡。如果毒素含量低，1小时后可恢复。有反应者为阳性，无反应者为阴性。

3.中和试验

可确定菌型。以灭菌试管4支，每支试管装入对兔(小白鼠)2倍致死量的肠内容物滤清液，再给前3支试管加入等量的B、C、D型标准抗毒素血清，第4支试管不加抗毒素血清，只加入生理盐水作对照。将4支试管同时置37℃恒温箱中，40分钟后，再给兔(小白鼠)注射，每支试管注射2只，观察死亡情况，判定结果。

4.鉴别诊断

产气荚膜梭菌病易与炭疽、巴氏杆菌病和大肠杆菌病相混淆，故需作鉴别诊断。

(1)炭疽：除羊发病外，牛、马也发病，且体温升高，可视黏膜发绀，尸僵不全，天然孔出血，脾肿大，细菌学检查可发现炭疽杆菌。

(2)巴氏杆菌：体温升高，后期有肺炎症状，皮下组织出血性胶样浸润，细菌学检查发现巴氏杆菌。

(3)大肠杆菌：肾不软化，肠内容物接种家兔不死亡，采取病变组织作细菌学检查，能发现大肠杆菌。

(五)防治措施

1.预防

(1)加强饲养管理，提高羊只抵抗力。

(2)一旦有羊发病，立即转移草场，到高燥地区放牧。

(3)对舍饲羊群要搞好圈舍卫生，定期消毒。特别要做好产羔前后和接羔过程中的消毒工作，注意防寒保暖，让羔羊吃足初乳。

(4)每年秋季给羊免疫接种“羊梭菌病多联干粉灭活疫苗”，每只羊肌肉注射1毫升，免疫期为6～9个月。

2.治疗

(1)注射高免血清对本病有良好的疗效。

(2)肌肉注射青霉素、庆大霉素。成年羊每只每次注射青霉素160万～240万国际单位，羔羊为80万～160万国际单位。庆大霉素每次10万～20万国际单位，一日2次。

(3)口服磺胺脒(SG),首次量 0.28 克/千克体重,维持量 0.11 克/千克体重,每天 2 次,内服。同时内服活性炭以吸附毒素。

(4)内服 10%石灰水,每只成羊 100～150 毫米。

八、羊痘

羊痘是由痘病病毒引起的一种急性、热性、接触性传染病,以皮肤和黏膜发生脓疱和痂皮为特征。

(一)病原特征

痘病病毒对外界环境的抵抗力不强,高温,一般消毒剂都能很快将其杀死。痂皮中的病毒抵抗力较强,在痂皮中能存活 6～8 周。

(二)流行特点

痘病以绵羊易感,特别是细毛羊最易感。羔羊较成年羊易感性高。痘病对绵羊的危害性最大,常以败血症死亡。病羊是主要传染源,通过痂皮、脓汁和痘疱液传播。痘病主要通过呼吸道或损伤的皮肤和消化道感染,也可通过吸血昆虫、体外寄生虫感染。在《中华人民共和国动物防疫法》中,羊痘被列入二类传染病。

(三)症状

(1)潜伏期通常为 6～8 天,冬季较长。病初体温升高(41～42℃),精神沉郁,低头呆立;食欲减退或废绝;呼吸迫促,心跳加快。

(2)咳嗽、寒颤,两鼻孔有黏液脓性鼻液。

(3)眼睑肿胀,结膜潮红或充血。

(4)发病 1～2 天后,眼周围、唇、鼻翼、阴门、乳房、尾腹面、腿内侧等毛少处相继发生红疹、丘疹和水泡。水泡表面中央凹陷,以后水泡液变为脓汁,形成小脓疱,最后结痂,痂皮脱落后留下斑痕。

(5)严重时可继发肺炎、胃肠炎和败血症而死亡。

(四)诊断

根据临床症状可作出诊断。

(五)防治措施

1. 预防

(1)加强饲养管理,增强羊只机体抵抗力。

(2)发病后将健康羊分开,隔离饲养。病羊留原处积极治疗。圈舍、用具彻底消毒,粪便、垫草作无害化处理。

(3)对假定健康羊和受威胁的羊用羊痘鸡胚化弱毒疫苗紧急免疫接种。

(4)定期免疫接种,每年1次,在初春进行。用羊痘鸡胚化弱毒疫苗,不论大小,一律股内侧皮内注射0.2毫米。

2.治疗

无特效疗法,可对症治疗,应特别注意继发感染。对痘泡、痘痂可涂擦碘酊。用0.1%麝香酒精皮下注射,可获得一定治疗效果,每只羊皮下注射5～10毫米。

九、炭疽

炭疽是由炭疽杆菌引起的人畜共患的急性、热性、败血性传染病。其以突然高热、呼吸困难,可视黏膜发绀,天然孔出血,血凝不良,尸体迅速腐败,皮下、浆膜下组织出血性胶样浸润和脾肿大为特征。

(一)病原特征

炭疽杆菌为竹节状的大杆菌,革兰氏染色阳性,在体内能形成荚膜,在外界环境中能形成芽孢。炭疽杆菌的繁殖体对外界环境的抵抗力不强,一般消毒药即可杀死,煮沸即死。芽孢的抵抗力很强,高压灭菌121℃下10分钟才能杀死。炭疽杆菌在土壤中能存活10年,对青霉素和磺胺类药物敏感。

(二)流行特点

炭疽的易感动物为牛、羊、马、鹿、水牛、骆驼、猪和人。病畜是主要的传染源。病原存在于病畜的分泌物、排泄物和组织器官中,经消化道、呼吸道和创伤感染。吸血昆虫也可以成为传染媒介。本病多呈散发,也可呈地方性流行,在夏秋多雨季节多发。在《中华人民共和国动物防疫法》中,炭疽被列为二类传染病。

(三)症状

本病的潜伏期平均为1～5天,有的可达14天。根据病程和临床表现分为最急性型、急性型和亚急性型三型。

1.最急性型

(1)突然发病,倒地不起,呼吸困难,黏膜发绀。

(2)天然孔出血,流出的血液不凝固,呈酱油色。病程几分钟到几小时。

2.急性型

(1)体温升高(40～42℃),稽留不降,精神沉郁,呼吸困难,黏膜发绀,瞳孔散大,口、鼻、二阴等天然孔出血。

(2)病牛兴奋不安,惊恐哞叫,乱冲乱撞,1～2天即死亡。

(3)病羊突然眩晕,摇摆,磨牙,全身痉挛,天然孔出血,于数分钟内死亡。病程稍长者表现为不安、战栗、心悸，严重时呼吸困难，天然孔出血，在数小时内死亡。

3. 亚急性型

(1)症状似急性病，病程较长，一般为 2～3 天。

(2)病畜阴囊、腹下、胸下及颈肩部发生局限性炎性肿胀。初期硬，有热痛，后期无热痛，按压呈生面团状。后期肿胀中央坏死，形成干褐色溃疡，称“炭疽痈”。

(四)剖检病变

本病国家规定不准剖检，在有条件的实验室里可以剖检。主要的病理变化为：

(1)尸体迅速腐败，天然孔出血，血凝不良，呈煤焦油样；

(2)皮下和结缔组织出血性胶样浸润；

(3)脾肿大至正常的 2～5 倍，质地柔软，压迫似果酱状；

(4)各内脏器官广泛充血、出血，水肿。

(五)诊断

(1)根据临床症状和流行特点，可以作出初步诊断。

(2)在严格消毒的条件下，可以耳部采血涂片镜检，发现炭疽杆菌即可以确诊。

(3)用炭疽沉淀反应试验判定为阳性的，可以确诊。

(六)防治措施

1. 预防

(1)定期免疫接种，用无毒炭疽芽孢菌苗或炭疽芽孢Ⅱ号菌苗皮下注射。无毒炭疽芽孢菌苗不能用于山羊，1 岁以上的大家畜和绵羊每头 0.5 毫米，1 岁以上的大家畜每头 1 毫升。若用炭疽芽孢Ⅱ号菌苗，所有家畜不论大小，一律每头 1 毫升。免疫期 1 年以上。

(2)发现疫情立即上报，封锁疫区，尽快扑灭疫情。

(3)病死尸体进行深埋或火化处理，不准剥皮吃肉，以防止疫情扩散。

(4)对病畜污染的环境、用具、粪便、垫草、饲料彻底消毒，作无害化处理。消毒用 20％漂白粉或 10％烧碱溶液喷洒。连续消毒 3 次，间隔 1 小时，以后每周再消毒 1 次。

(5)对疫点内所有的家畜进行检疫，并进行紧急免疫接种。

(6)加强人员防护。

2. 治疗

(1)对病畜用青霉素或磺胺类药物进行治疗。若用青霉素，则小家畜每头 160 万单位，大家畜 320 万国际单位，肌肉注射；若用 10％磺胺嘧啶，则小家畜 20～40 毫升，大家畜 50～100 毫升肌肉注射，每天 4 次，连用 3～5 天。

(2)抗炭疽血清皮下注射,羊每只 30～60 毫升,牛每头 100～300 毫升,12 小时后再注射 1 次。

十、破伤风

破伤风是由破伤风梭菌引起的急性、中毒性人畜共患传染病,以全身肌肉强直性收缩和对刺激反应性增强为特征。

(一)病原特征

破伤风梭菌为严格厌氧菌,革兰氏染色阳性。本菌能形成芽孢,芽孢的抵抗力很强,在土壤中能存活数十年。本菌通过产生强烈的痉挛毒素对动物致病。

(二)流行特点

各种家畜对破伤风梭菌均敏感。病原广泛存在于土壤和粪便中,经创伤感染。破伤风梭菌不进入血液,在缺氧的创腔内繁殖,产生的外毒素进入血液,侵害中枢神经而引起发病。破伤风病为散发,无明显的季节性,家畜不分年龄、品种和性别均易感染。

(三)症状

(1)全身肌肉强直性收缩,四肢僵硬、开张,行走强拘,如木马状,开口困难,两耳竖立,尾向上举,头颈伸直,肚腹蜷缩,后退困难。

(2)病畜一般食欲正常,采食和咽下困难,常常发生持续性瘤胃鼓气。

(3)对外界刺激反应性增强,稍有刺激即发生强烈反应,惊恐不安。

(4)体温一般正常,死前体温升高(可达 42℃),喘气。病程超过 2 周者,治愈希望较大。以 7～10 天死亡最多。

(四)诊断

根据临床症状可以确诊。

(五)防治措施

1. 预防

(1)在常发病地区,每年定期进行破伤风类毒素免疫接种,牛羊每头 1 毫米,皮下注射,幼畜减半,可免疫 1 年;第二年再注射 1 次,可免疫 4 年。

(2)防止外伤。仔畜断脐或成畜伤口应及时用碘酊消毒,或受伤后立即用破伤风抗毒素皮下或肌肉注射,可使家畜立即产生被动免疫。注射剂量为羊和犊牛 1 万～2 万国际单位,成年牛 2 万～4 万国际单位。

2.治疗

(1)中和毒素。发病后用破伤风抗毒素皮下、肌肉或静脉注射,为本病的特异性疗法。首次30万~40万国际单位,总量60万~100万国际单位。

(2)处理创伤。及时扩创、清创,使创腔与外界畅通。扩创后,用1%高锰酸钾溶液或双氧水冲洗,或烧烙创腔。

(3)局部封闭。创腔周围分点注射,用青霉素240万~400万国际单位,0.5%普鲁卡因溶液100~150毫升,一天2次,连用5~7天。

(4)对症治疗。①解痉镇静:用25%硫酸镁注射液加入糖盐水中静脉注射,或用氯丙嗪、安定肌肉注射。②解除酸中毒:用5%碳酸氢钠注射液静脉注射,羊500~1 000毫升,牛1 000~2 000毫升。③便秘时用泻药缓泻,排尿障碍时用利尿药利尿。

(5)中药治疗。①天麻散加减:天麻30克,黑附子20克,天南星20克,乌蛇30克,羌活30克,防风20克,荆芥20克,川芎30克,薄荷30克,半夏20克,煎汁灌服(牛)。②甘草蝉蜕汤:甘草250克,蝉蜕60~90克,防风30克,荆芥30克,勾藤75~90克,木通30克,大黄60克,黄芪45克,川芎30克煎服,每日1剂,连用3天(牛)。

(6)加强护理。保持环境清洁、安静,避免光线和其他刺激,防止摔倒,后期适当牵遛运动。给予充足饮水和易消化饲料,让其自由采食,不能采食者给予人工营养。

第三节　牛羊常见寄生虫病的防治

一、伊氏锥虫病

(一)本病特征

伊氏锥虫病是由伊氏锥虫寄生在牛的血浆内引起的一种血液原虫病,以间歇发热、消瘦、贫血、黄疸、黏膜出血、心力衰退、浮肿和后驱麻痹为特征。

(二)病原特征

伊氏锥虫的虫体细长,呈卷曲的柳叶状或弓形,前端尖细,后端粗钝,波动膜发达,游离鞭毛长达6微米。姬姆萨染色细胞核和动基体呈深红紫色,鞭毛呈红色或棕黄色,波动膜呈粉红色,原生质呈淡天蓝色。

(三)生活史与流行特点

1.生活史

伊氏锥虫寄生虫在宿主的血浆和造血器官内以纵分裂方式繁殖。

2.流行特点

伊氏锥虫病的传染源是病畜和带虫者，吸血昆虫——虻和厩蝇是传播媒介。易感动物的顺序为：马、骡、驴、骆驼、牛、水牛。牛感染后多能耐过急性期，转为慢性经过，无明显症状，或成为带虫者。本病多在夏、秋季节吸血昆虫活跃时流行。

(四)致病作用与症状

1.致病作用

主要由锥虫毒素损害宿主的血液、肝和神经系统，使红细胞溶解，引起肝功能障碍和神经机能障碍。

2.症状

(1)间歇性发热(40℃以上)，精神沉郁，食欲减退，呼吸增数，心跳加快。

(2)羞明流泪，结膜充血，黄疸、贫血、消瘦，体表淋巴结肿大。

(3)腹下、胸前、下颌间隙、面部(眼睑)和四肢肿大。

(4)后期后躯麻痹，卧地不起，耳尖、尾尖脱落。

(五)诊断

1.初步诊断

根据流行特点和临床症状可作出初步诊断。

2.实验室诊断

(1)病原检查：采血、涂片、姬姆萨染色、镜检，发现虫体即可确诊。

(2)血清学检查：采用间接凝集试验，判定为阳性者，即可确诊。

(3)动物接种试验：采病畜血液接种于小白鼠，3 天出现症状，5 天死亡，可判定为阳性。

(六)防治措施

1.预防

(1)加强饲养管理，增强机体抵抗力、避免与病畜接触。

(2)注意环境卫生，减少虻、蝇滋生，定期捕杀虻、蝇等吸血昆虫。

(3)药物预防。用 20%安锥赛预防盐注射液皮下注射颈侧中央，体重 150 千克以下的，5 毫升/头；体重 150～200 千克的，10 毫升/头；体重 200～350 千克的，15 毫升/头；体重 350 千克以上的，15 毫升/头。一次有效期 3～5 个月。

2.治疗

(1)阿维菌素或伊维菌素肌肉注射，牛 1 毫升/50 千克体重。

(2)贝尼尔肌肉注射，牛 3～5 毫克/千克体重。用灭菌蒸馏水配成 5%溶液，一次臀部肌肉注射，隔日 1 次，3 次为一疗程。

(3)萘磺苯酰脲静脉注射，牛 12 毫克/千克体重。用灭菌蒸馏水配成 10%溶液，一次静脉注射(极量 3～5 克/头)。1 周后重复用药 1 次。

(4)安锥赛静脉注射，牛 3～4 毫克/千克体重。用生理盐水配成 10%溶液一次静脉注射。

二、牛泰勒焦虫病

(一)本病特征

牛、羊泰勒焦虫病的症状与防治措施相似。牛泰勒焦虫病是由牛泰勒焦虫寄生于牛的红细胞和网状内皮细胞引起的一种原虫病。以高热稽留、体表淋巴结显著肿大、眼睑结膜有溢血斑以及贫血黄疸为特征。

(二)病原特征

牛泰勒焦虫的形态有环形、逗点形、椭圆形、杆状、圆形和十字形等多种形态，以裂殖方式繁殖。姬姆萨染色原生质呈淡蓝色，染色质呈红色。

(三)生活史与流行特点

1. 生活史

侵入红细胞的牛泰勒焦虫被蜱吸食后，红细胞在蜱胃里被溶化，释放出大小配子；大小配子结合成合子，合子再形成动合子，进入蜱的消化管，再移入唾液腺，形成多核孢子和子孢子，生存在唾液腺管中。在蜱吸食牛的血液时，孢子接种到牛体内，在牛体内发育繁殖。

2. 流行特点

牛泰勒焦虫病的传染源是病牛和带虫者，传播媒介是璃眼蜱(中间宿主)。本病主要在夏、秋季节舍饲条件下流行，以 6～7 月发病率最高。1～3 岁的牛发病较多，种牛、改良牛和外地牛发病率高。

(四)致病作用与症状

1. 致病作用

牛泰勒焦虫主要以虫体在红细胞内大量繁殖破坏红细胞，虫体毒素侵害造血机能和神经机能。

2. 症状

(1)突然发病，体温升高(40～42℃)，稽留不下；精神沉郁，呆立不动。

(2)食欲减退，肠蠕动减弱，反刍停止，便秘或腹泻，粪便恶臭，常带黏液和血液。

(3)呼吸和心跳增数，呼吸粗厉，可视黏膜发绀。

(4)消瘦、贫血、黄疸,尿液淡黄色或深黄色。体表淋巴结(颌下、肩前及膝襞淋巴结)显著肿大,并有痛感。眼睑、口腔、肛门黏膜及尾根下有粟粒大、扁豆大深红色溢血斑点。病程10天左右。

(五)诊断

(1)根据流行特点和症状可作出初步诊断。

(2)实验室诊断:采血、涂片、姬姆萨染色后镜检,发现虫体即可确诊。

(六)防治措施

1. 预防

(1)搞好畜舍卫生,定期消毒及灭蜱。

(2)牛体灭蜱。经常检查牛体,发现蜱叮咬应及时除去处死蜱。

(3)不在有蜱滋生的草地放牧,避免被蜱侵袭。

(4)引进种牛时,避开蜱活动季节,并应对牛体仔细检查,不要把蜱带回本场。

2. 治疗

(1)贝尼尔肌肉或静脉注射,7～10毫克/千克体重。

(2)硫酸喹啉脲皮下或肌肉注射,1毫克/千克体重。

(3)阿维菌素或伊维菌素,牛、羊1毫升/50千克体重。

三、肝片吸虫病

(一)本病特征

肝片吸虫病是由肝片吸虫寄生于牛、羊的胆管中引起的一种寄生虫病,以肝炎、肝硬化、胆管炎、消化紊乱、消瘦为特征。

(二)病原特征

肝片吸虫的成虫呈榆叶状,虫体扁平,新鲜虫呈棕红色,长20～35毫米,宽5～13毫米。虫体前端有一个锥状突起,称头椎。头椎后方变宽,形成肩部,肩部后逐渐变窄。虫体有两个吸盘,一个叫口吸盘,位于头椎前端;一个叫腹吸盘,位于两肩之间。腹吸盘大于口吸盘。雌雄同体。

肝片吸虫的虫卵呈卵圆形,黄褐色或棕黄色。卵的前端稍窄,有一个不明显的卵盖。

(三)生活史与流行特点

1. 生活史

肝片吸虫的成虫寄生于宿主的胆管内,虫卵随胆汁排入小肠,继而随粪便排出体外，在外界环境中发育成毛蚴。毛蚴在水中进入中间宿主椎实螺体内，在椎实螺体内发育成尾蚴，尾蚴出螺体，附着于水草上发育成囊蚴。当囊蚴被牛羊食入后，在消化管脱囊，透过肠壁进入血液，或穿过肠壁进入肝，或随血液循环到达胆管内，在胆管内发育成成虫。成虫寿命3～5年。

2.流行特点

病畜和带虫者是主要传染源，椎实螺是中间宿主，主要感染牛羊。肝片吸虫病多在潮湿多雨季节发病，多发于沼泽地。

(四)致病作用与症状

1.致病作用

幼虫在移行过程中，损伤肠壁及肝，引起肠炎、肝炎和出血。成虫对胆管有持续性刺激和毒素作用，并夺取宿主营养，引起胆管炎、贫血、消瘦和水肿。虫体堵塞胆管，引起黄疸。

2.症状

(1)急性期：体温升高，精神沉郁，食欲减退，贫血，黄疸。羊多为此型。

(2)慢性期：贫血，消瘦，结膜苍白，眼睑、颌下、胸前、腹下等处出现水肿，食欲减退或异嗜，周期性瘤胃鼓气，腹泻。牛多为此型。

(3)剖检病变：肝实质萎缩、硬变；胆管粗厚如索状，突出于肝表面；胆管内壁粗糙，内含虫体和粒体状磷酸盐结石。

(五)诊断

(1)根据流行特点与症状可作出初步诊断。

(2)剖检在胆管发现虫体即可确诊。

(3)实验室诊断：采取粪便反复水洗、沉淀的方法查出卵，可以确诊。

(六)防治措施

(1)预防性驱虫。每年进行2次驱虫，第一次在秋末冬初或由放牧转入舍饲之后，第二次在冬末春初。每次驱虫要集中处理粪便，用生物热消毒法杀死虫卵。

(2)消灭中间宿主。填平或改造水渠和低洼地，用化学药品灭螺。可喷洒血防67，配制浓度为每吨水2.5克；或喷洒0.002%硫酸铜灭螺。

(3)注意饮水和饲草卫生。不到椎实螺滋生地放牧，给牛羊饮用清洁井水，水生饲草经青贮后再喂牛羊。

(七)治疗

(1)贝尼尔：羊10～15毫克/千克体重，牛12.5毫克/千克体重，内服。

(2)吡喹酮：牛、羊5毫克/千克体重，内服。

(3)硝氯粉:牛 3～4 毫克/千克体重,羊 4～5 毫克/ 千克体重,内服。

四、绦虫病

(一)本病特征

绦虫病是由绦虫寄生于畜禽消化管而引起的一种寄生虫病,以衰弱、消瘦、贫血和神经机能紊乱为特征。

(二)病原特征

绦虫虫体呈扁平带状,长 1～6 米,宽 16 毫米,由无数节片组成。绦虫呈白色或乳白色,雌雄同体。绦虫节片可分为头节、颈节和体节三部分。头节细小,呈球形或梭形,其上有固着器,可固着在肠壁上;颈节细短;体节又可分为未成熟节片、成熟节片和孕卵节片三部分。绦虫不断从颈节长出新节片,孕卵节片不断脱落。卵呈三角形、四边形或卵圆形,内含六钩蚴。

(三)生活史与流行特点

1. 生活史

孕卵节片随粪便排出体外,卵在外界环境中发育成幼虫,被中间宿主地螨吞食。六钩蚴在中间宿主体内发育成似囊尾蚴,污染饲草。牛、羊食入带有似囊尾蚴的中间宿主后,似囊尾蚴吸附在小肠黏膜上,发育为成虫(约经 40 天)。

2. 流行特点

病畜为传染源,以羔羊和犊牛最易感。中间宿主为地螨,阴暗潮湿的地区地螨最多。在温暖多雨季节发病较多。

(四)致病作用与症状

1. 致病作用

(1)机械刺激引起肠炎,虫体多时堵塞肠腔,引起肠梗阻、肠破裂。

(2)由于虫体生长很快,需从宿主夺取大量营养,故而引起宿主贫血消瘦。

(3)虫体产生大量毒素,侵害宿主神经系统,引起神经功能紊乱。

2. 症状

(1)食欲减退,饮欲增强,腹围增大,腹痛,下痢或便秘。

(2)衰弱,消瘦,贫血。

(3)个别出现神经症状,呈现抽搐、旋转运动。

(五)诊断

(1)根据流行特点和症状可作出初步诊断。

(2)从粪便中查出孕卵节片或用饱和盐水漂浮法从粪便中查到虫卵，均可确诊。

(六)防治措施

1.预防

(1)避免在地螨孳生地放牧，不在雨后的凌晨和傍晚放牧。

(2)搞好环境卫生，加强粪便管理，及时清扫粪便，集中作无害化处理。

(3)进行预防性驱虫。在舍饲转放牧前对牛、羊进行第一次驱虫，放牧后1个月内进行第二次驱虫，1个月后进行第三次驱虫。

2.治疗

(1) 1%硫酸铜溶液内服。绵羊1～3月龄15～30毫升，3～6月龄30～45毫升，6～10月龄40～80毫升，10月龄以上80～100毫升。成年山羊不超过60毫升。犊牛2～3毫升/千克体重。

(2)灭绦灵。牛60～70毫克/千克体重，绵羊75～80毫克/千克体重，内服。

(3)别丁(硫双二氯酚)。牛40～60毫克/千克体重，羊80～100毫克/千克体重，内服。

五、棘球蚴病

(一)本病特征

棘球蚴病又称“包虫病”，是由细粒棘球绦虫的棘球蚴寄生在人、牛、羊等多种哺乳动物的脏器内所引起的严重的人畜共患寄生虫病，以咳嗽、肝区疼痛、衰弱、消瘦、瘤胃持续性鼓气为特征。

(二)病原特征

棘球蚴虫体为球形包囊，内含大量液体，一般直径5～10厘米，大的直径可达50厘米，囊液达10升多。囊液内有许多从囊壁上脱落的原头蚴，肉眼观察像沙粒，称棘球沙或包囊沙。

(三)生活史与流行特点

1.生活史

棘球蚴的终末宿主为食肉动物，中间宿主为牛羊。棘球蚴的成虫为细粒棘球绦虫，寄生在食肉动物的小肠内，孕节或卵随粪便排出，污染饲料、饮水和草场。牛、羊吞食后，六钩蚴在消化管内孵出，通过肠壁进入血液，随血液循环到达肝、肺、心、脾、脑等多种脏器发育成棘球蚴，在牛、羊体内能存留数年。终末宿主食入含棘球蚴的肝、肺，在小肠中发育成成虫，其生存期为5～6个月。

2.流行特点

棘球蚴病以绵羊感染率最高,牛也易感,也可感染人。细粒棘球绦虫的卵在外界环境中存活期很长,0℃能存活 116 天,50℃下 1 小时死亡。孕节能够蠕动,可以爬到草茎上。有的附着在终末宿主肛门周围,使终末宿主瘙痒不安,到处散播虫卵,从而使污染范围扩大。

(四)致病作用与症状

1.致病作用

棘球蚴的致病作用表现为两个方面:一方面因虫体很大,压迫器官而造成器官萎缩,机能障碍;另一方面是毒素危害,可引起宿主过敏性呼吸困难,体温升高,腹泻。

2.症状

(1)若棘球蚴寄生在肺,则病畜长期呼吸困难,表现为咳嗽。绵羊严重感染时,咳嗽时倒地,不能立即起立。

(2)若虫体寄生在肝,则肝浊音区扩大,疼痛,慢性鼓气,消瘦无力。

(3)若虫体寄生于其他脏器,则可出现相应的机能障碍,如心力衰竭、精神症状、消瘦、贫血等。

(五)诊断

因棘球蚴病的临床症状不典型,故常用变态反应确诊。

棘球蚴病变态反应操作技术如下。

(1)取新鲜棘球蚴包囊液,无菌过滤,使滤液不含原头蚴。为了防止当时找不到棘球蚴包囊液,可将平时收集的包囊滤液加 0.5%氯仿密封保存于冷暗处备用。

(2)在牛或羊颈部皮内注射滤液 0.1~0.2 毫升,同时在注射部位一定距离处注射生理盐水做对照。

(3)注射后 5~10 分钟观察注射部位皮肤,如出现红斑,直径在 0.5~2 厘米,同时有肿胀或水肿,判为阳性。

(六)防治措施

1.预防

(1)不要让犬吃带有棘球蚴的废弃脏器,减少犬感染细粒棘球绦虫的机会。

(2)给犬定期驱除绦虫,例如,别丁 100 毫克/千克体重;或灭绦灵 100~150 毫克/千克体重;或吡喹酮 2.5~5 毫克/千克体重,混于肉内投服。驱虫时将犬拴住,驱虫后的犬粪集中作无害化处理。

(3)养犬家庭的人员和驱虫人员要注意个人防护,防止人被感染。

2. 治疗

无有效的药物治疗，诊断为棘球蚴病的牛、羊最好作淘汰处理，或用手术方法摘除包囊。注意摘除时不要使包囊破裂，以防人被感染。

六、脑多头蚴病

(一)本病特征

脑多头蚴病是由多头绦虫的幼虫寄生在牛、羊的脑部而引起的一种寄生虫病，以强迫运动(转圈或前冲、后退)为特征。

(二)病原特征

脑多头蚴的虫体为球形包囊，囊内充满液体，从黄豆大到鸡蛋大，囊液内有许多原头蚴。

(三)生活史与流行特点

1. 生活史

多头绦虫的终末宿主为犬等食肉动物，人也会偶尔感染，中间宿主为牛、羊。成虫寄生在终末宿主的小肠内，孕节片随着粪便排到外界，污染饲草和饮水，被中间宿主食入，在消化管逸出六钩蚴。六钩蚴穿过肠壁，进入血液，随血液循环到脑，发育成多头蚴。到达其他组织的六钩蚴不能发育而迅速死亡。终末宿主吃了含多头蚴的脑组织，在消化管发育成成虫，可存活6～8个月。

2. 流行特点

在牧区或农区，牛、羊与犬经常接触，从而给脑多头蚴病的流行创造了条件。犬吃了含多头蚴的牛、羊脑而被感染。被感染的犬又不断向外界排出孕卵节片，污染环境，从而构成了脑多头蚴病的流行链。因此，脑多头蚴病在一年四季均可发生。

(四)致病作用与症状

1. 致病作用

(1)感染初期，因虫体在脑膜与脑间移行，引起脑炎和脑膜炎。

(2)虫体发育成熟后，压迫脑和脑膜，引起脑贫血、脑萎缩、眼底充血、半身不遂、视神经营养不良、运动机能障碍，从而出现强迫运动。

2. 症状

(1)前期表现为体温升高，心跳和呼吸加快，强烈兴奋。病畜做回旋或前冲、后退运动。

(2)后期由于多头蚴的寄生部位不同，症状也有所不同，其典型症状为“转圈运动”,或前冲、后退,或头偏向一侧,或头向上仰。如果多头蚴寄生在小脑,则平衡失调,运步异常,易跌倒,对声音敏感,很小的声音就会引起病畜强烈不安,向声源相反的方向逃避。病畜转圈运动的方向与虫体寄生部位相反。

(五)诊断

(1)根据典型的临床症状可以确诊。

(2)必要时要用变态反应试验诊断。脑多头蚴病的变态反应试验与棘球蚴病一样,只是包囊滤液的注射部位不同。脑多头蚴病是将包囊滤液注射到上眼睑皮内,1 小时后眼睑肿胀(有 1.75～4.2 厘米),持续 6 小时。

(六)防治措施

1. 预防

(1)加强对犬的管理,不让犬吃到带多头蚴的牛羊脑和脊髓。

(2)病牛、病羊的脑和脊髓不能食用,要及时焚烧。

(3)对患多头蚴绦虫病的犬要进行驱虫治疗,所用药物同棘球蚴病。驱虫时将犬拴好,粪便集中作无害化处理。

2. 治疗

主要采用开颅术摘除,但价值不大,一般应尽早淘汰。

七、犊牛新蛔虫病

(一)本病特征

犊牛新蛔虫病是由牛新蛔虫寄生于犊牛的小肠而引起的一种寄生虫病,以肠炎、腹泻、腹部膨大和腹痛为特征。

(二)病原特征

牛新蛔虫的虫体粗大,呈圆柱形,两端较细,中部较粗,淡黄色,头端有三个呈“品”字形唇片。雄虫长 11～26 厘米,尾端向腹面弯曲。雌虫长 14～30 厘米,尾端平直。虫卵近似圆形,壳厚,表面呈蜂窝状。

(三)生活史与流行特点

1. 生活史

雌虫在犊牛的小肠内产卵,卵随粪便排出,在外界环境中发育成侵袭性幼虫卵。牛食入侵袭性幼虫卵后,在小肠逸出幼虫,穿过肠壁进入血液,随血液循环移行到肝、肾等器官暂时存留。母牛怀孕 8.5 个月时,幼虫移行至子宫,进入羊膜液,犊牛吞入,在小肠发育为成虫。犊牛出生时,虫体已发育成熟。

2. 流行特点

犊牛新蛔虫病主要发生于5个月以内的犊牛，犊牛为终末宿主，成牛为中间宿主。干燥和高温能使虫卵很快死亡。在阳光照射下，虫卵4小时全部死亡。犊牛新蛔虫对消毒药抵抗力较强，在2%福尔马林液中能正常发育。

(四)致病作用与症状

1. 致病作用

虫体损伤肠黏膜，引起肠炎、血便。虫体过多时，阻塞肠腔，引起肠梗阻、肠穿孔。

2. 症状

(1)食欲不振、腹泻、便血、粪便恶臭为本病的主要症状。

(2)病畜还表现腹胀、腹痛不安、消瘦、衰弱、站立不稳等症状。

(五)诊断

(1)根据临床症状可作出初步诊断。

(2)粪便检查发现虫卵确诊。可采用粪便直接涂片法或饱和盐水漂浮法检查虫卵。

(六)防治措施

1. 预防

(1)加强饲养管理，不让母牛舔食犊牛粪便。对犊牛的粪便应及时清扫，并作无害化处理，防止粪便污染环境。

(2)预防性驱虫。犊牛出生后2周内进行一次预防性驱虫，1个月后再驱虫1次。

2. 治疗

(1)驱虫：用左旋咪唑、苯硫咪唑和哌嗪化合物驱虫。左旋咪唑8毫克/千克体重，内服；苯硫咪唑5毫克/千克体重，内服；哌嗪化合物0.2克/千克体重，内服。

(2)消炎、止泻，调节肠胃功能，吸附毒素：用痢特灵、痢菌净、氟哌酸、酵母片、陈皮酊、矽碳银、次苍等药物内服。

八、血矛线虫病

(一)本病特征

血矛线虫病的寄生虫有许多种，以捻转血矛线虫的致病力最强。在此主要以捻转血矛线虫为例，叙述捻转血矛线虫的危害和防治措施。

血矛线虫病是由捻转血矛线虫寄生在牛、羊的第四胃而引起的寄生虫病，故又称"捻转胃虫病"。该病急性型以羔羊突然死亡为特征，亚急性型以贫血、下颌间水肿为特症，慢性型以消瘦和下痢为特征。

(二)病原特征

捻转血矛线虫的虫体呈毛发状,因吸血虫体呈淡红色,表皮上有横纹和纵脊,头端尖细,口囊小。雄虫长15～19毫米,雌虫长27～30毫米,外观红白线条相间,故称捻转血矛线虫。卵壳薄,表面光滑,稍带黄色。

(三)生活史与流行特点

1. 生活史

虫卵随粪便排出,在外界环境中发育成感染性幼虫。感染性幼虫被牛、羊吞食后,在瘤胃内脱鞘,到真胃后钻入黏膜上皮,在此发育成第四期幼虫,然后返回到胃黏膜表面,吸附在胃黏膜上。幼虫先后经过5次蜕皮,最后发育成成虫。成虫游离在胃腔内。

2. 流行特点

幼虫隐蔽在牛羊粪便和土壤中,环境条件适宜时从粪或土壤中爬到牧草上;环境条件不好时又返回粪便和土壤中隐蔽起来。本病通过牧草传播,在温暖潮湿季节传播最快,以春季和8月份发病率最高。

(四)致病作用与症状

1. 致病作用

血矛线虫的主要致病作用是虫体吸血,以致引起贫血。2 000条虫体每天可吸血30毫升。由于虫体损伤胃黏膜,虫体离开吸血部位后还引起出血,其次是引发真胃黏膜发炎。

2. 症状

(1)急性型:羔羊突然死亡,死羊结膜苍白,高度贫血。

(2)亚急性型:病畜贫血,结膜苍白,腹下和下颌间水肿。

(3)慢性型:渐进性消瘦,下痢与便秘交替发生,最后卧地不起,衰竭死亡。

(五)诊断

(1)根据当地本病的流行情况和临床症状可作出初步诊断。

(2)粪便检查,用漂浮集卵法发现虫卵即可确诊。

(六)防治措施

1. 预防

(1)预防性驱虫,每年春、秋季各进行1次,在放牧前和放牧后进行驱虫。在严重流行地区,可在放牧期间将酚噻嗪混于饲料或食盐中饲喂,持续2～3个月,每只羊每天0.5～1.0克,预防效果良好。

(2)搞好环境卫生,及时清扫粪便,集中作无害化处理。

(3)避免在低湿地放牧,不要在清晨、傍晚或雨后放牧,以尽量避开幼虫活动时间,减少感染机会。让羊饮清洁井水,禁止饮低洼地积水。

2.治疗

(1)肌肉注射阿维菌素或伊维菌素,牛、羊1毫升/50千克体重。

(2)内服:左旋咪唑,服用量为牛、羊8毫克/千克体重,敌百虫,牛为0.04～0.08克/千克体重,绵羊为0.07～0.1克/千克体重,山羊为0.05～0.07克/千克体重;苯硫咪唑,牛、羊为5毫克/千克体重;酚噻嗪,牛为0.2～0.4克/千克体重,羊为0.5～1克 /千克体重。

九、食管口线虫病

(一)本病特征

食管口线虫病是由食管口线虫属的几种线虫寄生于牛、羊的肠壁与肠腔内而引起的寄生虫病,以引起肠壁的结节病变、溃疡性化脓性结肠炎和持续性腹泻为特征。

(二)病原特征

食管口线虫是一类小型线虫,雄虫长12～18毫米,雌虫长16～20毫米,为小圆柱体。口囊呈小而浅的圆筒形,其外周为一显著的口领。口缘有叶冠、颈沟,颈沟前部表皮形成膨大的头囊。雄虫的交合伞发达,有一对等长的交合刺。雌虫排卵器发达,呈肾形。卵呈椭圆形。

(三)生活史与流行特点

1.生活史

成虫在牛羊的结肠产卵,卵随粪便排出体外。在外界环境中发育成侵袭性幼虫,污染饲料和饮水。牛、羊食入带侵袭性幼虫的饲料和饮水后,幼虫在消化管中脱鞘,钻入结肠黏膜深处发育成包囊,包囊外形成白色颗粒状结节。然后幼虫自结节中返回肠腔,发育为成虫。

2.流行特点

幼虫对高温、低温和干燥敏感,在0℃以下和35℃以上,相对湿度45%以下很快死亡。食管口线虫病在春、秋季节发病率最高,夏、冬季节发病率低;以羔羊和犊牛的感染率高。

(四)致病作用与症状

1.致病作用

(1)主要侵害结肠壁,幼虫在结肠壁中形成结节,破坏肠壁,使肠管不能作为制肠衣的原料。

(2)引起溃疡性、化脓性结肠炎和坏死性腹膜炎，毒素可引起贫血。

2. 症状

(1)持续性腹泻，粪呈暗绿色，带黏液，有时带血。

(2)慢性病例，腹泻与便秘交替发生，进行性消瘦。有的病例颌下水肿，最后衰竭死亡。

(五)诊断

(1)根据临床症状和流行特点可作出初步诊断。

(2)实验室诊断：用幼虫培养法，将幼虫培养成第三期幼虫，根据幼虫的特征可确诊。

(3)剖检发现结肠壁的幼虫结节也可以确诊。

(六)防治措施

1. 预防

(1)搞好环境卫生，及时清扫粪便，进行无害化处理。

(2)预防性驱虫，每年初春与早秋各进行1次。可用酚噻嗪混入饲料中喂给，成羊1克/天，羔羊和犊年0.5克/天。

2. 治疗

(1)内服驱虫药：所用药物同血矛线虫病治疗用药。

(2)抗菌消炎：用氟哌酸、痢菌净、磺胺脒等。

(3)调节胃肠功能：用健胃药、助消化药等。

(4)保护肠黏膜，吸附毒素：用次苍、矽碳银等。

十、肺线虫病

(一)本病特征

肺线虫病是由肺线虫属的网尾线虫寄生于牛、羊的呼吸道和肺而引起的寄生虫病，以咳嗽、流黏液脓性鼻液、消瘦为特征。

(二)病原特征

丝状网尾线虫的虫体呈丝状，乳白色或黄白色；雄虫长约38～74毫米，雌虫约40～98毫米。寄生于羊、牛、骆驼。胎生网尾线虫雄虫长约24～59毫米，雌虫长约32～73毫米，寄生于牛。其虫卵呈椭圆形，壳薄，无色透明或淡黄白色，内含一个蜷曲的幼虫。

(三)生活史与流行特点

1. 生活史

雌虫在气管内排卵,卵随黏液咳到口腔,再被咽下,在消化管孵出幼虫,随粪便排出体外,在外界环境中发育成侵袭性幼虫,污染饲料和饮水。当牛、羊食入后,幼虫从消化管进入淋巴结,随淋巴和血液循环到肺,在肺内发育成成虫。虫体寄生在支气管和细支气管内。

2. 流行特点

幼虫耐低温,－40～－20℃低温下不死亡,但对高温敏感,21℃以上幼虫的活动受到影响。该病冬、春季节容易流行,成年羊比幼羊的发病率高。

(四)致病作用与症状

1. 致病作用

(1)幼虫与黏液混合,引起支气管堵塞,导致呼吸障碍。

(2)继发支气管肺炎与肺气肿。

2. 症状

(1)咳嗽、呼吸急促为本病的主要症状,体温正常。

(2)鼻孔周围沾满黏液,干后形成痂块,堵塞鼻孔。

(3)贫血消瘦,结膜苍白,严重时头、胸下和四肢水肿。

(五)诊断

(1)根据临床症状和流行特点,可作出初步诊断。

(2)实验室诊断:用贝尔曼氏法在粪便中查出幼虫,即可确诊。

(3)剖检:在气管和支气管内发现虫体、虫卵,有支气管炎症,并有出血点及不同程度的局限性肺气肿,可以确诊。

(六)防治措施

1. 预防

(1)加强饲养管理,不在低洼潮湿的草地放牧,或把羔羊和成羊分群放牧。注意饲草和饮水卫生。对粪便要及时清理,作无害化处理。

(2)预防性驱虫:春季放牧前和秋后转入舍饲后各驱虫 1 次,用酚噻嗪口服。

(3)免疫:口服用 X 射线或钴 60-γ 射线照射致弱的侵袭性幼虫,可以获得免疫。

2. 治疗

(1)所有药物同食管口线虫病。

(2)用驱虫精溶液涂耳,可获得良好的疗效。

十一、螨病

(一)本病特征

螨病又叫疥癣,是由疥螨和痒螨寄生于牛、羊的皮肤内和皮肤表面而引起的体外寄生虫病,以剧痒、皮肤结痂和脱毛为特征。

(二)病原特征

疥螨呈龟形,淡黄色,背面粗糙隆起,腹面平滑,有四对足;卵呈椭圆形。痒螨呈长椭圆形,背面有细皱纹,腹面平滑,有四对足;卵椭圆形。

(三)生活史与流行特点

1.生活史

(1)疥螨的生活史。疥螨的发育过程包括卵、幼虫、若虫和成虫四个阶段。成虫在皮肤内挖掘隧道,每隔一段向皮肤表面开一个小孔,以供通气和幼虫出入。雌虫在隧道内产卵,卵在隧道内孵化出幼虫。幼虫爬出皮肤,在皮肤上挖穴孔,并在穴孔内蜕化为若虫。若虫钻入皮肤,挖掘穴道,在穴道内蜕变为成虫。

(2)痒螨的生活史。痒螨不挖掘隧道,只寄生在皮肤表面。其发育的过程同疥螨一样分四个阶段,全部在体表完成。

2.流行特点

传染源为病畜,通过直接接触和间接接触传播。螨病以冬季、春初和秋末的寒冷季节传播最快。其对绵羊的危害最严重,常因继发败血症而死亡;羔羊较成年羊易感。

(四)致病作用与症状

1.致病作用

螨主要损伤皮肤,引起剧痒和脱毛,并引起消瘦、乏力、衰竭。

2.症状

(1)剧痒,病畜不断在物体上摩擦,引起患部脱毛和皮肤损伤。

(2)发病先从口唇部开始,逐渐蔓延至整个头颈部至全身。初期发痒,接着出现丘疹、水泡和脓痂,最后痂皮干裂,呈白石灰状。

(3)病畜食欲减退,消瘦,衰弱死亡。

(五)诊断

(1)根据临床症状和流行特点可作出初步诊断。

(2)实验室诊断:刮取皮屑,用直接观察法和显微镜检查法,发现虫体即可确诊。

(六)防治措施

1.预防

(1)加强饲养管理,畜群饲养密度不要过大,保持畜舍通风透光、干燥和畜舍卫生;对饲养管理用具定期消毒;定期药浴。

(2)引进种牛、种羊时,要先认真检查有无螨病,引进后隔离观察一段时间,确认无螨病后方可合群饲养。

2.治疗

(1)肌肉注射阿维菌素或伊维菌素,牛、羊1毫米/50千克体重。

(2)二甲脒10毫升,加水2 500毫升混溶后涂擦患部。

(七)螨的实验室检查技术

(1)皮屑刮取法:刮取患部边缘皮屑,刮取时要刮至轻微出血为止。备检。

(2)直接观察法:将备好的皮屑放于培养皿中或黑纸上,在培养皿或黑纸上加温至40～50℃,经30～45分钟,用竹签拨去皮屑,肉眼观察可见白色虫体在黑纸上或培养皿中移动(如用培养皿,需加黑色背景观察)。

(3)显微镜检查法:将皮屑放于载玻片上,滴加50%甘油(或10%氢氧化钠、石蜡油、煤油),再盖上一个载玻片。轻轻搓压载玻片,使皮屑散开。移开上面的载玻片,置显微镜下用低倍镜头检查,可发现虫体。

十二、牛皮蝇蛆病

(一)本病特症

牛皮蝇蛆病是由牛皮蝇的幼虫寄生于牛背部皮下组织内而引起的一种寄生虫病,以皮肤痛痒、患部皮肤隆起和皮肤穿孔形成瘘管为特征。

(二)病原特征

牛皮蝇成虫形似蜜蜂,体表密生有色长绒毛;背部前端和后端为淡黄色,中部为黑色,腹部前端为白色,尾端为橙黄色。卵呈淡黄色,椭圆形,表面有光泽,后端有一长柄附着于牛毛上。每根牛毛只能附着一个卵。幼虫呈蛆状,身体分11～12节。各节间密生小刺,后端有2个黑色圆点状气孔。第一期幼虫呈黄白色,虫体12节,第三期幼虫为成熟幼虫。体粗壮,长280毫米,分11节,呈棕褐色。

(三)生活史与流行特点

1.生活史

牛皮蝇的成蝇野居,自由生活,不叮咬动物,也不采食。夏季白天成蝇在牛的四肢上部、腹部、体侧的被毛上产卵。卵在毛上孵化出幼虫，幼虫钻入皮内，向背部移行，在背部发育成第三期幼虫。第三期幼虫从皮肤孔蹦出，落在地下化蛹，蛹羽化为成蝇。整个发育期需1年时间。

2.流行特点

牛皮蝇的成蝇多在每年的6～8月间出现，在此期间感染牛只。成蝇的寿命只有5～6天，其他季节无牛皮蝇出现，也不感染牛只。

(四)致病作用与症状

1.致病作用

幼虫损伤皮肤，引起痛痒和不安；皮肤感染化脓，形成瘘管，降低皮张价值。毒素引起贫血消瘦和犊牛生长缓慢。

2.症状

(1)患部皮肤隆起，痛痒不安，皮肤穿孔后感染化脓，形成瘘管，经常流出脓液。

(2)牛皮蝇产卵时，引起牛只惊恐不安，奔跑、蹴踢，影响采食。

(3)由于毒素的危害，引起贫血、消瘦，母牛产乳量下降。

(4)若幼虫移行入脑，则会出现神经症状，如运动障碍、麻痹、晕厥等。

(五)诊断

根据临床症状不难作出诊断。当发现牛背部有隆起并流出脓液时，用手挤压隆起，幼虫即可从皮孔蹦出。

(六)防治措施

1.预防

(1)加强饲养管理。在牛皮蝇活动季节，尽量缩短白天放牧时间，减少牛被侵袭的机会。

(2)在牛皮蝇活动季节，用4%～5%敌敌畏喷洒牛体，每10天喷洒一次，以杀死成蝇和刚孵出的幼虫。

2.治疗

(1)倍硫磷臀部肌肉注射：成牛1～1.5毫升/头，犊牛0.5～1毫升/头。此法对第一期幼虫杀死率可达90%以上，在每年的11月份进行。

(2)乐果肌肉注射：用酒精配成50%溶液，成牛4～5毫升/头。育成牛2～3毫升/头，犊牛1～2毫升/头，在2月下旬至3月上旬进行。

(3)2%敌百虫水溶液：在牛背部涂擦2～3分钟，杀虫率可达90%～95%。在每年的3～4月进行，每月1次。

(4)手工灭蛆：如果牛只不多，且感染较轻时，可用手将幼虫从皮孔中挤出。挤出后将幼虫处死。

十三、羊鼻蝇蛆病

（一）本病特征

羊鼻蝇蛆病是羊狂蝇（羊鼻蝇）的幼虫寄生在羊的鼻腔和鼻旁窦而引起的一种寄生虫病，以流脓性鼻液、呼吸困难和打喷嚏为特征。

（二）病原特征

羊鼻蝇的成虫形似蜜蜂，呈淡灰色，有金属光泽，长 10～12 毫米。其头部较大，呈黄色，无口器；翅透明，体背面有黑色斑点，腹部有银灰色与黑绿色的块状斑点。成熟的幼虫呈棕褐色，长 30 微米，前端有两个强大的黑色口钩；背面光滑拱起，腹面扁平，有多排小刺。虫体分节，各节的前缘有几排小刺，后端平齐，有两个黑色气孔。

（三）生活史与流行特点

1. 生活史

成蝇侵袭羊只时在羊的鼻孔产出幼虫。幼虫钻入鼻腔和鼻旁窦内，以口钩固着在黏膜上，到次年春天发育成第三期幼虫。幼虫在向鼻孔移行的过程中，引起羊打喷嚏，将幼虫喷出，钻入土壤中化蛹。蛹羽化为蝇。成蝇寿命为 2～3 周。

2. 流行特点

成蝇野居，5～9 月份为最活跃期。在明朗无风的白天飞出侵袭羊只，阴雨天和夜晚隐蔽于角落里。成蝇直接产生幼虫。

（四）致病作用及症状

1. 致病作用

（1）成蝇侵袭羊群产幼虫时，引起羊群骚动不安，奔跑躲避，严重影响羊只正常采食，使羊只消瘦。

（2）幼虫在羊鼻腔存留和移行时，引起鼻黏膜损伤、发炎和出血。

2. 症状

（1）成蝇侵袭羊群时，羊群为了躲避羊鼻蝇的侵袭，惊慌不安，互相拥挤，摇头、喷鼻或到处躲避，奔跑。

（2）鼻孔周围有黏液性鼻液，干涸后堵塞鼻孔，可引起呼吸困难，打喷嚏，甩鼻子，磨鼻子。

（3）病羊食欲减退，渐进性消瘦，眼睑浮肿，流泪。

（4）如果第一期幼虫钻入颅腔，可引起神经症状，转圈或头偏向一侧，类似多头蛐病的症状。

(五)诊断

根据临床症状、流行特点和尸体剖检可确诊。

(六)防治措施

1.预防

(1)灭蝇。在成蝇活跃期,用3%～5%的敌敌畏水溶液每天晚上对羊舍(棚)及其周围环境进行喷洒,消灭隐藏的成蝇。

(2)在成蝇侵袭季节,用1%敌敌畏软膏涂于羊鼻孔周围,每4～5天1次,防止成蝇侵袭。

2.治疗

(1)敌百虫酒精水溶液肌肉注射:精制敌百虫60克,95%酒精30毫升,蒸馏水31毫升,混溶。绵羊体重10～20千克用0.5毫升,20～40千克用1～1.5毫升,40～50千克用2毫升,50千克以上用2.5毫升。

(2) 2%敌百虫水溶液内服:绵羊0.12毫升/千克体重。

(3) 80%敌敌畏乳剂熏蒸:把羊赶进熏蒸室或熏蒸帐内,用电动喷雾器在室内喷雾。时间不超过1小时。对第一期幼虫驱虫可达93%～95.6%。羊鼻蝇蛆病的驱虫时间一般在11月份进行较好。

第四节　牛羊普通病的防治

一、感冒

感冒是由于气候变化、寒冷袭击而引起的急性、热性疾病,以鼻流清涕、咳嗽和发热为特征。

(一)病因

感冒的病因主要有:气候突变,缺乏防寒措施,家畜受寒冷袭击;外出时突然受雨淋风吹,或使役后出汗,拴在风口处,使家畜受寒冷侵袭;温棚养殖牛羊,棚内外温差太大,管理疏忽很容易造成感冒。

(二)症状

感冒的症状有:体温升高,精神沉郁,食欲减退,流泪羞明,结膜潮红,鼻流清涕,以后变浓稠,鼻黏膜充血肿胀,咳嗽,打喷嚏;畏寒怕冷,全身颤栗,背毛逆立,磨牙,喜卧,行走强拘;食欲、反刍减少或停滞,瘤胃蠕动减弱或消失。

(三)诊断

根据临床症状和病史可作出诊断。

(四)防治措施

1.预防

加强饲养管理,增强机体抵抗力;冬季加强防寒措施,堵塞风洞,防止贼风侵袭;使役后,让家畜适当活动,拴于避风朝阳处,防止雨淋。

2.防治

治疗原则为解热镇痛,祛风散寒,预防感染。

(1)肌肉注射30%安乃近、柴胡注射液或清热解毒注射液30~40毫升,严重时注射青霉素240万~320万国际单位,链霉素200万~300万国际单位。

(2)中药小柴胡汤加减,药方为柴胡30克,半夏25克,黄芩30克,甘草30克,生姜30克,荆芥30克,防风30克,杏仁30克,薄荷40克,研末开水冲灌。

二、前胃弛缓

前胃迟缓是指牛前胃兴奋性降低,收缩力和前胃机能减弱的一种疾病。其临床特征是食欲降低,反刍、嗳气减弱、前胃蠕动微弱,消化机能减弱。

(一)病因

前胃弛缓的病因有:长期饲喂品质低劣、难以消化的草料等粗饲料;精饲料和糟粕类饲料,如酒糟、豆腐渣等喂量过大;块根多汁饲料,如马铃薯、水果、胡萝卜等喂量过多;突然更换饲料和饲养制度,长途运输、劳役过度;饮水不足;饲草粉的太细;天气突然变化,受寒感冒或应激反应;由其他疾病引起如瘤胃膨胀。

(二)症状

食欲减退或停止,牛食欲时好时坏,反刍缓慢无力、次数减少甚至停止。瘤胃蠕动减弱,次数减少,轻度膨胀,精神沉郁,体温、脉搏、呼吸一般无明显变化。

(三)治疗

禁食1~2顿,以后给予易消化、富有营养的优质饲草,少给或不给精饲料。为增强前胃运动机能,可用新斯的明5~15毫克皮下注射,静脉注射10%氯化钠溶液或促反刍液300~500毫升;内服健胃散、牛羊前胃动力、酵母粉等中草药制剂。

(四)预防

主要是改善饲养管理,给予足够的维生素、矿物质饲料;适当运动;饲草饲料加工要合理,不要太细;更换饲料不要太突然;长途运输以后要先饮水后饲喂。

三、食管梗塞

食管梗塞是食管的一段被食团或异物阻塞而引起的疾病，以口、鼻流出大量泡沫性液体为特征。

（一）病因

牛、羊在饥饿时抢食块根饲料，如红薯、萝卜、甜菜根引起，在食管麻痹或食管痉挛的情况下，饲料吞咽后，积存于食管而引起。

（二）症状

牛、羊在采食过程中突然发病，表现不安，频频做吞咽动作，从口、鼻流出大量泡沫性黏液。严重时呼吸困难，咳嗽，张口伸舌。食物阻塞于食管颈部段时，可从外部看到或摸到阻塞物；阻塞于胸部段时，可用胃管探诊，触及阻塞物，有时可在颈部食管触摸到异物，食道有波动感。完全阻塞时常继发瘤胃膨气，呼吸困难。

（三）诊断

根据发病史、临床症状和胃管探诊可作出诊断。

（四）防治措施

（1）预防：给牛羊喂块根类饲料时，要切碎后再喂。不能喂整块的块根饲料。如果牛羊患食管麻痹、食管狭窄和食管痉挛病，最好给牛羊喂流食。

（2）治疗：如果阻塞物在颈部段食管或靠近口腔，可先给病畜灌普鲁卡因 1.5 克、石蜡油 100～200 毫升，待食道松弛后用手慢慢将阻塞物挤到口腔。如果阻塞物在胸部段食管，在灌普鲁卡因和石蜡油后，用胃管将阻塞物推入胃中。用阿托品（牛 20～30 毫升，羊 5～10 毫升）肌肉注射，解除食管肌痉挛后用胃管推送。如果阻塞物为谷物颗料或粉碎饲料，可用冲洗法将胃管导入阻塞部位，外端接邦浦灌肠器，向食管内灌水，使饲料随水冲出。对推送困难的，可用外科手术，切开食管将阻塞物取出。由于压迫时间过长，阻塞部位已经发炎时，可肌肉注射抗菌药治疗。

四、瘤胃积食

瘤胃积食是瘤胃内充满过多的饲料，从而引起瘤胃胃壁扩张、瘤胃运动障碍、消化机能紊乱的一种疾病。瘤胃积食是肉牛的常见疾病之一。

（一）病因

饲养管理不当，脱缰以后偷食过多饲料，尤其是玉米、小麦等；采食过多的糟渣类饲料等；突然变更饲料；饲草粉碎过细；饲喂剩饭、腐烂水果、变质饲料；运动不足，饮水不足，饥饱不均；继发于前胃弛缓、瘤胃鼓气、瓣胃阻塞、创伤性网胃炎、发热、脱水、肺炎等疾病；兽医过量使用止痛药、抗菌素等药物引起。

（二）症状

食欲和反刍减少或停止，瘤胃蠕动减弱，次数减少或停止。瘤胃内容物充满、坚实，有面团样感觉，左腹鼓大。病牛腹痛不安，背腰拱起，后肢踢腹，有时呻吟。尿少色深，粪便干少色暗，有时排少量稀软粪便，有恶臭。精神沉郁，体温正常，呼吸困难，脉搏增数，鼻镜干燥、眼窝下陷，卧地后头颈弯向一侧，回头顾腹、磨牙空嚼。瘤胃蠕动病初增加，以后逐渐减弱，次数减少或停止。后期站立不稳，四肢颤抖，脱水，心律不齐，卧地不起如昏睡状态，病牛呼吸困难，脉搏增数，眼结膜暗红色。

（三）治疗

在禁食的前提下给予大量清洁饮水，进行瘤胃按摩，每次 20 分钟，用胃管灌服口服补液盐 8 000～10 000 毫升，皮下注射新斯的明 5～15 毫克；或静脉注射 10％氯化钠溶液 300～500 毫升，促反刍液 500～1 000 毫升。内服健胃消食散、牛羊前胃动力、酵母粉等中草药制剂。通过上述方法治疗仍不见好转者可内服泻剂，如用硫酸镁 500～800 克、常水 5 000～8 000 毫升、配成 5％～8％浓度胃管一次灌服；也可内服液体石蜡 1 000～1 500 毫升，或两者并用。病畜脱水严重时，可用 5％葡萄糖生理盐水 1 500～2 000 毫升、5％碳酸氢钠 500～1 000 毫升、樟脑磺酸钠 20 毫米一次静脉注射。为兴奋瘤胃，促进胃肠蠕动，可于内容物泻下后或泻下同时进行内服马钱子酊 20 毫升。在内容物已泻下，食欲仍无好转时，可内服健胃剂如龙胆酊 50～80 毫升，或促反刍散 250 克 1 次内服。对重症病牛，可行瘤胃切开术，取出积滞的内容物。

（四）预防

加强饲养管理，防止过食，避免突然更换饲料；粗饲料加工调制要合理，饮水要充足；不喂腐烂、发霉、变质的饲料及水果和剩菜剩饭；及时治疗原发性疾病。

五、瘤胃鼓气

瘤胃鼓气是由于采食大量易发酵的饲料，在瘤胃内迅速产生大量气体，致使瘤胃急剧增大，胃壁急剧扩张所引起的一种疾病。

（一）病因

采食大量易发酵的饲料，如幼嫩多汁的青草、马铃薯、青苜蓿等；饲料发霉、变质、冷冻、腐烂，或经霜露、雨淋；继发于食道梗塞、创伤性网胃炎等。

(二)症状

原发性瘤胃鼓气多为急性,左腹部明显膨大,紧张有弹性,叩诊有鼓音。病牛食欲、反刍、嗳气完全停止,站立不安,后肢踢腹,回头顾腹,眼结膜暗红色,呼吸困难、次数增加,体温、脉搏正常,后期增数。继发性瘤胃鼓气一般发生缓慢,先有原发病的表现,以后才逐渐出现瘤胃鼓气的症状。

(三)治疗

对急性瘤胃鼓气,应迅速放气。可用套管针(或粗长的针)刺入瘤胃后,拔出针芯,气体即可排出,注意放气不宜过急。也可用胃管插入瘤胃放气,对于泡沫性瘤胃鼓气,应先消沫再放气。

缓泻制酵,可用硫酸镁 500～800 克、液体石蜡油 1 000～1 500 毫升、鱼石脂 10～15克,加水一次灌服。

对泡沫性瘤胃鼓气,可用植物油 50～100 毫升、消气灵 10～15 毫升加水一次灌服。

(四)预防

加强饲养管理,防止贪食过多幼嫩多汁的豆科牧草。尤其是由干草转为青草时,应先喂些干草或粗饲料,或适当搭配饲喂,让其逐渐适应。

六、瓣胃阻塞

瓣胃阻塞是由于牛羊采食不易消化的饲料,缺乏饮水,从而使饲料停滞在瓣胃内,水分被吸收后,阻塞于瓣胃而引起的疾病,以大便干燥、鼻镜龟裂、排算盘珠样粪便为特征。

(一)病因

长期饲喂粗硬不易消化的饲料,或饲料中带有泥沙、异物,缺乏饮水;饲草、饲料粉碎过细,运动不足;继发于其他疾病,如前胃弛缓、瘤胃积食、肠梗阻、热性病等。

(二)症状

食欲减退,瘤胃蠕动减弱,反刍减少,精神沉郁,体温正常;口腔干燥,鼻镜无汗珠,严重时鼻镜龟裂;大便干燥,粪便呈算盘珠状,外面带有大量黏液,常因粪便被黏液黏着呈串珠状。后期不见排便,腹痛,只排少量胶冻样黏液;尿少,色黄,病牛不愿饮水;触诊右侧 7～9 肋间,病牛有痛感,头颈偏于一侧。

(三)诊断

根据临床症状和病史可作出诊断。本病与其他前胃疾病的某些症状类似,需与瘤胃积食、前胃迟缓等疾病作鉴别诊断。

(四)防治措施

(1)预防:加强饲养管理,饲草不能粉碎过细过短,对粗硬不易消化的饲料要进行加工处理,增加青绿多汁饲料,给予充足饮水。舍饲养牛要适当运动,及时治疗原发病。

(2)治疗:以通便和增强前胃机能为原则。①内服泻剂:尽早用石蜡油 1 500~2 000 毫升,硫酸镁或硫酸钠 400~800 克,加水 5000~8000 毫升,胃管一次投服。②瓣胃注射:用 10%硫酸钠(或硫酸镁)溶液 500~1000 毫升,石蜡油 300~500 毫升,一次瓣胃注射。操作时要注意严格消毒,位置要准。

七、泄泻

泄泻又称拉稀,是牛常见的一种以消化障碍为主的疾病。临床上以排便次数增多,粪便稀薄、清浊不分为主证。本病病因复杂,临床症候不一,类型甚多。其病因主要有饲养管理不当、饮喂不节、劳役过度,或平时体质虚弱、或寒湿、湿热内侵所致。发生泄泻的牛往往有食欲不振、消化不良、消瘦、脱水、酸中毒、贫血等症状,轻者生产、使役能力下降,重者终因全身机能紊乱和营养缺乏而毙命。由于引起泄泻的病因病机不同,因而在治疗原则的确立和用药上也各有所异。西药,特别是抗菌素治疗,有容易产生耐药性、抑制胃肠有益微生物、打乱瘤胃微生物种群之间的平衡、扰乱瘤胃内环境、造成严重的二重感染和顽固的消化不良等副作用,同时还有在畜产品中残留量高、威胁人类食品安全、影响人体健康等缺点。在临床实践中,也经常见到由于大量长期使用抗菌素,特别是内服抗菌素治疗,造成严重的消化不良和瘤胃蠕动减弱甚至停止,食欲、反刍完全废绝,很难再康复的病例。而中药治疗具有见效快、疗效确实,不易产生抗药性,廉价、不易复发,副作用少,畜产品药物残留量低,有利于人畜安全等优点。因此,在优质高档牛肉生产中,选用中药治疗泄泻很有必要。在临床治疗时要以辨证为主,根据病因、病机及外观症状首先确定泄泻类型,然后拟订治疗原则,合理选药,并根据牛体格大小和病情及体质确定药物剂量施治。

(一)寒湿泄泻

(1)主证:泻粪稀薄或如水状,肠鸣腹痛,后肢踢腹、扭腰,粪便臭味不大,遇冷泻甚、遇暖则轻,耳、鼻镜、四肢冰凉,口色淡白,口津滑利,脉沉迟,俗称“耍猴子”。

(2)病因病机:多由役后体热,空腹过饮大量冷水,寒湿内侵,冷热相击,阴寒内盛而寒湿伤于脾胃,导致寒凝气滞,清阳不升,湿困中焦而致脾阳不振、运化无权,升降失司使水湿下注，大肠清浊不分而发泄泻。因寒客小肠，气机受凉阻滞不通则痛，故疼痛剧烈。

(3)治疗原则：温中散寒，健脾利水，行气活血。方药：加味二苓平胃散、肉桂、炮姜、肉豆蔻、苍术、炒白术、陈皮、厚朴、茯苓、猪苓。上药适量，粉碎后开水冲调，候温灌服，一般一剂即愈。

(二)湿热泄泻

(1)主证：泻粪如浆、赤秽腥臭难闻，或带血丝、或带黏液，腹痛不安，频繁回头顾腹。发热、口渴喜饮，食欲、反刍废绝，尿短赤，口温高、口色黄腻，鼻镜干而无汗，脉洪数，耳尖及体表发热，精神沉郁，喜站于阴凉处。重者卧地不起、肛门失禁，里急后重，眼窝下陷，脉细数，精神极度沉郁，头颈搭于右侧腹壁，四肢末端及耳鼻冰凉。

(2)病因病机：多因长期饲喂大量精料、食多伤脾、运化传导失调，水湿内聚，久而化热。或外感暑热之邪、暑邪夹湿，使湿邪热毒积于肠中，损伤血络，热腐为脓，故粪中常见大量脓血并有恶臭，腹中疼痛而频繁努责。脾主运化而恶湿，湿热之邪蕴结脾胃，受纳运化失司，所以食欲、反刍废绝。湿邪内困、口内黏臭而不干。

(3)治疗原则：清热燥湿、解毒凉血、芳香化湿。方药：白头翁、苦参、秦皮、大黄、白芍、郁金、侧柏炭、地榆炭、藿香、甘草。上药适量，粉碎后开水冲调，候温灌服。每日一剂，连用2～3剂，并少量多次给予饮水。

(三)脾虚泄泻

(1)主证：粪便稀薄，粪内草谷不化，落地无形，臭味不重，食欲减少，精神委顿、乏力，卧地懒动，被毛干燥无光，身形渐瘦，肷吊，口色淡白，舌绵无力，脉细弱。重者骨形外露，肛门松弛难收，鼻寒耳凉，眼窝下陷，食后即泻。发病慢，病程长。

(2)病因病机：多因久病失治而致脾虚中气不足，使水谷运化无权、大肠失固，故久泻不止。脾胃虚弱，清阳之气不升所以常见低头耷耳、精神不振、叫声低而短小。脾虚气血无生化之源，是以气血双亏，使筋骨失养，故而身形消瘦，肷吊毛焦。久泻伤津损液多致眼窝下陷，皮肤弹性降低。

(3)治疗原则：健脾益气、行气和中、淡渗利水。方药：党参、炙芪、焦白术、山药、茯苓、苡米、山楂、麦芽、神曲、陈皮、枳壳、升麻。上药适量，粉碎后开水冲调，候温灌服，一日一剂，连灌3剂。

(四)肾虚泄泻

(1)主证：久泻不止，粪便落地四溅，天寒愈甚，且泄泻多在半夜或凌晨发生。食欲、反刍减少，精神沉郁、卧多立少、低头耷耳，腰胯无力，叫声细弱。喜食异物，腹下、下颌水肿，顽固的粪内完谷不化，肛门失禁、粪水外溢，眼窝深陷，皮肤弹性差。鼻镜干而发凉，口色淡白、脉细弱。

(2)病因病机：命门之火能蒸运脾土以助脾阳之运化，若命门火衰不能帮助脾胃腐熟水谷和消化吸收，则脾失健运，肾关不固，固久泻不止。而久泻迁延，必损脾气，气虚日久，脾阳亦虚，使水谷不能运化而完谷泻下。脾虚而遇凌晨木旺或半夜阴盛使泻泄加剧。肾主二便，肾虚则下焦失固，故肛门失禁，久泻而成滑泻。久泻伤津损液可使眼窝下陷，皮肤弹性降低。脾肾两虚、气血不足便见口色淡白，脉迟细。此病多由脾虚肾阳，缺乏后天水谷精气的补充，以致肾阳亦虚，不能温煦脾土导致脾肾两虚之伤精损液证。

(3)治疗原则：温肾暖脾，固肠止泻，敛阴补气。方药：煨肉豆蔻、五味子、乌梅、诃子、肉桂、党参、黄芪、焦白术、茯苓、山药、附子、陈皮。上药适量，粉碎后开水冲调，候温灌服，一日一剂，连用 3～5 天。

(五)伤食泄泻

(1)主证：回头顾腹，站立不卧，行走困难。肠鸣腹痛，泻粪酸臭，内夹有未消化草谷，泻后痛减。瘤胃坚实或内充满液体，蠕动减弱或消失。食欲、反刍停止，腹胀，嗳气酸臭，舌垢浊、苔厚腻，脉实数，有过食史。口渴，鼻镜干燥。

(2)病因病机：多因脱圈脱缰偷食大量小麦、玉米等粮食或马铃薯等引起，或饲喂大量精料或突然变更草料，使食阻胃肠、传化失常、气机阻滞、食滞不化而致。

(3)治疗原则：消积导滞，清热利湿。方药：青皮、枳实、玉片、大黄、神曲、麦芽、莱菔子、木通、芒硝。上药适量，粉碎后开水冲调，候温灌服，一般一剂即愈。

(六)劳伤泄泻

(1)主证：休息时泻轻、使役时泻重，日益消瘦、动则气喘，颌下多有水肿，低头耷耳，精神倦怠，食欲、反刍减少。舌色淡白，脉细弱。

(2)病因病机：劳役过度，损伤元气，脾虚水谷运化无力致成泄泻。而泄泻过度使阳随津耗，引起正气虚弱，机能减退，土不生金，母病及子则见肺气不足之气喘。

(3)治疗原则：补中益气，健脾止泻。方药：党参、黄芪、白术、山药、茯苓、五味子、乌梅、诃子、陈皮、甘草。上药适量，粉碎后开水冲调，候温灌服。一日一剂，连服 3～4 剂。

上面是几种牛常见泄泻的辨证治疗，除此之外，临床还有由中毒、寄生虫、肝气乘脾和一些传染病引起的泄泻，这些泄泻随着主证的治疗会自然痊愈或稍加治疗即可痊愈，故在此不赘。但泄泻的病因病机比较复杂，有的同时或先后有几个病因存在，因此治疗泄泻时，辨证施治是非常重要的。辨证不准，治疗原则错误，盲目涩肠止泻，往往会导致污秽不洁之物滞留肠内，使邪不能去而加重病情，不但起不到治疗作用,反而会使泄泻进一步恶化。临床治疗时要标本兼顾,既要对症治疗,又要对因而治。

八、腐蹄病

腐蹄病为舍饲养殖牛的常见病,其特征是趾间组织、角质部发生腐败性、化脓性炎症,病变可波及蹄冠皮肤、蹄真皮层及蹄关节。

(一)病因

饲养管理不当,如饲料中钙、磷不平衡或比例不当,精饲料过量;牛舍不清洁、圈舍潮湿,常期对蹄部不进行修整;运动场泥泞或碎石多,造成蹄部损伤,感染坏死杆菌、化脓棒状杆菌等。

(二)症状

病初系蹄部及趾间发生急性皮炎,肿胀、疼痛,局部发热,频频举肢,呈现跛行,炎症逐渐波及蹄球与蹄冠部,严重时化脓而形成溃疡、腐烂,并有恶臭脓性液体。病牛精神沉郁、食欲不振。而后蹄匣角质开始剥离,往往并发骨、腱、韧带的坏死,体温升高,跛行严重,有时蹄匣脱落,呈石灰样。该病一般在潮湿季节或圈舍泥泞时极易流行。

(三)治疗

1.局部疗法

用0.1%高锰酸钾或1%来苏儿液将患部充分洗刷干净,擦干后清除腐烂组织,修正蹄形,扩开角质部腐烂病灶,排出脓汁,再用2%高锰酸钾液冲洗干净,涂以10%碘酊或3%~5%高锰酸钾液,然后用松榴油纱布条填入创内或涂布患部,外部用绷带包扎,每隔3~5天处理一次。处理后保持蹄部清洁、干燥。

2.全身疗法

青霉素400万单位,链霉素2克,注射用水10~20毫升,一次肌肉注射,一日2次。跛行严重时可用青霉素240万单位、普鲁卡因10毫升,注射用水10~20毫升,进行封闭治疗。

(四)预防

合理配合日粮,保持钙、磷平衡,保持牛舍清洁、干燥,清除运动场上的碎石和尖锐物体,加强牛的运动,定期修蹄,增强蹄质,提高抵抗力。

九、佝偻病

佝偻病是幼畜由于钙、磷摄入量不足或钙、磷代谢障碍而引起的骨组织发育不良的一种营养代谢性疾病，临床上以消化机能紊乱、异嗜癖、惊恐不安、跛行和骨骼变形为特征。本病常见于犊牛和羔羊，也可发于其他畜禽。

（一）病因

（1）维生素A、维生素D缺乏。母乳中尤其是断乳后饲料中的维生素A、维生素D含量不足，犊牛和羔羊缺乏足够的阳光照射，致使机体内合成的维生素A、维生素D不足。母牛长期采食缺乏维生素A、维生素D的饲料，如暴晒、雨淋的饲草，是造成母乳中维生素A、维生素D缺乏的重要原因。

（2）饲料中钙、磷缺乏或比例不当。饲料中钙、磷的绝对含量不足，或有效含量（指饲料中犊牛和羔羊吸收的钙、磷含量）不足，或钙、磷比例超出1∶（1～2）。

（3）钙、磷吸收障碍或损失过多。慢性消化管疾病、长期腹泻和某些传染病可导致犊牛和羔羊对钙、磷的吸收减少，某些出血性疾病则可导致钙、磷的损失增多。

（二）症状

早期表现为食欲减退，消化不良，精神不振，经常卧地，不愿站立和运动。然后出现异食癖，睡觉时易惊醒，发育停滞，消瘦，出牙迟缓，齿形不规则且钙化不良，排列不整齐，易磨损和碎裂；站立时低头，拱背，前肢腕关节屈曲，呈“O”形腿。后期可死于褥疮、败血症或呼吸道、消化管感染。

（三）诊断

（1）临床诊断：根据发病年龄、饲养管理条件、病程以及特征性的临床症状（生长发育迟缓、异食癖、运动障碍、牙齿和骨骼变化），可作出正确的临床诊断。

（2）X光诊断：X光诊断一般用于早期临床症状尚不明显者，透视或照片时可见骨质密度降低，长骨末端呈毛刷或绒毛状外观。

（3）实验室诊断：实验室诊断一般在疾病的早期进行。血液学检查可见红细胞减少，血红蛋白量降低。如果由维生素D缺乏而引起佝偻病，则可见血磷浓度降低（30～40毫克/升以下），碱性磷酸酶活性增高（100国际单位/升以上），后期则血钙浓度降低至40～70毫克/升或更低。

（四）防治措施

1．预防

加强饲养管理，饲喂全价饲料，保证充足的维生素D和钙、磷含量及正确的比例。增加户外活动，保证一天的日光照射。必要时可在消毒乳或补充饲料中添加维生素D和鱼肝油滴剂，也可在犊牛和羔羊哺乳前滴喂鱼肝油滴剂5～10毫升/天。保持畜舍干燥清洁，通风良好，光线充足，适当延长哺乳期。有条件的牛羊场冬季实行紫外线灯照射10～20分钟/日，这对预防佝偻病发生具有重大意义。

2.治疗

以消除病因、改善饲养管理、结合药物治疗为原则。加强饲养管理,调整日粮组成,增加富含维生素D的饲料比例(夏季多喂青绿饲料,冬季多喂经日光照射的优质干草,必要时添加鱼肝油滴剂),调整钙、磷比例,适当加强钙、磷营养。保持畜舍干燥温暖,光线充足,通风良好,垫草干且厚,加强户外活动,冬季实行紫外线灯照射15~30分钟/日。

(1)药物治疗:维生素A、D疗法。应用鱼肝油(犊牛20~40毫升/日、羔羊10~20毫升/日)、浓缩鱼肝油(0.4~0.6毫升/100千克体重)和维生素A、维生素D滴剂(犊牛10~20毫升/日、羔羊5~10毫升/日)等口服药,以及维生素D_2和维生素D_3油剂、维丁胶性钙等注射剂。

(2)钙剂疗法:常用的有碳酸钙(犊牛10~20克、羔羊5~10克)和乳酸钙(犊牛2~5克、羔羊0.5~1克)等口服药,或用10%氯化钙溶液10~20毫升、10%葡萄糖酸钙10~20毫米等静脉注射。

(3)甲状旁腺素法:1%甲状旁腺素0.5~2.0毫升,肌肉注射,每天1次。

(4)对症治疗:可根据伴发症状采取相应的治疗措施。

十、骨软症

骨软症又称骨质软化症,是成年动物由于钙、磷不足或钙、磷比例不当而引起的营养不良性慢性骨病。临床上以消化机能紊乱、异嗜癖、跛行、骨质疏松和骨骼变形为特征。

本病主要发生于牛和绵羊,其他畜禽偶见发病。与佝偻病比较,其临床表现相似,但发病年龄不同。

(一)病因

(1)钙、磷供应不足。饲料和饮水中钙、磷的绝对含量不足或可被机体吸收的钙、磷含量低于机体的需要量。

(2)钙、磷比例不当。主要是缺磷。饲料配方不当,或长期使用单一饲料原料,造成饲料中钙、磷比例超出正常比例Ca∶P为(1.5~2)∶1,从而影响了机体对钙、磷的吸收。

(3)钙、磷吸收障碍。饲料中的维生素D含量不足,例如长期饲喂未经日晒的干草,机体缺乏日光照射和运动,导致体内不能产生足够的具有生物活性的维生素D;消化机能障碍,如慢性胃肠炎、慢性肝炎、消化管寄生虫疾病等造成钙、磷吸收减少;饲料中脂肪含量过多,在消化管内转化为脂肪酸,与钙结合成不溶性的钙皂,不能被机体吸收;肾功能不全或减弱,导致肾小管对钙的重吸收障碍,如慢性肾炎。

(4)钙、磷损失过多。例如长期饲喂蛋白日粮,在代谢过程中产生大量的硫酸和磷酸,与血钙结合而排除体外,慢性出血性疾病也可导致体内钙、磷的丢失。

(5)其他因素。如妊娠、泌乳、修复骨损伤等可引起机体对钙、磷的需要量增加,使正常供应的钙、磷含量相对不足。甲状旁腺机能亢进也可加速骨的脱钙,从而促进本病的发生。

(二)症状

初期出现慢性消化不良和跛行,异嗜(舔食墙砖、泥土及粪尿),精神不振,粪便时干时稀。随着病情的发展,病牛表现为营养不良,贫血,多卧少立或起立困难,步态强拘,行走谨慎,跛行逐渐明显。病情进一步发展,骨和关节变形,骨质疏松而容易发生骨折,头骨变形,下颌支肥厚,颜面隆突,齿松动而咀嚼困难。四肢关节肿大变形,肋骨扁平,拱背或凹背,严重者第一至第三尾椎被吸收而消失,尾摆动幅度变小。两前肢肘头外展呈"O"形腿,后肢站立时内收呈"X"形腿。妊娠母牛随妊娠期的增长而症状逐渐加重。

(三)诊断

(1)临床诊断:根据发病年龄、饲养管理条件(日粮组成及光照条件)、特征性的临床症状(慢性消化不良、运动障碍、骨和关节变形)不难作出正确诊断。必要时可用额骨穿刺法进行诊断(用普通穿刺针穿刺额骨,一般腕力下即可刺入额骨并能固定穿刺针,证明骨质疏松)。

(2)实验室诊断:检测血清中的钙、磷含量,对于早期诊断具有重要意义。

(3)鉴别诊断:本病应注意与佝偻病(发病年龄不同)、风湿病(运动后症状减轻,痛点不定,骨不变形)、外伤或感染性肢蹄病(有明显的外伤和病灶)、氟中毒(牙齿变黄、黑、易崩裂)等病相区别。

(四)防治措施

1.预防

采用合理的饲料配方,保证饲料中钙、磷含量和比例适当(役用牛 2.5∶1,奶牛 1.5∶1)。多喂含钙、磷和维生素 D 的青粗饲料和青干草、高粱叶、青刈豆苗等。合理添加骨粉、贝壳粉、石粉、磷酸二氢钙等矿物质(可加入食盐,做成盐砖供舔食)。改善牛、羊舍光照条件,保证充足的光照和户外活动。冬季可用紫外线灯照射 15～20 分钟/日。及时治疗慢性消化管病,必要时用维生素 D_2 或维生素 D_3 11 000国际单位/千克体重,肌肉或皮下注射。

2.治疗

用 20%磷酸二氢钠溶液(牛 300～500 毫升)或 3%次磷酸钙溶液(牛 1 000 毫

升)，一次静脉注射，每日 1 次，连用 3～5 天。维生素 D_2 或维生素 D_3 油剂肌肉或皮下注射，每周 1 次，连用 2～3 次。加强饲料管理，合理配置日粮，多喂富含矿物质和维生素的优质青绿饲料和干青草口服，必要时每头牛每日加喂 100 克磷酸二氢钠钙。

十一、骨质疏松症

(一)病因

钙、磷缺乏或比例不当，饲料、饲草品种单一，光照不足，维生素 D 缺乏，缺乏运动，苦咸饮水和饮水中氟含量过高，杂交改良肉牛生长速度过快，妊娠及哺乳母牛体内钙、磷流失过多，地方性土壤缺磷。其发生还与遗传、环境、饲养管理等因素密切相关。

(二)症状

该病发病缓慢，多取慢性经过，典型症状出现较迟，初期无明显症状，但几乎所有的病牛都有异嗜癖和胃肠机能紊乱现象。病牛常喜舔食墙壁、污草、牛栏、饲槽、缰绳、泥土、粪水等带有盐碱苦味的物体，严重者发展到啃食石头、瓦块、泥土、骨头、毛发、炉渣、塑料、橡胶、衣物等物体。许多病牛由于长期大量采食异物，牙齿磨损严重，出现牙齿破损、断牙及掉牙现象，且采食时伸颈空嚼，咀嚼困难。多数病牛不同程度地出现前胃迟缓或气喘症状，四肢疼痛及运动机能障碍。部分病牛无固定疼痛部位，表现为游走性关节疼痛，卧地或休息时疼痛减轻，站立或久立、使役时疼痛加剧；日间疼痛轻，夜间和清晨时加重；急转弯、肌肉运动、咳嗽等用力时加重，行走不灵活、后肢摇摆，步幅缩短、蹄着地时轻而谨慎，腰弯弓背，甚至严重者轻微运动可引起剧痛，出现跛行。关节肿大、畸形，站立、行走困难，蹄肢变形。站立时四肢分开，两后肢伸向后方，拖拽前趴，呈拉弓姿势。蹄质变脆、变疏，呈石灰粉末状，蹄壳变形加剧。躯体、骨骼变形，脊柱呈凹下或弓背，俯视脊柱呈“S”状，后肢多内弯呈“X”形，前肢弯曲呈“O”形姿势。强行运步时，见有不同程度跛行。尾不愿活动，触摸尾部柔软易弯曲，压无痛感，可任意卷曲而病牛不痛，有的最后几节尾椎逐渐消失，肋骨肿胀、扁平，叩诊有痛感。在本病的发展过程中瘫痪不起、骨折者颇多，轻微的保定、摔倒、撞击均可致骨折，血钙、血磷含量降低。

(三)诊断

该病发病缓慢，多取慢性经过，典型症状出现较迟，早期诊断困难。骨质疏松病导致的机体物质代谢障碍、机能与形态结构改变到出现临床症状的过程，一般需要经过数周、数月乃至更长的时间，有的可能长期不显明显症状而成为隐形性。大多数病牛在发病初期不显特征性临床表现，不易作出正确诊断或鉴别诊断。待临床症状明显时，诊断虽较容易，但治疗和预防效果往往不理想。诊断时除病史、饲养管理、日粮组成的调查外，还需结合流行病学调查，如发病季节、地方流行和群体发病特点、特征症状、病理变化与生理生化指标测定等，进行全面综合的分析方能作出正确的诊断。

(四)治疗

(1)轻症病例可补充优质骨粉(钙、磷比例为5∶3)，每天250克，或在饲料中每天加入乳酸钙或磷酸钙50克，维生素D_3粉2克，混于饲料中饲喂，连服数日。

(2)对严重病病牛，除补充骨粉、磷酸钙外，还要静脉注射无机磷酸盐，如20%的磷酸二氢钠30～60克静脉一次注射，每天1次。对低钙病牛，可静脉注射10%葡萄糖酸钙100～300毫升，或静脉注射10%氯化钙300～400毫升，连用3～5天，5～7天为一个疗程。

(3)对关节疼痛、跛行的病例，可静脉注射10%水杨酸钠液150～200毫升或肌肉注射安乃近10～20毫升改善症状。

(五)预防

骨质疏松症是一种慢性病，由于其发病机理尚未完全阐明，因而药物的治疗都有一定的局限性，且长期使用药物容易带来许多副作用。因此，要特别强调预防，要及时在原饲料添加钙、磷，调整钙、磷比例，完善日粮配方，定期进行饲料中维生素、矿物质、蛋白质等营养物质及有害物质的监测，防治影响营养物质消化、吸收与利用的慢性消耗性疾病。要多晒太阳，适当运动，哺乳期不宜过长，尽可能保存体内钙质，丰富钙库，并应加强防摔、防碰、防绊等措施。积极防治胃肠炎，以利于钙、磷吸收。要按不同生长期的营养标准，保证钙、磷正常需要量。牧草饲料要多样化，适当补充维生素D或优质青干草、胡萝卜等。

十二、化脓性子宫内膜炎

化脓性子宫内膜炎是指子宫黏膜的化脓性炎症，临床上按病程有急性和慢性之分，是母牛最常见、最多发的生殖器官疾病。该病的发病率高，治疗周期长，治愈率低，病残率高，是造成母牛不育症的主要原因之一，严重影响肉牛的繁殖性能。

(一)病因

临床常见病例的主要病因有：在人工授精、阴道检查、分娩及难产助产时不按操作规程严格消毒；农民自己助产或剥离胎衣时根本不消毒；本交时有病种公牛传染；子宫脱出及产道损伤之后细菌(如双球菌、葡萄球菌、链球菌、大肠杆菌等)侵入而导致的外源性感染；阴道内存在的某些条件性病原菌在母畜患有产道损伤、阴道炎、子宫弛缓、结核病、布氏杆菌病等机体抵抗力降低时亦可发生本病;胎儿死于子宫未及时排出而腐败;子宫脱出以后严重污染、清洗消毒不严格不彻底而整复以后又用药不及时;胎衣不下、其他子宫疾病等治疗时用药不当(如浓度过高或用强刺激性药物时)也能引起本病。

(二)症状

一般发生于产后或流产以后,病畜表现弓腰,努责,频频做排尿姿势,从阴道中排出带有臭味的灰白色或褐色混有脓汁的混浊分泌物或脓性分泌物,严重时流出含有腐败分解组织碎块或腐败胎衣、腐烂分解胎儿的恶臭液体,病牛卧下或发情时排出较多。子宫冲洗物静置后有沉淀物,阴道检查时子宫颈口稍开张,充血肿胀,有时发生溃疡,有时可见脓性分泌物从子宫颈流出、腥臭难闻,将手伸入子宫感到子宫黏膜表面粗糙。直肠检查可感到子宫角增大呈面团样,有波动感,子宫壁肥厚,触压病牛疼痛。病牛精神沉郁,鼻镜干燥,体温升高,食欲减退或废绝,反刍减少或停止,回头顾腹,不时磨牙空嚼,泌乳量降低,逐渐消瘦,性周期紊乱,屡配不孕,阴门周围及尾根、飞节常粘有脓性分泌物或其干痂。化脓性子宫内膜炎并发慢性腹膜炎、前胃弛缓、积食及间歇性鼓气时,很容易造成误诊而延误治疗。随着病情发展,体温偏低,末梢冰凉,心率100～120次/分钟以上,呼吸60次/分钟以上,病牛腹痛、卧地呻吟,头颈歪向一侧,瘤胃蠕动停止,阴道流出污红色或棕黄色的恶臭渗出物,内含黏液及污白色的黏膜组织碎片。此时如果能及时治疗,尚有望治愈,若继续发展,引起子宫穿孔或败血症、脓毒血症以后预后慎重。剖检可见子宫内黏液呈稀糊状,有腐臭味,子宫黏膜有脓性浸润,充血、肿胀、坏死,有不同程度脱落,有时子宫黏膜上有成片的肉芽组织或瘢痕。

(三)诊断

主要根据病史、临床检查症状和实验室检验诊断。比较可靠的诊断方法是进行冲洗液的检查,若回流液混浊,面汤或米汤样,其中夹杂有小脓块或絮状物即可确诊。

(四)治疗

对化脓性子宫内膜炎的治疗,要根据疾病的情况、病畜个体特点和全身状况灵活治疗。在实施局部治疗的同时进行全身治疗,及早进行局部处理常能取得较好疗效。实践证明治疗本病的关键环节是子宫冲洗和子宫投药。

1.冲洗子宫

早期使用防腐剂冲洗子宫是治疗化脓性子宫内膜炎的有效疗法之一。首先用10%的氯化钠溶液,用子宫冲洗器反复进行子宫冲洗,直至排出透明液体为止,每日冲洗1次，随渗出物的逐渐减少和子宫收缩力的提高，将盐水的浓度逐渐降到1%。注意药液温度为35～45℃，药液量不宜过大，每次用量在1 000～1 500毫升。注入药液不顺利时切不可加大压力，以免感染扩散、引起输卵管或腹膜发炎。对于子宫积脓的牛，应先将子宫内积留的液体排出之后再进行冲洗；对于子宫颈口闭锁、子宫冲洗器无法进入的或由于病畜剧烈努责而无法冲洗的病牛，可以采取在第一和第二尾椎间进行硬膜外腔用2%普鲁卡因10毫升尾椎麻醉以后冲洗。对病程时间较长，脓汁中的水分被吸收，脓汁变干并牢固黏附在子宫黏膜的病牛，可先用3%过氧化氢500～1 000毫升反复冲洗，清理出牢固黏附在子宫黏膜上的脓块后，再用10%的氯化钠溶液反复冲洗，用高浓度药液冲洗之后，再及时用3%的过氧化氢、0.1%的高猛酸钾、0.1%的雷佛奴尔、1%的碳酸氢钠、0.9%生理盐水、0.01%的新洁尔灭溶液等反复进行子宫冲洗，排出子宫内残留的10%的氯化钠溶液，减轻对子宫黏膜的刺激，直至排出透明液体为止。冲洗后必须充分排出子宫内的液体，以免引起子宫弛缓和感染的扩散。每日冲洗1次，连续3～5天，排净药液后，向子宫内投入抗菌素。切记不要用碘酊、高浓度高猛酸钾等强刺激剂，以免造成子宫黏膜的损伤，造成永久性不育。病情严重和病程较长的牛，冲洗频繁会造成子宫穿孔，这时要减少子宫冲洗次数。

2.子宫内投入抗菌素

冲洗排净子宫内的液体后，向子宫内投入抗菌素（如链霉素1～2克或四环素1～2克），用20～50毫米生理盐水溶解后注入子宫内。为防止注入溶液外流，所用的溶剂数量不宜过大。

3.封闭疗法

用青霉素240万单位、链霉素100万单位溶解于500毫升生理盐水中，加入3%普鲁卡因10毫升从右侧肷部腹膜腔内注入，进行封闭治疗，防止炎症扩散和减轻全身症状。

4.抗菌消炎和解除自体中毒

用5%碳酸氢钠溶液200～400毫升、5%葡萄糖生理盐水2 000～3 000毫升、40%乌洛托品100毫升、20%安钠咖10～20毫升、青霉素800～1 200万单位一次静脉注射。注意抗菌素要及早、大量、连续使用，首次用量要足，直至体温降至正常。为促进子宫收缩和渗出物的排出，可给予已烯雌酚、氨甲酰胆碱、新斯的明等药物，尤其是雌激素。阻止脓汁吸收可静脉注射10%氯化钙。解除自体中毒、增强机体抵抗力可使用地塞米松和维生素C。为了增加子宫腺体的分泌，促进子宫颈开张，促进子宫血液循环，改善生殖器官的机能，增强子宫的抵抗力，可内服中药，如当归、赤芍、红花、桃仁、益母草、元胡、二花、连壳、黄柏、枳壳等加以治疗；为加强渗出物的排出可重用枳壳。实践证明,这是缩短疗程、降低不育症最有效、最经济的办法,因为早期使用药液冲洗,排出子宫内的渗出物,既能提前防止产生的大量渗出物对机体的刺激而引起全身症状,保护健康子宫黏膜免受损伤,又能防止吸收以后引起全身中毒,给治疗带来的被动和难度。而局部放置抗菌素既可避免因大剂量使用抗菌素带来的全身不良反应,避免细菌产生抗药性而延长治疗时间,又能节约费用,降低乳中抗菌素残留量,缩短牛奶停用时间。

十三、风湿病

风湿病是主要侵害背、腰、四肢肌肉和关节,同时也侵害蹄以及其他组织器官的全身性疾病。风湿病多见于牛,在寒湿地区和冬、春季节发病率较高。

(一)病因

一般认为风湿病是一种由抗原-抗体反应所致的变态反应性炎症,这种变态反应主要是由溶血性链球菌的感染所引起。机体过劳、受冷、受潮及圈舍贼风都是引起本病的诱因。

(二)症状

风湿病的特点是突然发病,疼痛有转移性,容易再发。临床上根据发病主要症状和器官的不同,将风湿病分为肌肉风湿病、关节风湿病、蹄风湿病和心脏风湿病,其中肌肉风湿病和关节风湿病较常见。

(1)肌肉风湿病:主要发生在活动性较大的肌群,如颈肌群、肩臂肌群、背腰肌群、臀肌群和股后肌群。急性肌肉风湿病的主要病例变化是发生浆液性或纤维性炎症。触诊患部肌肉紧张、坚实、疼痛,经数日或1～2周症状即可消失,但易复发。多数肌肉发病常伴有全身症状,体温升高,食欲减退,结膜潮红,脉搏频数。慢性肌肉风湿的主要病理变化是慢性间质性肌炎,病程能维持数周至数月。患部肌肉萎缩,弹性降低,病畜易疲劳,全身症状不明显,触诊患部疼痛,肌肉表面坚硬、不平滑。因疼痛有转移性,故出现交替性跛行。

(2)关节风湿病:多发生在肩、肘、膝等活动性较大的关节,常呈对称性,也有转移性,脊柱关节也有发生。急性关节风湿病表现为急性滑膜炎的症状,关节肿胀、增温、疼痛,关节腔有积液,触诊有波动,穿刺液为纤维性絮状混浊液。站立时患肢常屈曲,运动时呈肢跛为主的混合跛行,常伴有全身症状。转为慢性时,呈现慢性关节炎的症状,滑膜及周围组织增生、肥厚,关节变粗,活动受到限制,运动时有关节内摩擦音。

风湿病因发病部位不同,症状也有区别。例如颈部风湿,一侧患病时,颈弯向患侧，叫斜颈。两侧同时患病时，头颈伸直，低头困难，称为低头难。背腰风湿，背腰弓起，运步时后肢常以蹄尖拖地前进，转弯不灵活，卧地后起立困难。四肢风湿，患肢举扬困难，运步缓慢，步幅缩短，跛行随运动量的增加而减轻或消失。

(三)诊断

通常依据病史和病状特点不难诊断，必要时可静脉注射水杨酸钠，1小时后运步检查，如跛行明显减轻或消失即可确诊。

(四)防治

本病的预防应注意秋季防潮湿，冬季防寒，避免感冒，圈舍经常保持清洁干燥，防止贼风侵袭，在出汗和雨淋后系于避风处，以防受风。

本病的疗法很多，但易复发，常用的疗法有以下几种。

(1)水杨酸制剂疗法：水杨酸制剂具有明显的抗风湿、抗炎和解热镇痛作用，用于治疗急性风湿病效果较好。除内服水杨酸钠外，还可静脉注射10%水杨酸钠溶液100～200毫升，也可静脉注射镇跛痛、水杨酸溴碘、撒溴葡萄糖等注射液。应用安乃近、氨基比林也有良好效果。

(2)可的松制剂疗法：可的松具有抗过敏作用和抗炎作用，用来治疗急性风湿病也有显著效果。可选用醋酸可的松、氢化可的松、地塞米松等，用量依动物种类、大小而定。此外，也可用中草药、针灸疗法。

第五节　牛羊家畜中毒病的防治

一、瘤胃酸中毒

瘤胃酸中毒主要是因为过食富含碳水化合物的谷物饲料，特别是粉碎过细的谷物饲料，或偷食大量粮食等精料，在瘤胃内高度发酵，很快产生大量乳酸堆积并吸收入血后所引起的急性代谢性酸中毒，临床上以急性前胃弛缓、脱水、瘤胃pH明显降低，粪、尿呈酸性为特征。瘤胃酸中毒耕牛、奶牛、犊牛都有发生，多见于奶牛和育肥牛。病畜主要表现为消化障碍，瘤胃胀满，精神沉郁，运动失调，卧地不起，神志昏迷，酸血症，陷于脱水状态而死亡。

(一)病因

临床常见病例的主要病因有：饲喂过多的玉米珍子、马铃薯、大麦、甜菜、豆腐渣、剩饭、水果、青贮饲料、马铃薯粉水、粉渣；或长期缺乏优质青干草而只喂青贮饲料；或产后给予大量的米汤、面糊；或脱缰后偷食大量玉米、小麦、面粉、谷子、豌豆等。特别是突然饲喂大量精料或脱缰偷食大量精料时最易发生瘤胃酸中毒，饲喂或偷食经过加工的精料更易引起发病。因其早期主要呈现瘤胃积食的症状而往往被忽视或耽误治疗，死亡率较高，可造成重大经济损失。

（二）症状

与过食精料饲料的种类、性质、采食量有关。症状多种多样，临床上绝大多数病例都呈现急性瘤胃酸中毒综合征，并具有一定的中枢神经兴奋症状，表现为急性消化障碍、瘤胃积食、全身代谢紊乱、酸血症、神经调节功能异常、蹄叶炎、脱水、昏迷、休克，病情急剧而危险。据实验报道，肉牛过食谷物致死量为25～62克/千克体重，且粉碎的比不粉碎的发病快。根据食入量及种类和个体耐受力不同，可将瘤胃酸中毒分为三种类型。

1.最急性型

常在采食后无明显病症，于3～5小时内突然死亡。

2.急性重剧型

当空腹一次采食大量精料、特别是粉状精料时，采食后几小时到半天内即可发病。其中大部分病例为脱缰偷食。除部分病牛兴奋外，一般病牛都精神沉郁，腹胀，腹痛，鼻镜干燥，眼球下陷，结膜充血，口膜暗红，不愿走动，四肢无力，步态不稳，走路摇晃，弓背伸腰，后肢踢腹，跛行，蹬腿踏脚，不断起卧，回头顾腹，不时磨牙，呕吐，空嚼，食道逆蠕动，排粪内有未消化的饲料。触压瘤胃可感到瘤胃内容物多但不坚硬，弹性降低，以后则变软呈液状，瘤胃内充满糊状物及气体，有潺潺音或金属音，蠕动极弱或停止，嗳气酸臭难闻。抽取瘤胃内容物pH在5.0以下，血液浓稠、色暗，血乳酸升高，血NH_3含量增加，血钙偏低，部分病畜有溶血现象。尿液呈酸性，pH在5.0以下，尿比重增加，尿素、非蛋白氮增高。心率100～120次/分钟，呼吸60～80次/分钟，呼吸极度困难，张口呻吟。目光呆滞，眼反射减弱或消失，体温偏低，呈现循环虚脱症状。最后横卧于地，将头搭于一侧肩部，若不及时抢救，病牛常于叫声中呕吐而很快死亡，死亡率较高。食入过多豆类的病除上述症状外，瘤胃膨胀却很少下痢，血NH_3含量增加。由于NH_3大量吸收而引起高血NH_3症，可引起中枢神经系统（特别是大脑功能）障碍，出现迟钝、惊厥、昏睡、痉挛、眼球震颤，运动姿势异常。病牛视觉障碍，不顾任何障碍向前狂奔，不时作直奔或转圈运动，并出现瞳孔对光反射不敏感等严重的神经症状，很容易造成误诊而延误治疗。随着病情发展，病牛后肢麻痹、瘫痪、卧地不起，头贴地昏睡，兴奋与抑郁交替出现，反复发作，最终陷入昏迷状态而死亡。剖检可见瘤胃内容物多而呈稀糊状，有酸臭味，胃肠黏膜充血、坏死，有不同程度的水肿，黏膜脱落，甚至用手可以抹下，尤其以瘤胃为甚。本病病程短，多为1～2天，如能及时治疗，可望治愈，否则死亡率高。因采食多量晒干的马铃薯块茎的,泡沫性瘤胃鼓气和瘤胃酸中毒同时发生,很难救治,多以死亡告终。

3. 较轻型

采食多量精料或整粒籽实的,一般在采食后1～2天呈现上述症状,但比较缓和。首先表现食滞性前胃迟缓的症状,以后脱水、腹泻明显,排黑色黏的恶臭粪便,粪内有未消化的饲料,混有黏液或血液;尿少或无尿,尿液呈酸性,有时pH在5.0以下,比重增加,尿中有蛋白、酮体。呼气带酸臭味,有的发生肺水肿,妊娠母畜阴门分泌胶冻样黏液,有流产症状。由于瘤胃内组胺增高,诱发蹄叶炎,病牛卧地呻吟,头颈歪向一侧,不时磨牙。前后肢肌肉震颤,闭目不睁,后期呈昏睡状,四肢冰凉,瘤胃蠕动停止,严重时发生瘤胃麻痹。随着病情发展,后肢麻痹,瘫痪,卧地不起,头贴地昏睡;兴奋与抑郁交替出现,反复发作,最终陷入昏迷状态,多在发病后1～2天死亡。病程多为3～4天,如能及时治疗,多数可望治愈,否则死亡率高。

(三)诊断

症状多种多样,临床上绝大多数病例都呈现急性瘤胃酸中毒综合征,主要根据过食精料的病史、临床症状和实验室检验诊断。临床实践中可根据过食精料史,脱水,瘤胃液pH降低至5.0以下,瘤胃液中纤毛虫死亡,血液pH7.0以下,以及粪、尿呈酸性等可作出诊断。由于本病早期主要呈现瘤胃积食的症状而往往被忽视或耽误治疗,所以还需与前胃迟缓和瘤胃积食、酮病、真胃变位等病鉴别诊断,过食豆类的还必须与脑炎鉴别诊断,过食晒干马铃薯的还必须与泡沫性瘤胃鼓气鉴别诊断。

(四)治疗

本病的治疗原则第一是抑制乳酸的产生和酸中毒;第二应排出有毒物质,制止乳酸继续产生,解除酸中毒和脱水;第三是强心输液,调节电解质,维持循环血量;第四是促进前胃运动,增强胃肠机能;第五是用抗组胺制剂消除过敏性反应,镇静安神。实践证明,治疗本病的关键环节是泻下和保护胃肠黏膜。

对采食大量整粒精料或粉料,且采食后不久、瘤胃内精料还来不及或仅部分发酵产生乳酸的,要尽早使用大剂量油类泻药将其泻下。以400千克牛为例,一次可灌服液体石蜡1 500～2 500毫升。切记量要足,否则达不到泻下和保护胃肠黏膜目的而延误治疗。实践证明,这是缩短疗程、防止反复发作、降低死亡率最有效、最经济的办法。因为早期使用大剂量油类泻药既可避免因使用盐类泻药使整粒精料吸水发胀,产生腹胀和增加泻下难度,又能提前防止瘤胃产生大量乳酸,保护胃肠黏膜免受损伤,更能防止吸收以后引起全身中毒而给治疗带来的被动和难度。

对食入大量粉料不久或采食精料时间较长，已经在瘤胃发酵产生大量乳酸的病牛，首先要用10%石灰水（生石灰1千克，加水10千克充分搅拌溶解，取上清液）5 000～10 000毫升反复洗胃，然后再灌入液体石蜡1 500～2 500毫升，以利于排出大量乳酸和保护胃肠黏膜。并且胃管要多放置一会儿，以利于瘤胃内气体充分排出。值得注意的是，对采食大量整粒精料的牛，整粒料洗胃往往是洗不出的，所以应尽早采取泻下或手术办法治疗。

治疗也可用5%碳酸氢钠1 000～2 000毫升（最大可用5 000毫升）、5%葡萄糖生理盐水3 000～5 000毫升、20%安钠咖10～20毫升一次静脉注射。首次补液量不少于5 000毫升，碳酸氢钠不少于1 500毫升，3～4小时重复一次。注意要先输盐和强心剂，后输糖，并且要少输葡萄糖，同时控制输液速度，否则机体因为酸中毒和缺氧时，葡萄糖代谢不完全或进行无氧酵解，其中间代谢产物蓄积而加剧酸中毒，这是临床治疗时很多病例在大剂量输葡萄糖时突然死亡的主要原因。为促进糖代谢可用维生素 B_1，病畜不安时可适当给予钙制剂，如10%葡萄糖酸钙或溴化钙500毫升，但要与碳酸氢钠分开用。

酸中毒解除后，恢复瘤胃机能最有效的办法是：灌服健康牛瘤胃液3 000～5 000毫升（取屠宰后不久健康牛瘤胃液或瘤胃内容物，用温水洗后筛子过滤，胃管投服），可反复使用。

对瘤胃内积食过于坚硬、无法泻下的患牛应尽早切开瘤胃，手术治疗。

对于本病的治疗，《中国兽医杂志》、《中国畜牧兽医报》、《家畜营养代谢病》、《临床兽医学》等许多大中专院校教材和资料都有叙述，例如，用硫酸镁、3%碳酸氢钠洗胃；灌服硫酸钠、硫酸镁、碳酸氢钠、液体石蜡；皮下注射新斯的明、0.25%盐酸氯丙嗪；静脉注射5%碳酸氢钠、10%氯化钾、10%氯化钙、安钠咖、维生素C、40%乌洛托品、地塞米松、复方氯化钠或5%葡萄糖生理盐水；内服酵母粉、葡萄糖粉、酒精等治疗方法。临床治疗发现，上述有的治疗方法很难奏效；有的剂量偏小达不到治疗作用；有的输液用药量太大，病牛往往会死于输液途中；有的选药不合理；有的出现明显的配伍禁忌。此外，各种教材都只注重乳酸吸收以后的全身治疗，却忽视从根本上制止乳酸的进一步产生和吸收，忽视乳酸使得病情反复这一恶性循环过程，更没有提及对胃黏膜的保护这一关键措施，所以上述很多治疗方法都存在有待商榷的地方。

二、马铃薯中毒病

马铃薯中毒病，原指由于采食含有有毒成分的马铃薯茎叶和腐烂生芽的马铃薯块茎而引起家畜出现以神经症状和胃肠炎为特征的中毒，常见于猪，马、牛、羊等也可发生。近年来,马铃薯种植作为固原地区四大支柱产业之一,种植面积不断扩大,其用途和储存方法也发生了根本性变化。许多个体加工户由于加工规模不断扩大,为了抢购原料,大量收购来的马铃薯不采用窑窖储存,而是露天堆放,任凭风吹日晒,引起发芽、霉烂,变绿变紫,使马铃薯素含量明显增加。再加上当地严重缺水,多数粉坊粉水(2/3 是马铃薯粉碎过筛后的组织水)反复重复利用,从而使马铃薯素含量成倍增加。而当地养殖业又以养牛为主,马铃薯收获后的嫩绿茎叶、幼小及发霉腐烂的马铃薯块茎及加工淀粉后的马铃薯粉渣,便成了喂牛的主要饲料,并且以粉坊排放的马铃薯粉水作为牛的饮水,从而造成了牛马铃薯中毒病的普遍发生。这使本病的概念和含义明显扩大了,成为典型的地方流行,且有明显的季节性。

(一)中毒分类

马铃薯的嫩绿茎叶、外皮、浆果、芽内含有一种有毒的物质——马铃薯素,它是一种配糖体生物碱(又名龙葵素,$C_{45}H_{73}O_{15}N$)。据测定,马铃薯素在各部分含量极不一致,绿叶中含 0.25%,芽内 0.5%,花内 0.7%,浆果内 1%,见光变绿变紫的胚芽含量最高,可达 4.76%。块茎储存越久,马铃薯素明显增加。特别是保存不当,露天堆放引起发芽、变绿变紫、变质霉烂时,马铃薯素的含量更为增高。由于当地严重缺水,多数粉坊粉水反复重复利用,故马铃薯素含量成倍增加。此外,马铃薯茎叶里还含有有毒的亚硝酸盐,也能引起中毒。多数粉坊由于受条件限制,马铃薯露天堆放,风吹日晒,其马铃薯素远远高于上述含量。粉渣随处堆放,粉水到处流淌,腐败发酵。当用上述马铃薯或粉渣喂牛、粉水饮牛后,就造成了极为复杂的中毒现象。依食入毒物情况可分为三种。

1.马铃薯素中毒

以采食马铃薯嫩绿茎叶、浆果、发芽、变绿变紫的马铃薯块茎或其加工后的粉渣,饮用发芽、变绿变紫马铃薯加工后的新鲜粉水而引起的中毒,以马铃薯素中毒为主。

2.酸中毒

以采食含马铃薯素少的大量马铃薯或其加工后的粉渣,饮入其加工后的大量粉水,或饮入在外界腐败发酵的马铃薯粉水而引起中毒的,以瘤胃酸中毒和脱水为主。

3.综合中毒

食入既含有大量马铃薯素,又含有大量淀粉的马铃薯或粉渣,饮入含有马铃薯素的新鲜粉水或酸败粉水而引起的中毒,是既有酸中毒又有马铃薯素中毒的综合中毒。综合中毒临床最为多见,往往呈急性经过,重剧的可在 30 分钟内死亡。

(二)症状

根据食入毒物情况,临床症状大体可分为两种。

1. 轻度中毒

以消化道病变为主,表现为食欲减退,流涎,瘤胃蠕动减弱或停止,腹胀、腹痛,后肢踢腹,轻度下痢或水泻,粪便酸臭,肛门周围出现湿疹,精神沉郁,体温略高,抽取瘤胃液 pH 下降。

2. 重剧中毒

以神经症状为主,反刍、嗳气停止,瘤胃蠕动停止,瘤胃内有积液,抽取瘤胃液 pH 在 6.0 以下,排黑色黏的恶臭粪便,内有脓血,呼吸困难、每分钟 40 次以上。心跳微弱,每分钟 100 次以上。体温下降,耳尖、四肢末端、皮肤发凉,瞳孔散大。初兴奋不安,不顾任何障碍向前冲撞,短期经过后很快精神陷于沉郁。走路摇摆,步态不稳,后肢逐渐麻痹,呈划泳状,甚至四肢麻痹,最后昏迷抽搐,因呼吸中枢麻痹和酸中毒而死亡。

(三)中毒机理及诊断

马铃薯素能刺激胃肠黏膜致发重剧的出血性胃肠炎,吸收后能侵害延脑和脊髓,引起感觉和运动神经的麻痹,进入血液后能引起红细胞溶解而发生溶血现象。另外,马铃薯及其加工后的粉渣、粉水中仍含有大量淀粉,进入瘤胃后在微生物作用下,迅速发酵,产生大量有机酸,破坏瘤胃内环境而引起瘤胃酸中毒。或者直接饮入在外界腐败酸臭后含有大量有机酸的粉水而引起瘤胃酸中毒,吸收后又引起全身性酸中毒。特别是在外界酸败后的粉水,其含有大量病原微生物,成分相当复杂,所引起的中毒也很复杂。

此外,马铃薯茎叶里还含有有毒的亚硝酸盐,偶尔也能引起中毒。所以临床上对中毒病牛除根据临床症状作出初步诊断外,还应及时用胃管抽取瘤胃内容物,测定 pH,并且采集畜主用来喂牛所剩的马铃薯、粉渣、粉水,压榨取汁,用蒸馏水洗 2～3次后,在离心机分离,取上清液加氨水在水浴上蒸发至干,残渣用热乙醇 20 毫升提取 2 次并过滤,将滤液蒸发至 5 毫升再加入氨水,使马铃薯素沉淀而测定马铃薯素含量。

(四)治疗

对本病的治疗,《家畜内科及临床诊断学》、《临床兽医学》、《家畜营养代谢病》、《牛羊病防治》等大中专院校教材,均提及用浓茶水、0.1%高锰酸钾溶液、4%～5%鞣酸溶液洗胃,用鞣酸加淀粉或木炭末、磺胺脒内服,静脉注射葡萄糖液和维生素 C 等方法治疗。但这些传统疗法临床治疗效果均不理想。所以对本病的治疗,本书作者进行了多年的探索和总结，在目前尚无马铃薯素特效解毒药的情况下，确立了排毒、解毒、兴奋中枢并举的综合治疗方法，具体措施如下：

(1)首先用1%石灰水5 000～10 000毫升洗胃，这既能快速中和胃内大量有机酸，又能使有毒物沉淀不被吸收而排出，防止其被进一步吸收而加剧病情，增加治疗难度。而且此法经济实惠。

(2)其次用盐类泻药硫酸钠或硫酸镁400～800克配成8%的溶液，用胃管投服。这既能将毒物排出，又能阻止吸收，防止全身性中毒。

(3)静脉注射5%碳酸氢钠500～1 500毫升，能迅速纠正酸中毒，改善全身机能。随后注射一定量的葡萄糖和中枢兴奋剂(如安钠咖、樟脑磺酸钠)，以帮助解毒和兴奋已麻痹的心跳和呼吸中枢。

(4)对危重病畜，先静脉放血1 000毫升，排出一部分毒素，然后大量快速输液，加速从尿中排出。输液可选用5%葡萄糖、生理盐水，并加入强心剂。注意要先输盐后输糖，否则由于机体处于酸中毒，加上呼吸抑制，体内缺氧，使葡萄糖不能完全代谢，其中间产物在体内蓄积而加重病情，以致病牛在输液途中死亡。

三、氢氰酸中毒

氢氰酸中毒是由于牛采食富含氰甙配糖体的饲料，在胃内由于酶和胃酸的作用，水解为有剧毒的氢氰酸而发生的中毒。其主要特征为呼吸困难，震颤、惊厥等综合发生的组织中毒性缺氧症。

(一)病因

采食大量高粱、玉米幼苗、亚麻苗或叶片等饲料，以及采食桃树叶、杏树叶等含有较多的氰甙配糖体的树叶，引起中毒。

(二)症状

氢氰酸中毒发病很快，一般采食后15～20分钟即要出现明显症状，采食后立即饮水者发病更快。轻度中毒时，出现兴奋、流涎、腹痛、腹泻、肌肉痉挛，可视黏膜鲜红，呼出气有杏仁味。严重中毒时，知觉很快消失，行走不稳，倒地，眼球固定而突出，呼吸困难，肌肉痉挛，牙关紧闭，瞳孔散大，头向一侧弯曲，最后昏迷，往往发出尖叫声而死亡。

(三)治疗

立即静脉注射5%亚硝酸钠40毫升，随后注射5%～10%硫代硫酸钠100～200毫升。或用亚硝酸钠3克，硫代硫酸钠15克、蒸馏水700毫升混合，给牛一次静脉注射。

(四)预防

不饲喂含有氰甙配糖体的植物,或用含氰甙配糖体的饲料时,最好放于流水中浸渍 24 小时,或漂洗后再加工利用。

四、尿素中毒

尿素中毒是因为对尿素管理不当,使牛羊误食或喂给牛羊尿素时方法不当或用量过多而使牛羊发生中毒。本病以发病急促、全身痉挛、呼吸困难、出汗和瞳孔散大为特征。

(一)症状

发病急促,在牛羊食入过量尿素后 30～60 分钟突然发病。病畜表现为呻吟不安,肌肉震颤,行走时步态踉跄,全身痉挛,呼吸困难,口鼻流出泡沫,心跳加快,可达 100 次/分钟以上,后期全身出汗、瞳孔散大,肛门松弛。羊尿素中毒时,反刍停止,瘤胃膨胀,鼻唇及全身痉挛,呈角弓反张姿势,眼球震颤,不能站立,迅速死亡。

(二)诊断

根据病畜吃过尿素和临床症状可作出初步判断。

(三)防治措施

加强尿素管理,不在畜舍周围存放尿素。在施用尿素时,要随时把尿素袋口扎好,不要让牛羊偷吃。在给牛羊喂饲尿素时,要严格控制用量,充分搅拌均匀,应控制在全部饲料干物质总量的 1%以下,或精料的 3%以下。成年牛全天以 200～300 克,羊以 20～30 克为宜。切记不能把尿素加入饮水中饮服。

(四)治疗

灌服食醋,如食醋 1 000 毫升,加入冷水灌服,或加入甲醛 20 毫升,冷水 4 000 毫升,每 2～4 小时内服 1 次。心脏衰弱时要强心补液,可用 10%～25%葡萄糖注射液 1 000～1 500 毫升,葡萄糖酸钙 50～100 毫升,一次静脉输液。

五、有机磷农药中毒

有机磷农药是农林业上常用的杀虫剂之一,也是引起家畜中毒的主要农药。目前引起家畜中毒的有机磷农药主要有甲拌磷(3911)、对硫磷(1605)、内吸磷(1059)、乐果、敌百虫等。有机磷农药中毒是因为牛羊吃了喷洒过有机磷农药的饲料或浸拌过有机磷农药的种子,或拌过有机磷农药的毒饵,或用有机磷农药驱杀体内外寄生虫、治疗皮肤病而引起的中毒性疾病,以流涎吐沫、肌肉震颤、兴奋不安、瞳孔缩小为特征。

(一)病因

引起中毒的原因主要有:误食喷洒有机磷农药的青草或庄稼及种子;误食鼠药及老鼠尸体;误饮被有机磷农药污染的饮水;误用配制农药的容器当作饲槽或水桶来喂饮家畜;滥用农药驱除体表寄生虫;人为投毒。

(二)症状

初精神兴奋,狂躁不安,以后沉郁或昏睡,瞳孔缩小,流涎、口吐白沫,食欲减退或废绝,腹痛,排粪次数增多;腹泻,出汗,呼吸与心跳增数;肌肉震颤,兴奋不安,瞳孔缩小,视力减弱,最后昏迷倒地,大小便失禁。胸前、肘后、阴囊周围及会阴部出汗,甚至全身出汗,呼吸困难,肠音增强,粪中混有黏液或血液,耳尖、四肢末端冰凉,体温降低。

(三)诊断

根据临床症状,可作出初步诊断。实验室诊断可用胆碱酯酶活性试验或毒物检验快速诊断和确诊。

(四)防治措施

(1)预防:加强农药管理,严防坏人投毒,加强农药知识使用的宣传,提高群众安全使用农药的知识与技术。不到喷洒过农药的草地放牧,不用喷洒过农药的饲草喂牛、羊。

(2)抢救:一经发现,立即用特效解毒药治疗,肌肉注射乙酰胆碱拮抗剂,阿托品用量牛为50~100毫升,羊为10~20毫升。应尽早用阿托品控制症状,每隔1~2小时重复一次。肌肉或静脉注射胆碱酯酶复活剂,如解磷定15~30毫升/千克体重,加入葡萄糖氯化钠注射液中静脉注射,每隔2~3小时重复一次。注意宜早用,后期待胆碱酯酶老化时再使用往往效果不大。

(3)强心补液,保肝。可在使用葡萄糖氯化钠和解磷定的同时,加入10%~20%的安钠咖10~20毫升。

(4)对症治疗。可根据病情酌情使用呼吸中枢兴奋药、镇静解痉药和抗感染药。经皮肤沾染中毒的,可用清水或肥皂水洗刷皮肤,除去尚未吸收的毒物;经消化道中毒的,可用2%~3%鞣酸溶液或食盐水洗胃,并灌服活性炭等药物。必须注意,敌百虫中毒,不能用碱性液洗皮肤和洗胃,可用1%醋酸水洗,然后服盐类泻剂,禁用油类泻剂。

(五)预防

健全农药保管制度,喷洒农药的植物一般7天内不作饲料。使用农药驱除家畜体内外寄生虫时,应由兽医负责实施,严格掌握用药浓度、剂量,以防中毒。

附录1

青贮苜蓿调制技术规程

1 范围

本标准规定了青贮苜蓿调制的术语和定义、制作要求、品质检验方法和饲喂。

本标准适用于青贮苜蓿的加工调制生产。

2 规范性引用文件

下列文件中的条款通过本标准的引用而成为本标准的条款。凡是注日期的引用文件,其随后所有的修改单(不包括勘误的内容)或修订版均不适用于本标准,然而,鼓励根据本标准达成协议的各方研究是否可使用这些文件的最新版本。凡是不注日期的引用文件,其最新版本适用于本标准。

DB64/T752 饲草包膜青贮加工调制技术规程

3 术语和定义

下列术语和定义适用于本标准。

3.1 青贮苜蓿

在厌氧条件下,通过发酵降低苜蓿饲料的 pH,抑制有害菌和霉菌的生长,从而使苜蓿长期保存的过程。

3.2 添加剂

为了降低青贮原料的 pH,或补充青贮原料中不足的营养成分,或增加乳酸菌初始状态的数量,或改善青贮饲料的适口性,在制作青贮过程中,在青贮原料中加入适量的添加剂,如乳酸菌、葡萄糖、有机酸(甲酸、丙酸混合液)等。

4 青贮苜蓿制作要求

4.1 技术要求

4.1.1 苜蓿青贮过程应在压实、密闭、不漏气的无氧条件下完成。

4.1.2 青贮的原料应是清洁、无霉变的苜蓿。

4.1.3 原料要铡短,一般以 2～5 厘米为宜(因机械设备不同,苜蓿亦可在田间收割,晾晒后直接机械打捆)。

4.1.4 原料收获应在营养和产量最佳的现蕾期至初花期(20%开花)按茬

刈割。

4.1.5　添加剂及添加剂的用量(根据生产实际选择应用)。

4.1.5.1　乳酸菌:每1 000千克苜蓿加入2.5克乳酸菌制剂,取水8～10千克,经稀释活化后配制成乳酸菌溶液。乳酸菌活化剂溶液配制见附录1.A。

4.1.5.2　葡萄糖:每1 000千克苜蓿加入10～15千克葡萄糖。

4.1.5.3　有机酸:每1 000千克苜蓿添加2～4千克有机酸。

4.1.6　青贮处理的季节、温度及时间

宁夏地区适宜的季节一般在5～10月份。选择晴朗、无大风的天气。一般适宜温度是15～30℃。不同环境温度与苜蓿青贮处理时间的关系见附录1.B。

4.1.7　原料含水率

苜蓿青贮以半干青贮为主,原料水分含量应控制在45%～55%。如果含水量较大,可进行晾晒,晾晒至叶片发蔫不卷为宜。

4.2　设备和设施

4.2.1　包膜苜蓿青贮设备和设施

包膜苜蓿青贮的设备和设施应符合DB64/T752上的要求。

4.2.2　青贮池苜蓿青贮设备和设施

4.2.2.1　设备

牧草收割机、铡草机、运草车辆、压实工具。

4.2.2.2　青贮池

青贮池应做到不透气,不渗水。如有条件,青贮池的四壁和底部用石头或砖块砌、水泥勾缝,抹面建成永久池;没条件的挖成土池也可以,但在池壁四周及底部应裱衬一层塑料薄膜。池的内壁应光滑坚固,并有一定的斜度(与沿垂面的夹角以8～100度为宜),以保证边角处的贮料能够被压实。

4.3　制作方法

4.3.1　包膜苜蓿青贮制作

包膜苜蓿青贮的制作应按照DB64/T752要求制作。

4.3.2　青贮池苜蓿青贮制作

4.3.2.1　原料收获和运输

在苜蓿生长到现蕾期至初花期(20%开花)时进行刈割,刈割后进行晾晒(在天气晴好的情况下,一般在灌区种植的苜蓿晾晒12～24小时,干旱地区晾晒8～12小时,晾晒至叶片发蔫不卷即可,防止暴晒),当水分达到45%～55%时,将晾晒好的原料运送到青贮制作地点。

4.3.2.2　切碎和压实

将原料及时用铡草机进行切碎，一般切成 2～5 厘米为宜，切碎后的原料最好当天装入青贮池。边铡碎边装池，边装池边压实，尽量避免切碎的原料在池外暴晒过久。如果要加入添加剂，在装池前应将添加剂与切碎的原料混合均匀然后装池。要逐层进行压实，小规模操作时可采用人工层层踩实，每装 30～50 厘米踩实一次，特别要注意边角踩踏，最好不留缝隙。大池青贮，一般采用大型拖拉机或四轮拖拉机进行压实，池子边角采用人工踏实或机械压实。原料装满后，应高出青贮池上沿 30～40 左右，保证下沉后不漏气或防止渗进雨水。

4.3.2.3　密封

原料填满压实后，覆上一层塑料薄膜封严，再覆土 20～30 厘米。封顶 2～3 天后要随时观察，发现原料下沉，应在下陷处填土，防止空气与雨水进入。

4.4　开封及保存

青贮苜蓿一般经过 50～60 天后即可开启使用。包膜青贮苜蓿取喂时，取喂量应按照家畜饲养量而定，以当天喂完为宜。青贮池取喂时应从一端的横断面按垂直方向自上而下切取，每次取用量应以 2～3 天喂完为宜。取料后要将口封严，以免引起变质腐败。青贮池只要密封好，亦可保证长期贮存。

5　青贮苜蓿的品质检验方法

品质检验采用感官检验和实验室检验。

5.1　感官检验

按附表 1.1 规定的要求执行。

附表 1.1　青贮苜蓿鉴定要求

项　目	优　等	中　等	劣　等
颜　色	绿色、青绿色或者黄绿色，有光泽	黄褐色、墨绿色，光泽差	全暗色、黑色、黑褐色，无光泽
气　味	具有清香味，给人舒服感	香味淡或没有，具有微酸味	具有特殊的腐臭味或霉烂味
质　地	手感松软，稍湿润，茎叶花保持原样	柔软稍干活水分稍多，茎叶花部分保持原样	干燥松散或结成块状，发黏，腐烂，无结构

5.2　实验室检验

按附表 1.2 规定的要求执行。

附表 1.2　青贮苜蓿实验室检验方法

项　目	样品制备	检验方法
粗蛋白	用五点法在不同层次用利刀切取 20 厘米的样块(离池壁 40 厘米),将所取样本混匀,用等格分取法缩减至 2 000 克装瓶备用	凯氏定氮法
pH	同上,只是在未制成干物以前即将所采样品进行测定	pH 计
粗纤维	同粗蛋白	分次水解法
粗脂肪	同上	乙醚侵出法
粗灰分	同上	灼烧法
干物质	同上	烘干法(105℃)
无氮侵出物	同上	用计算方法

6　青贮苜蓿饲料的饲喂

6.1　青贮苜蓿饲料饲喂的方法

青贮苜蓿饲料饲喂时要与其他饲草搭配混合饲喂,也可与配合饲料混合饲喂,不宜单独饲喂青贮苜蓿饲料。家畜对青贮苜蓿饲料应有一个适应过程,饲喂时应循序渐进,逐渐增加饲喂量,停喂时也应逐步减量。

6.2　青贮苜蓿饲料饲喂量

牛羊青贮苜蓿饲料的用量应根据家畜的种类、年龄、生产水平和青贮苜蓿饲料品质而定。牛羊日喂量参考数见附表 1.3。

附表 1.3　羊青贮苜蓿饲料日喂量参考数

家畜种类	日喂量/克
奶　牛	10～15
犊　牛	2～2.5
肉　牛	4～5
肉　羊	1.5～2

附录 1.A(资料性附录)

乳酸菌活化及溶液配制

配制乳酸菌菌液前,按照当天处理的苜蓿量复活相应量的乳酸菌。以每处理 1 000 克苜蓿需 2.5 乳酸菌活菌溶于白糖溶液中配制复活菌液,在常温下放置 1～2 小时方可使用。乳酸菌配制比例见附表 1.A。

附表 1.A　乳酸菌配制比例

饲草种类	饲草重量	乳酸菌用量	饲草含水量
苜蓿	1 000 千克	2.5 克	45%～55%

将配制活化好的乳酸菌菌液兑入适量的水中，在装池过程中均匀喷洒在苜蓿表面。配制好的乳酸菌菌液应当天用完，不能过夜。

附录 1.B(资料性附录)

不同环境温度与苜蓿青贮处理时间的关系见附表 1.B。

附表 1.B　不同环境温度与苜蓿青贮处理时间的关系参考值表

环境温度/℃	青贮时间/天
<10	>50
10～19	30～45
19～37	10～13

附录 2

饲草包膜青贮加工调制技术规程

1　范围

本标准规定了饲草包膜青贮的术语和定义、调制技术、开封及取用、品质检验方法和饲喂。

本标准适用于饲草包膜青贮的加工调制生产。

2　术语和定义

下列术语和定义适用于本标准。

2.1　饲草

在我区茎叶可作为草食动物饲料的草本植物主要包括玉米(青贮玉米、玉米秸秆)、稻(麦)秸秆、牧草(苜蓿、燕麦、高粱)等。

2.2　拉伸膜

很薄、具有黏性的塑料拉伸回缩膜。裹包草捆时,拉伸膜会自动回缩,紧紧地包裹在草捆上,能够防止外界空气和水分进入。

2.3　包膜青贮

采用青贮包膜专用设备及拉伸膜将饲草紧紧地包裹起来。饲草裹包好后,形成厌氧状态,饲草自行发酵产生乳酸菌,从而抑制腐败菌的产生,达到饲草的长期保存。

2.4　添加剂

为了降低饲草包膜青贮原料的 pH,或补充包膜青贮原料中不足的营养成分,或增加乳酸菌初始状态的数量,或改善包膜青贮饲料的适口性,在制作包膜青贮过程中,在包膜青贮原料中加入适量的添加剂,如乳酸菌、饲料酶、有机酸(甲酸、丙酸混合液)等。

3　饲草包膜青贮调制技术

3.1　饲草包膜青贮技术要求

3.1.1　饲草包膜青贮过程应在压实、密闭、不漏气的无氧条件下完成。

3.1.2　青贮原料应清洁、无霉变。

3.1.3　原料应铡短,一般以 2～5 厘米为宜(因机械设备不同,牧草亦可在田间收割晾晒后直接机械打捆)。

3.1.4　原料应在营养和产量最佳时期(苜蓿在现蕾期至初花期,即 20%开花时)刈割。

3.1.5　添加剂及添加剂的用量应根据生产实际选择应用。

3.1.5.1　乳酸菌:每 1 000 千克饲草加入 2.5 克乳酸菌制剂,取水 8～10 千克,经稀释活化后配制成乳酸菌溶液。乳酸菌活化及溶液配制见附录 2.A。

3.1.5.2　饲料酶:每 1 000 千克饲草加入 0.1 千克青贮专用饲料酶。

3.1.5.3　有机酸:每 1 000 千克饲草添加 2～4 千克有机酸。

3.1.5.4　饲草包膜青贮处理的季节、温度及时间。

宁夏地区适宜的时间一般在 5～10 月份。选择晴朗、无大风的天气。一般适宜温度是 15～30℃。不同环境温度与饲草包膜处理时间的关系见附录 2.B。

3.1.6　原料含水率

一般原料水分含量应控制在 55%～65%。苜蓿含水率控制在 45%～55%。

3.2　饲草包膜青贮制作方法

3.2.1　设备

青贮玉米收获机、牧草收割机、铡草机、运草车辆、饲草打捆机、包膜机。

3.2.2　原料收获和运输

玉米在蜡熟前期,燕麦及高粱孕穗期或抽穗期,苜蓿在现蕾期至初花期(20%开花)时进行刈割,刈割后原料水分达到 55～65%(苜蓿应将原料水分调节到 45～55%)时,将原料运送到包膜青贮制作地点。

3.2.3　切碎

将原料及时用铡草机进行切碎,切碎长度一般应在 2～5 厘米(因机械设备不同,苜蓿亦可在田间收割,晾晒后直接机械打捆)。

3.2.4　打捆和包膜

将切碎的原料装入专用饲草打捆机中进行打捆(每捆重量约为 50～60 千克)。如果需要加添加剂,则在打捆前将添加剂与切碎的原料混合均匀后再进行打捆。打捆结束后,从打捆机中取出草捆,将草捆平稳放到包膜机上,然后启动包膜机用专用拉伸膜进行包裹。设定包膜机的包膜圈数以 22～25 圈为宜(保证包膜 2 层以上)。

3.2.5　堆放和保存

包膜完成后,从包膜机上搬下已经制作完成的包膜草捆,整齐地堆放在远离火源、鼠害少、避光、牲畜触及不到的地方。堆放不应超过 3 层。搬运时不应扎通、磨破包膜,以免漏气。在堆放过程中如发现有包膜破损,应及时用胶布粘贴,防止漏气。

4　饲草包膜青贮的开封及取用

包膜青贮一般经过 50～60 天后即可开启使用。包膜青贮取喂时,将外面包裹的塑料膜拆开(可沿包裹方向拆开,最好不要剪断,缠好后可旧物利用),剪开里面的网或绳,取出青贮即可。取喂量应按照家畜饲养量而定,以当天喂完为宜。

5 饲草包膜青贮的品质检验方法

品质检验采用感官检验和实验室检验。

5.1 感官检验

按附表 2.1 规定的要求执行。

附表 2.1 饲草包膜青贮感官鉴定要求

项目	优等	中等	劣等
颜色	绿色、青绿色或者黄绿色,有光泽	黄褐色、墨绿色,光泽差	全暗色、黑色、黑褐色,无光泽
气味	具有清香味,给人舒服感	香味淡或没有,具有微酸味	具有特殊的腐臭味或霉烂味
质地	手感松软,稍湿润,茎叶花保持原样	柔软稍干活水分稍多,茎叶花部分保持原样	干燥松散或结成块状,发黏,腐烂,无结构

5.2 实验室检验

按附表 2.2 规定的要求执行。

附表 2.2 饲草包膜青贮实验室检验方法

项目	样品制备	检验方法
粗蛋白质	用五点法在不同层次用利刀切取 20 厘米的样块(离池壁 40 厘米),将所取样本混匀,用等格分取法缩减至 2 000 克装瓶备用	凯氏定氮法
pH	同上,只是在未制成干物以前即将所采样品进行测定	pH 计
粗纤维	同粗蛋白质	分次水解法
粗脂肪	同上	乙醚浸出法
粗灰分	同上	灼烧法
干物质	同上	烘干法(105℃)
无氮侵出物	同上	用计算方法

6 饲草包膜青贮的饲喂

6.1 饲草包膜青贮饲喂的方法

包膜青贮与常规青贮饲料一样,饲喂时要与其他饲草搭配混合饲喂,也可与配合饲料混合饲喂,不宜单独饲喂。家畜对包膜青贮应有一个适应过程,饲喂时应循序渐进，逐渐增加饲喂量，停喂时也应逐步减量。

6.2　饲草包膜青贮饲喂量

牛羊包膜青贮的用量应根据家畜的种类、年龄、生产水平和包膜青贮饲料品质而定。牛羊日喂量参考数见附表 2.3。

附表 2.3　牛羊饲草包膜青贮日喂量参考数

家畜种类	日喂量/kg
奶牛	10～15
犊牛	2～2.5
肉牛	4～5
肉羊	1.5～2

附录 2.A（资料性附录）

乳酸菌活化及溶液配制

配制乳酸菌菌液前，按照当天处理的饲草量复活相应量的乳酸菌。以每处理 1 000千克饲草需 2.5 克乳酸菌计算，先将 20 克白糖加入 200 毫升温水中，再将 2.5克乳酸菌活菌溶于白糖溶液中配制成复活菌液，在常温下放置 1～2 小时后方可使用。乳酸菌配制比例见附表 2.A。

附表 2.A　乳酸菌配制比例

饲草种类	饲草重量/千克	乳酸菌用量/克	饲草含水量
全株玉米、玉米秸秆、稻（麦）秸秆、燕麦、高粱	1 000	2.5	55%～65%
苜蓿	1 000	2.5	45%～55%

将配制活化好的乳酸菌菌液兑入适量的水中，在装池制作过程中均匀喷洒在饲草表面。配制好的乳酸菌菌液应当天用完，不能过夜。

附录 2.B（资料性附录）

不同环境温度与饲草包膜青贮处理时间的关系见附表 2.B。

附表 2.B　不同环境温度与饲草包膜青贮处理时间的关系参考值表

环境温度/%	青贮时间/天
＜10	＞50
10～19	30～45
19～37	10～13

附录3

氨化饲料调制技术规程

1　范围

本标准规定了氨化的术语和定义、氨化饲料调制技术、氨化饲料的开封及保存、氨化饲料品质检验方法和饲喂。

本标准适用于我区氨化饲料的调制生产。

2　术语和定义

下列术语和定于适用于本标准。

2.1　秸秆

禾本科作物收获种子后剩余的地上部分，秸秆的主要成分是粗纤维，粗纤维中的纤维素、半纤维素可以被草食家畜消化利用，木质素则基本不能。

2.2　氨化

秸秆中的纤维素和半纤维素有一部分同不能消化的木质素紧紧地结合在一起，阻碍其被家畜消化吸收，氨化的作用就在于切断这种联系，把秸秆中的这部分营养释放出来，同时增加秸秆粗蛋白含量，使其能被家畜消化吸收。

2.3　液氨

液氮又叫无水氨，是无色、有强烈刺激性的气味的气体。通常在一个大气压下，－33.4℃时液化成液体，称液氨。但温度高于液化点－33.4℃或遇到空气后，立即汽化成气体氨。

2.4　氨气

氨气是氨(NH_3)、水(H_2O)和氢氧化铵(NH_4OH)的混合体。

2.5　尿素

尿素是白色晶体，呈颗粒状，分子式为$CO(NH_2)_2$。遇空气中水分子易于吸湿，在适宜温度和脲酶的作用下，可分解成二氧化碳和氨。

2.6　秸秆氨化

指在密封条件下，将液氨、氨水或尿素溶液按一定比例加入到秸秆中，在常温下经过一定时间处理，从而提高秸秆饲用价值的方法。

3 氨化饲料调制技术

3.1 秸秆氨化技术要求

3.1.1 秸秆氨化过程应在压实、密封、不漏气的无氧条件下完成。

3.1.2 供氨化的原料为清洁、未霉变的玉米秸秆、稻草、麦秸(如小麦秸秆、燕麦秸秆、荞麦秸秆)等多纤维饲料。

3.1.3 秸秆要充分铡短、粉碎或柔丝,一般饲羊以1～2厘米为宜,饲牛以2～3厘米为宜,以现用现铡为好。

3.1.4 氨源及氨的用量

3.1.4.1 液氨:含氮量一般为82%,每100千克秸秆加入3千克液氨。

3.1.4.2 氨水:含氮量一般为15%,每100千克秸秆加入10～12千克氨水。

3.1.4.3 尿素:含氮量一般为46%,每100千克秸秆添加3～5千克尿素,取水30～40千克,配制成尿素溶液。

3.1.5 氨化处理的季节、温度及时间

适宜季节4～10月份,以8～9月份最好。选择晴朗、高温、无大风的天气。一般适宜温度是15～30℃,最好为30℃以上。不同环境温度与氨化处理时间的关系见附录3.A。

3.1.6 秸秆含水量

需氨化处理的秸秆含水量要求在30%～40%,如果含水量不足,可均匀地洒上水,使含水量达到要求。

3.2 秸秆氨化制作方法

3.2.1 堆垛法

在通风良好、阳光充足、离开村庄和畜舍的平地上平铺塑料薄膜,将秸秆打捆或散放在包膜上堆成垛,垛上覆盖塑料包膜。垛周边塑料薄膜要余出50～70厘米,以便折叠覆盖并用土或沙袋压实密封。垛的大小依需用量而定,垛不宜过高,一般高2～3米。垛顶呈弧形,避免雨水积留。此法适于液氨或氨水处理。

3.2.1.1 液氨氨化

当秸秆垛码到0.5米高处,平放输氨管2根,后端露出草垛0.5米,接上氨瓶后向秸秆均匀洒水,然后继续码草,最终使整个秸秆垛含水量达到30%～40%。堆完草垛后,上面覆盖塑料薄膜,除上风头外,其余三面用塑料薄膜封严,按秸秆量3%的比例向垛内缓慢输入液氨。输氨结束,抽出输氨管,立即封严,四周埋土压实。

3.2.1.2　氨水氨化

每100千克秸秆加入10～12千克氨水。秸秆可码好后用注氨管一次注氨，也可在上风喷洒，使整个秸秆垛含水量达到30%～40%，然后四周覆盖塑料，立即封严。四周埋土压实。

3.2.2　氨化池法

氨化池有地下式、半地下式两种。应选择在地势较高、排水条件好、土质坚实的地方建池，同时要距离畜舍近，运料方便。氨化池的形状一般为长方形。池的大小应根据牲畜多少来定，一般每米^{3}可氨化秸秆150～200千克。氨化池应当做到不透气，不渗水。土池或水泥池均可，但在土池池壁四周及底部应裱衬一层塑料薄膜。池的内壁应光滑坚固，并有一定的斜度（与沿垂面的夹角以8～10度为宜），这样可以保证边角处的贮料能够被压实，氨化池底应建成锅底式，以利于多余水分的排出。此法适于尿素或氨水处理。

3.2.2.1　尿素氨化

每100千克秸秆添加3～5千克尿素，取水30～40千克，配制成尿素溶液。将铡短的秸秆铺成一层，厚度约20厘米，均匀地喷洒一层尿素溶液，充分拌匀后踩踏压实直至顶部，氨化饲料高度要高出墙壁50厘米，然后用塑料薄膜覆盖，四周用塑料薄膜封严。薄膜上部用30～50厘米厚的土或泥从后向前依次压实、封严，四周再用土压实，池周围挖排水沟。封顶后要经常查看池顶变化，发现裂缝或凹坑，应及时填平封严，以防漏气腐败。

3.2.2.2　氨水氨化

氨水含量同3.2.1.2，制作方法同尿素氨化。

3.2.3　袋装法

塑料袋一般为2.5米长，1.5米宽，厚度在0.12毫米以上，最好用双层塑料袋。制作方法同尿素氨化。装满塑料袋后，封严袋口，放在向阳的干燥处。存放期间，应经常检查，若嗅到袋口处有氨气味，应重新扎紧；若发现塑料袋有破损，要及时用胶带封住。

3.2.4　氨化炉法

本法适于工厂化生产，且只能用液氨处理。氨化炉有金属箱式和土建式两种。将铡短的秸秆加入30%～40%水拌匀后装入料车，压实，推入炉内，关好炉门，立即注氨，注氨后停1～2小时，待氨蒸发并溶于秸秆的水分中后再加温。炉温调至85～90℃，加热15小时左右，切断电源，焖炉5～6小时后出炉。饲料出炉放氨24小时即可饲喂。

4　氨化饲料的开封及保存

堆垛秸秆氨化处理成熟后，即可开垛晒干，待剩余氨味挥发后利用。如果要保存，可重新堆垛，或原封不动，也可晒干后室内保存，一般不超过 6 个月，防止雨淋，以免发霉。氨化池秸秆处理成熟后(成熟时间见附录 3.A)，从氨化池取料时，应从池的一端横断面按垂直方向自上而下切取，而不应将氨化池全面打开或掏洞取料。每次取用量应以 2～3 天喂完为宜。取料后要将口封严，以免引起变质腐败；氨化炉处理的秸秆可贮存 1 个月。

5　氨化饲料品质检验方法

氨化饲料品质检验一般采用感官检验，感官检验按附表 3.1 规定的方法进行。

附表 3.1　氨化饲料品质感官要求

项　目	优　等	中　等	劣　等
颜色	色泽棕色或深黄色，发亮	色泽黄色，光泽差	色泽灰黑或灰白，发暗
气味	有强烈的氨味，气味糊香或微酸香味	打开时有氨味	气味发臭刺鼻
质地	质地柔软，发散，放氨后干燥，温度不高	质地柔软松散，温度不高	温度高，发黏，呈酱块状
腐烂率	≤2	≤10	≥10
适口性	好	较好	差(不适于饲喂)

6　氨化饲料的饲喂

6.1　氨化饲料饲喂的方法

氨化好的秸秆在使用前要放氨 6～10 小时后方可饲用。氨化秸秆应与能量饲料(玉米、麦麸等)，以及青绿饲料或青贮饲料搭配饲喂。一般氨化秸秆喂量占日粮的 30%～40%，能量饲料与青绿饲料或青贮饲料占 60%～70%。饲喂氨化饲料 1 小时后方可饮水，以防发生家畜氨中毒。未断奶的犊牛、羔羊因瘤胃内的微生物生态系统尚未完全形成，应慎用。家畜对氨化饲料有一个适应过程，应循序渐进，逐渐增加饲喂量，1 周后可达到全量。停喂时也应逐步减量。

6.2　氨化饲料饲喂量

牛羊氨化饲料的用量应根据家畜的种类、年龄、生产水平和氨化饲料品质而定。具体日喂量参考数见附表 3.2。

附表 3.2　牛羊氨化饲料日喂量参考数

家畜种类	生产阶段	日喂量/千克
奶牛	3月龄以上～12月龄	1.4～2
	日产奶5千克以下	2～2.5
	日产奶5～10千克	2.5～5
	日产奶10～15千克	5～7.5
	日产奶15千克以上	7.5～10
肉牛	每100千克体重	2～3
肉羊	每10千克体重	0.3[A]

A 肉羊日饲量不应超过1千克

附录3.A（资料性附录）

不同环境温度与氨化处理时间关系见附表3.A。

附录3.A　不同环境温度与氨化处理时间的关系参考值表

气温/℃	处理时间/天
<5	>56
5～15	28～56
15～30	7～28
30～45	7
45	3～7
30	0.7～1

附录4

酶贮饲料调制技术规程

1 范围

本标准规定了酶贮的术语和定义、酶贮池设计、酶贮饲料调制技术、酶贮饲料的开池、酶贮饲料品质检验方法和饲喂。

本标准适用于我区酶贮饲料的调制生产。

2 术语和定义

下列术语和定义适用于本标准。

2.1 秸秆

禾本科或豆科作物收获种子后剩余的地上部分，秸秆的主要成分是粗纤维，粗纤维中的纤维素、半纤维素可以被草食家畜消化利用，木质素则基本不能。

2.2 青(黄)贮饲料占用酶

是由纤维素酶、木聚糖酶、β-葡聚糖酶、果胶酶和蛋白酶组成的一个复合酶系。

2.3 秸秆酶贮

利用青(黄)贮饲料专用酶中的纤维素酶、木聚糖酶、β-葡聚糖酶、果胶酶和蛋白酶将秸秆中的纤维素、半纤维素、β-葡聚糖、果胶和蛋白质等高分子成分降解，水解成能被微生物利用的碳源和氮源，在促进益菌群生长的同时，增加了饲料的蛋白质含量，减少了秸秆中高含量的粗纤维，从而形成家畜能吸收消化的葡萄糖、小肽等可利用的营养物质。

3 酶贮池设计

酶贮池有地上式、地下式和半地下式三种。地下式和半地下式适于地下水位降低的地方，地下水位较高的地方应采取地上式。

3.1 池址选择

应选择在地势较高、排水条件好、土质坚实的地方，不应在低洼或树荫下造池，并避开交通要道、路口、垃圾堆，同时要距离畜舍近，运料方便。

3.2 池形、大小

酶贮池的形状一般为长方形。池的大小应根据牲畜多少来定，一般每米^3 可贮秸秆 400～500 千克。

3.3　建池要求

酶贮池应做到不透气，不渗水。如有条件，酶贮池的四壁和底部用石头或砖块砌、水泥勾缝，抹面建成永久池，没条件的挖成土池也可以，但在池壁四周及底部应裱衬一层塑料薄膜。池的内壁应光滑坚固，并有一定的斜度（与沿垂面的夹角以8～10度为宜），这样可以保证边角处的贮料能够被压实，酶贮池底应有 15 度的坡度，地上式酶贮池应在下坡断的边或角留出水孔，地下式可挖一坑，以利于多余水分的排出。

酶贮饲料调制技术

4.1　技术要求

4.1.1　秸秆酶贮过程应在压实、密封、不漏气的无氧条件下完成。

4.1.2　供酶贮的原料为清洁、未霉变的玉米秸秆、稻草、麦秸（小麦秸秆、燕麦秸秆、荞麦秸秆等）、豆秸（黄豆秸、豌豆秸、蚕豆秸等）等。豆秸酶贮应掺入不少于30％的禾本科秸秆，其他原料均可单独酶贮。

4.1.3　秸秆要充分铡短、粉碎或揉丝，一般饲羊以 1～2 厘米为宜，饲牛以 2～3 厘米为宜，以现用现铡为好。

4.1.4　秸秆酶贮要添加青（黄）贮饲料专用酶、人工盐、麸皮或玉米面和适量的，使秸秆的含水率达到 60％～70％。

4.1.5　秸秆酶贮的适宜 pH 为 4～5，最佳 pH 为 4.3.

4.1.6　酶贮处理的季节、温度及时间

适宜季节 4～10 月份，以 8～9 月份最好。选择晴朗、高温、无大风的天气。一般适宜温度是 19～37℃，最好为 35～37℃。不同环境温度与酶贮时间的关系见附录 4.A。

4.2　制作方法

4.2.1　将秸秆充分铡短、粉碎或揉丝，装入酶贮池或酶贮袋（酶贮袋一般为2.5 米长，1.5 米宽，厚度在 0.12 毫米以上，最好用双层塑料袋）中，酶贮池约 50 厘米厚为一层，酶贮袋约 30 厘米厚为一层。

4.2.2　处理 1 000 千克秸秆需混合 1 千克青（黄）贮饲料专用酶、4～5 千克人工盐和 10 千克麸皮或玉米面。

4.2.3　将混合好的青（黄）贮饲料专用酶、人工盐、麸皮或玉米面均匀地撒在秸秆中，按照秸秆与水 1：(1.0～1.5) 的比例喷洒水，使含水率达到 60％～70％，然后充分拌匀。

4.2.4　把拌好的秸秆分层装入酶贮池或酶贮袋，充分压紧、踩实，特别对于四壁与四角的部分更要注意。大型池可用拖拉机压实。

4.2.5 检查含水量。酶贮秸秆经过压紧、踩实后，要进行含水量检查，检查方法见附录 4.B。

4.2.6 密封。将备贮的秸秆一层层全部贮完、压实，在最上面一层铺上干燥的稻草或麦草，然后均匀撒上青（黄）贮饲料专用酶和人工盐，用量为青（黄）贮饲料专用酶 10 克/米^2，人工盐 250 克/米^2。在池贮中，酶贮饲料要高出墙壁 50 厘米，然后用双层塑料薄膜封顶一次压实、封严，四周再用土压实，池周围挖排水沟。封顶后要经常查看池顶变化，发现裂缝或凹坑，应及时填平封严，以防漏气腐败；在袋贮中，当酶贮秸秆装满袋后，尽量排除空气，紧密封口，分层堆积于避光、干燥处，用重物压实。

5 酶贮饲料的开池

酶贮秸秆处理成熟后（成熟时间见附录 4.A），从酶贮池取料时，应从池的一端横断面按垂直方向自上而下切取，不应将池全面打开或掏洞取料；从酶贮袋中取料时，应从表面一层一层地向下取。每次取用量应以 2～3 天喂完为宜。取料后要将口封严，以免引起变质腐败。

6 酶贮饲料品质检验方法

酶贮饲料品质检验一般采用感官检验，感官检验按附表 4.1 规定的要求执行。

附表 4.1 酶贮饲料品质感官要求

项目	优等	中等	劣等
颜色	呈亮黄色，有光泽	褐黄色或暗褐色，光泽差	黑褐色，无光泽
气味	甘酸香	淡酸香	刺鼻的腐臭味或霉味
质地	湿润、松散柔软、茎、叶保持原状，不粘手，手捏时无汁滴出	质地柔软，茎、叶能分清，轻度粘手，手捏时有汁流出	发黏、腐烂、结块、污泥状、无结构
腐烂率	≤2	≤10	≥10
适口性	好	较好	差（不适于饲喂）

7 酶贮饲料的饲喂

7.1 酶贮饲料饲喂的方法

酶贮饲料饲喂时要与其他草料混合饲喂。也可与配合饲料混合饲喂。不应单独饲喂酶贮饲料，以防长期饲喂引起家畜酸中毒。家畜对酶贮饲料有一个适应过程，应循序渐进，逐渐增加饲喂量，停喂时也应逐步减量。

7.2　酶贮饲料饲喂量

牛、羊酶贮饲料的用量应根据家畜的种类、年龄、生产水平和酶贮饲料品质而定。牛、羊日喂量参考数见附表4.2。

附表4.2　牛、羊酶贮饲料日喂量参考数

家畜种类	日喂量/千克
奶牛	10～15
奶公牛	5～7
犊牛	2～2.5
肉牛	4～5
肉羊	1.5～2

附录4.A(资料性附录)

环境温度与酶贮所需时间见附录4.A。

附录4.A　环境温度与酶贮所需时间表

环境温度/℃	酶贮时间/天
<10	>50
10～19	30～45
19～37	10～13

附录4.B(资料性附录)

酶贮原料含水率的测定方法

酶贮饲料适宜的含水量为60%～70%,水分过多或过少均不利于酶贮。生产中为了简便测定含水量,常采用以下方法:取一把切碎压实过的秸秆稍经揉搓,然后用力握在手中,若手指缝中有水珠出现,但不成串往下滴,则原料中含水量适宜;若握不出水珠,则水分不足;若水珠成串滴出,则水分过多。水不足时要适量补充水,水过多时则应再加入干秸秆拌匀。

附录 5

青贮饲料调制技术规程

1　主题内容与适用范围

本标准规定了青贮饲料调制技术、使用及检验方法。

本标准适用于各类畜牧场和养殖户使用的饲料青贮。

2　青贮饲料调制技术

2.1　技术要求

2.1.1　青贮饲料发酵过程必须在密闭、不漏气的无氧条件下进行。

2.1.2　供青贮的原料含糖量一般不低于 1%～2%。禾本科类植物可单一青贮。豆科类植物青贮时，必须掺入不少于 30%的禾本科类植物或 5%的麸皮。

2.1.3　供青贮的原料含水量要适宜(原料含水量测定方法见附录 5.A)。青贮原料水分过高时，可晾晒或加入适量的麸皮或含水量低的原料；若含水量过低，可均匀洒入适量的清水或加入一定数量的含水量较高的原料。

2.1.4　青贮原料在入窖前，必须先铡短，其长度根据质地而定。质地粗硬的原料(先压扁)长度为 2～3 厘米，细嫩的原料长度为 4～5 厘米。

2.2　青贮类型

2.2.1　一般青贮

将新鲜的青刈饲料作物、栽培牧草、野草、玉米秸秆等原料(含水量 70%左右)进行青贮。

2.2.2　半干青贮(即低水分青贮)

2.2.3　添加剂青贮

在生产中一般多采用尿素添加剂(适用于反刍家畜)。尿素添加量：青贮玉米可加 0.5%～0.6%；根茎类加 1.2%左右。使用时均匀撒入，或与载体(如麸皮)等混合即可。

2.3　贮存方法

2.3.1　窖贮

青贮前按附录 5.B 准备好青贮窖，容积计算方法见附录 5.E。青贮时先在窖底铺一层10厘米左右厚的麦草或1～2层塑料薄膜，四壁衬上塑料薄膜（砖、石、水泥砌的永久性窖不铺不衬）。

青贮原料刈割后适时运到窖旁，及时铡短，分层装窖（每层厚20厘米左右），均匀铺平，踩踏压实，特别是四壁与四角更要注意，大型窖可用链轨拖拉机镇压。原料装到高出窖口0.5～0.7米，整理好周边，用塑料薄膜（或20厘米左右厚的麦草）覆盖后，其上加土，待其不再下陷时，再用草泥封闭，四周用土压实。窖的四周挖排水沟，整个装料过程应尽快完成。

2.3.2　堆贮

选择干燥、平坦地，在地面上铺1～2层塑料薄膜后堆放原料。可堆成长方形、正方形或馒头形等。堆放时要逐层压实，然后用塑料薄膜、土和草泥严密封闭，其方法同窖贮。注意保存时间不宜过长。

2.3.3　袋贮

将切短的原料直接装入容量50千克左右的塑料袋逐层压实，装满袋后，尽量排出空气，紧密封口，分层堆积于避光、干燥处，重物镇压，初期注意倒包使发酵均匀。

2.4　检查

青贮后要经常检查，如发现青贮料表面下陷、有裂缝，堆贮和袋贮有漏气或鼠害等情况时，应及时整修，填平封严。

3　青贮饲料的使用

3.1　取用

青贮饲料一般经过40天左右后即完成发酵过程，可开启使用。应遵循“喂多少取多少”的原则。从一般窖或堆贮中取料时，应从窖或堆的一端的横断面按垂直方向自上而下切取，切忌全面打开；从圆柱形窖中取时，应从表面一层一层地向下取，不可掏洞取料。取料后立即封闭。

3.2　喂法与喂量

饲喂青贮饲料时，开始应由少到多逐渐增加；停喂时也应由多到少，逐渐停止。

青贮饲料的用量应根据家畜的种类、年龄、生产水平和青贮饲料品质而定，但不能全喂青贮饲料，须搭配其他饲料。各种家畜喂量参考见附录5.C。

4　青贮饲料检验方法

青贮饲料品质检验分为感官检验和实验室检验两种。生产中一般采用感官检验，必要时才进行实验室检验。

4.1　感官检验

感官检验按附录5.D进行。

4.2　实验室检验

实验室检验按常规方法进行。检验项目见附录5.F。

附录 5. A(补充件)常用青贮原料及含水量的测定方法

A.1　常用的青贮原料

A.1.1　青刈带穗玉米

乳熟期的全株玉米。质地柔嫩,并含有较高的糖分和适量的水分,是青贮的最好原料。

A.1.2　复种玉米

在收获小麦后复种的玉米,9 月底到 10 月初刈割,可调制青贮塑料,但含水量较高。

A.1.3　玉米秸秆

玉米收获后的秸秆为常用的青贮原料。最好是在秸秆上带有 1/2 绿色叶片时青贮,若 3/4 的叶片干枯青贮时,100 千克原料需加 10～15 千克的清水。

A.1.4　甜菜废丝

即甜菜渣,制糖工业副产品甜菜也是青贮的好原料,可单贮,也可和其他秸秆混贮。

A.1.5　甜菜叶

甜菜收获前采集茎、叶,经晾晒 1～2 天,挑除干黄烂茎叶后,再青贮。可单一青贮,若添加适量的麸皮效果更好。

A.1.6　青草

各种禾本科牧草所含水分、糖分均适宜调制青贮饲料,在孕穗期或抽穗期刈割利用最好,豆科牧草在开花期为宜,但因粗蛋白含量高不宜单贮。

A.2　青贮原料含水量的测定方法

在生产中常用的简便测定方法是:取一把切碎的原料握在手中紧握,手指缝中有水珠滴,但不成串则原料中水分适中;若捏不出水珠,则水分不足;若成串流出,则水分过量。

附录 5. B(参考件)

青贮窑

青贮窑有地下式、半地下式和地上式三种。前者适于地下水位较低的地方,地下水位较高的地方应采取后两种。

B.1　窑址的选择

青贮窑应选择在地势较高、排水条件好、土质坚实的地方,切忌在低洼或树荫下造窑,并避开交通要道、路口、垃圾堆,同时要距离畜舍近,运料方便。

B.2　窑形、大小

青贮窑的形状应根据地形、贮量、每天用量、铡草机功率等因素决定。每天用量多,铡草机功率大,可采用长方形的窑(壕)。受地形限制时,可采用“U”形或“L”形壕。每天用量少,适宜采用小圆形窑,一般直径为 2 米,深 3 米。

B.3 建窑要求

青贮窑应在青贮前建好。青贮窑必须做到不透气、不渗水。一般用水泥、石灰等材料填补漏气的缝隙或在窑壁四周裱衬一层塑料薄膜。

地下或半地下的壕形或圆形的底部，必须高出地下水位 0.5 米，壕形窑上口大、底小，窑底要有一定的坡降度。圆窑应有“凹”底。窑壁要平滑，如果有条件，青贮窑的四壁和底部用砖或石块砌、水泥勾缝，抹面建成永久性青贮窑。

附录 5.C 各种家畜青贮饲料日喂量参考数(参考件)

家畜种类	日喂量/千克	家畜种类/头、只	日喂量/千克
奶牛	15～20	马、骡	5～10
奶公牛	5～10	母猪	1.3～3.5
育成牛	7～15	公猪	1～1.5
犊牛	3～5	羊	3～4.5
肉用牛	10～20	兔	0.2 左右
役用牛	10～20		

附录 5.D(补充件)青贮饲料品质感官鉴定标准

项 目	优 等	中 等	低 等
颜色	呈绿色、黄绿或淡绿、茶绿色，有光泽，近于原色	黄褐色或暗褐色，光泽差	全暗色、茶色、黑绿色、黑褐色、黑色
气味	具有苹果香味，或芳香酒酸味，或烤面包香味	有强烈的醋味，香味淡	具有刺鼻的氨味、腐臭味或霉味
质地	湿润、松散柔软，茎、叶、花保持原状，不粘手，手捏时无汁液滴出	质地柔软，茎、叶、花能分清，轻度粘手，手捏时有汁液流出	发黏，腐烂，结块，污泥状，无结构
腐烂率	≤2	≤10	≥20
适口性	好	较好	差

附录 5.E(参考件)青贮容器的容积、容量的贮量计算

E.1 青贮容器的容积计算

E.1.1 圆柱形窖的容积计算

$V=3.14\times r^{2}\times H$

式中,V:容积(米^3);r:青贮窖的半径(米);H:青贮窖的深度(米)。

E.1.2 沟或壕的容积计算

$V=(A+B)/2\times H\times L$

式中,V:容积(米^3);A:沟或壕的上口宽(米);B:沟或壕的下宽(米);L:沟或壕的长(米);H:沟或壕的深度(米)。

E.1.3 长方形窖的容积计算

$V=A\times B\times H$

式中,V:容积(米^3);A:窖长(米);B:窖宽(米);H:窖的深或高(米)。

E.2 几种青贮原料的容重

单位:米^3、千克

E.3 青贮量的计算

原料	铡得细碎		铡得较粗	
	制作时	利用时	制作时	利用时
玉米秸	450～500	500～600	400～450	450～550
菜叶及根茎类	600～700	800～900	550～650	750～850
藤蔓类	500～600	700～800	450～550	650～750

求得青贮容器的容积后,再根据青贮原料的容重(见 E.2)计算量。

即:青贮量＝容积×容量

附录 5.F(参考件)青贮饲料实验室检验方法

项目	日喂量	检验方法
粗蛋白	用五点法在不同层次用利刀切取 20 厘米的样块(离池壁 40 厘米),将所取样本混匀,用等格分取法缩减至 2 000 克,制备成风干样,用四分法取出 200 克装瓶备用	凯氏定氮法
pH	同上,只是在未制成干物以前即将所采样品进行测定	pH 计
粗纤维	同粗蛋白质	分次水解法
粗脂肪	同上	乙醚浸出法
粗灰分	同上	灼烧法
干物质	同上	烘干法(105℃)
	同上	用计算方法

参考文献

[1]黄应祥.肉牛无公害综合饲养技术[M].北京:中国农业出版社,2002.

[2]孙国强,朱月福.肉牛饲养与保健[M].北京:中国农业大学出版社,2004.

[3]许尚忠,魏伍川.肉牛高效生产实用技术[M].北京:中国农业出版社,2002.

[4]冯仰廉,等.实用肉牛学[M].北京:科学技术出版社,1995.

[5]蒿迈道.现代肉牛生产技术问答[M].北京:中国农业科学技术出版社,1994.

[6]许尚忠,郭宏.优质肉牛高效养殖关键技术[M].北京:中国三峡出版社,2006.

[7]许尚忠,马云.西门塔尔牛养殖技术[M].北京:金盾出版社,2005.

[8]许尚忠,何绍钦,等.鲁西黄牛生产技术[M].北京:台海出版社,2005.

[9]冯建忠.羊繁殖实用技术[M].北京:中国农业出版社,2004.

[10]王建民.肉羊标准化生产[M].北京:中国农业出版社,2004.

[11]李志农.中国养羊学[M].北京:中国农业出版社,1993.

[12]赵有璋.现代中国养羊[M].北京:金盾出版社,2005.

[13]张宏福,张子怡.动物营养参数与饲养标准[M].北京:中国农业出版社,1999.

[14]玉柱,贾玉山.牧草饲料加工与贮藏[M].北京:中国农业大学出版社,2010.